동남아에 반하다

동남아에 반하다

초판 인쇄일 2019년 8월 5일
초판 발행일 2019년 8월 12일

지은이 오재희
발행인 박정모
등록번호 제9-295호
발행처 도서출판 혜지원
주소 (413-120) 경기도 파주시 회동길 445-4(문발동 638) 302호
전화 031)955-9221~5 팩스 031)955-9220
홈페이지 www.hyejiwon.co.kr

기획 박혜지
진행 박혜지, 김태호
디자인 조수안
영업마케팅 황대일, 서지영
ISBN 978-89-8379-997-5
정가 16,000원

이 도서의 국립중앙도서관 출판시도서목록(CIP)은 서지정보유통지원시스템 홈페이지(http://seoji.nl.go.kr)와
국가자료공동목록시스템(http://www.nl.go.kr/kolisnet)에서 이용하실 수 있습니다.(CIP제어번호: CIP2019028728)

스물여섯 청춘, 동남아 5개국에 흠뻑 취하다

동남아에 반하다

헤지원

prologue

PROLOGUE

여행을 떠나기에 앞서

대책 없는 청춘이지만, 일단 갈게요

지난 12월, 대학교의 마지막 학기를 마쳤다. 친지들의 걱정이 점점 늘어나는 시기였다. 가끔 나보다 내 앞날을 더 걱정하는 사람들이 있는데, 그들은 올겨울에 한 달 동안 여행을 가겠다는 내 계획을 들으면 염려스러워하는 내색을 감추지 않았다. 그중에서도 단연 단골 질문은,

"취업 준비 안 해도 돼? 3월 공채."

그걸 안 해도 되는 대학생이 얼마나 될까? 시기나 방법이 다를 뿐이다. 4학년 2학기가 끝나면 곧바로 취업 전선에 뛰어드는 경우가 일반적이긴 하지만, 적어도 내게는 아직 공채 지원이 1순위가 아니었다. 그런 질문에는 '다녀와서 천천히 생각하려고.'라고 답하면 더 캐묻는 사람은 많지 않았다. 하지만 얼마 이어지지 않은 대화 뒤에도 항상 불안함은 찾아왔다. 대학교 4학년이 끝난 다음의 겨울은, 어쩌면 취업 준비에 몰두하기에도 부족한 시간일지 몰랐다.

지금 여행을 떠나도 될까

2018년 1월, 대학교 정규 과정을 마친 나는 31일간의 동남아시아 여행을 앞두고 있다. 여행을 준비하면서 '장기 여행을 하기에는 적절한 시기가 아닌가?' 하는 고민

이 한 번도 들지 않았다면 거짓말이지만, 고민 끝에 내린 답은 '지금이 가장 적절한 시기'라는 것이었다. 직장이 없는 지금이 아니라면 도대체 언제 한 달 이상의 시간을 낼 수 있단 말인가.

졸업을 앞둔 지금이야말로 가장 '나를 돌아볼 시간'이 필요한 순간이다. 앞으로 어느 길로 가야 하는지, 혹은 가려는 길이 정말 원하는 방향이 맞는지, 그런 고민을 마주할 시간을 학생으로서의 삶을 마무리하는 지금 가져야 하지 않을까. 그러려면 일상의 삶을 잠시 벗어나 돌아보는 일이 좋은 방법이 될 것이다. 여행지에서 내 삶에 대한 모범 답안을 찾을 수 있을 것이라는 생각은 하지 않는다. 그런 막연한 기대는 어리석다. 단지 여행을 통해 한 걸음이라도 더 내디딜 수 있기를 바란다.

물론, 자신을 마주할 수 있는 시간을 만들고 싶은 것도 맞지만 솔직하게 말하자면 처음부터 '나를 돌아보기 위한' 목적으로 계획한 여행은 아니다. 그냥 떠나고 싶었고, 단지 즐거울 것 같아서 간다. 새로운 나라에서의 새로운 경험은 정말 설레는 일이다. 다사다난했던 지난 캠퍼스 생활을 통틀어 가장 기대되는 순간들 중 하나로 지금을 뽑을 수 있다. 더 많은 설명이 필요할까? 설레고, 즐겁고, 기대되는 일을 망설일 이유가 없다. 적절한 시기나 상황은 바로 지금이라고 믿는다. 일단 가고 보자.

여행이라는 목표

대학생일 때 한 번쯤 한 달이 넘는 긴 여행을 해 보고 싶다는 마음은 꽤 오래된 것이었다. 그런데 이런저런 이유로 미루다 보니 어느덧 4학년이 되어 있었다. 길게 보고 계획을 세우는 일을 잘 못하는 성격이다 보니 그동안 즉흥적인 짧은 여행 말고는 가 본 적이 없었다. 이러다가는 정말 못 가겠다 싶어서 4학년 1학기가 시작될 때쯤 단기 적금을 들었다. 그때까지 모아 둔 돈은 100만 원 정도였다. 장기 여행으로는 턱

없이 모자란 금액이었지만 일단 지금 있는 돈이라도 안 쓰고 저축을 해 두면 다음에 보태서 여행을 갈 수 있을 것 같았다.

대학교 4학년 첫 학기의 시작과 함께 중학교 방과 후 강사 활동을 하며 돈이 조금씩 생기기 시작했는데, 버는 족족 다 써 버리고 모이는 게 거의 없었다. 타지에서 대학 생활을 하면서 저축까지 하기에는 빠듯한 금액이었던 이유도 있었지만 그보다는 저축을 할 동기가 부족했다. 돈을 모아서 어디에 쓸지 구체적인 목표가 없으니, 당장 먹고 싶은 삼겹살을 포기할 이유가 없는 것이다. 막연하게 '언젠간 가야지.'라는 생각만 가지고 있어서는 떠날 준비가 될 리가 없었다.

그렇게 살다 보니 금세 마지막 여름 방학이 다가왔다. 나는 또 여행보다는 다른 일들에 빠져 있었다. 취업하기야 정말 어려운 요즘이지만 대학생으로서 한번 참여해 볼 만한 활동, 도전해 보고 싶은 일들은 어찌나 그렇게 다양하던지! 결국 이런저런 일과 공부를 병행하다 보니 여름 방학이 순식간에 지나갔다. 이제 남은 방학이라곤 4학년 2학기가 끝난 뒤의 겨울뿐이었다. 그쯤 되니 학생으로서의 마지막 계절은 반드시 여행에 투자하겠다는 결심이 섰다.

그렇게 가을 학기를 맞이한 9월 중순 즈음, 문득 인도차이나반도 쪽으로 여행을 다녀오고 싶다는 생각이 들었다. 특별한 계기는 없었다. 그냥 갑자기 거길 가 보고 싶었다. 보통 여행은 대부분 그렇게 시작되는 것 같고, 또 반드시 다른 이유가 있어야 하는 것도 아니었다.

기간과 목적지를 정하자 의욕이 생기기 시작했다. 조금씩이지만 적금 계좌 잔고가 늘어 갔다. 넉넉하지 않은 급여로 생활비를 충당해 가며 조금씩이라도 모으기 위해서는 월급이 들어오면 즉시 저축을 하는 편이 현명했다. 쓰고 남은 돈을 저축하려면 남는 게 없다. 있으면 있는 대로 쓰는 법이다. 하지만 애초에 쓸 수 있는 금액이 적으면 적은 대로 살아간다. 원룸에서 가까운 교내 식당에는 1,800원짜리 '간장 계란밥'이라는 메뉴가 있는데 저축에 정말로 큰 도움이 되었다. 나는 계란을 굉장히 좋아했지만, 여행을 앞둔 지금은 배가 고파도 계란밥이 전혀 생각나지 않는다.

하노이로 가는 비행기 표를 구매하고 얼마 후, 여행을 두 달 정도 앞둔 날이었다. 그날도 학교를 갔다가 출근을 해야 했는데 갑자기 심한 몸살이 찾아왔다. 온 근육 여기저기가 쑤셔서 밤을 새우다시피 했다. 아침이 왔지만 이불 밖을 벗어날 엄두가 나지 않아 아침 수업을 결석하고 쉬었다. 병원까지 걸어갈 힘이 없었다. 그날 하루를 쉬면 다음 달에 받을 급여는 7만 5천 원이 줄었다.

'안 돼.'

일단 비행기 표는 끊었지만 여행 경비는 한참 부족했다. 한 푼이 아쉬운데 일을 쉴 수는 없었다. 가만히 쉬고 있기에도 힘든 몸 상태였지만 여행을 생각하면 움직여야 할 것 같았다. 씻지도 못한 채 겨우 외투를 걸치고 병원으로 갔다. 주사를 맞고 진통제를 처방받아 먹으니 그나마 조금 움직일 만했다. 그러나 밤새 잠을 설쳐 이대로 푹 쉬면 천국이 따로 없겠다는 생각이 간절했다. 그날따라 더 포근했던 침대는 자꾸만 나를 이리 오라며 불러 댔다. 꾹 참고 집을 나섰다. 7만 5천 원에 뭐 그렇게까지 하냐고 생각할 수도 있겠지만, 가난한 대학생의 여행은 그래야만 했다.

학기 중에 다른 일을 병행한다는 것 자체가 사실은 굉장히 피곤했다. 그런데 설상가상 겨울 방학을 앞두고 취득하고 싶은 자격증이 생겼다. 학교에 강사 일만으로도 시간이 빠듯했지만 다음 시험은 여행 때문에 응시할 수 없었다. '여행을 떠나기 전에 이것까지만.'이라는 생각이 들자 의욕이 불탔다. 잠을 줄여 가며 2주를 밤낮없이 공부했다. 여행을 한 달 앞두고 나는 합격 통지를 받았다.

무언가 대단한 일들을 이룬 것은 아니지만 썩 만족스러운 지난 6개월이었다. 내가 할 수 있는 최선으로 살아온 것만 같은 기분이 든다. 그리고 그 끝에는 그토록 기다리던 여행이 있다. 그 사실 덕분에 이전의 시간 동안 일상에 더욱 충실할 수 있었다. 여행이라는 목표는 삶의 모든 부분에 활력을 불어넣었다.

이제 떠날 시간이 되었다. 다녀온 후에는 남은 학기도, 돌아갈 학교도 없고 보장된 일자리도 없다. 오히려 그나마 조금 가진 것도 다 쓰고 올 계획이다. 1년을 살던 원룸도 여행에 앞서 정리해 버렸는데 다녀오면 어디서 지내야 할지 모르겠다. 지금 생각으론 한 달 정도 강원도나 남해 같은 한적한 곳에 머물러 보고 싶었던 꿈을 실천해 볼까 싶다. 모든 게 확실하지 않지만 그렇기에 홀가분한 마음으로 떠날 수 있다. 어떤 시간을 만들어 가게 될지 아직은 알 수 없다. 고생스러운 순간도 물론 있을 것이다.

무슨 일이 일어날지 모르는 시간, 그래서 여행이 좋다. 불확실함 속에서 무언가 즐거운 일이 일어나니까. 다만 어찌 되든 조금이나마 '나'를 만날 수 있는 시간이기를, 답이 아니라 한 가지라도 의미를 찾을 수 있는 시간이기를 바란다. 그리고 혹여나 그렇지 않더라도 무엇보다 즐거울 테니까. 그걸로 후회 없이 동남아시아로 출발이다.

Contents

베트남 Vietnam

라오스

Laos

PART 03

태국
Thailand

말레이시아
Malaysia

싱가포르
Singapore

1 동남아 여행 여권 및 비자 유의 사항

1. 여권

해외 국가들의 경우 여권 유효 기간이 6개월(180일) 이상 남아 있어야 입국을 허용하는 경우가 많다. 동남아 여행 역시 마찬가지다. 잔여기간이 부족한 경우 국내에서 출국이 거부되거나 혹은 여행지 공항에서 비싼 값을 치르고 비자를 발급받아야 될 수도 있으며, 심지어는 여행지에서 입국이 거부되는 일도 있으므로 여행 시에는 여권 잔여 유효 기간을 꼭 확인하여 차질이 없도록 하자.

* 여권은 여권용 사진과 신분증, 여권 발급 수수료를 준비해서 가까운 도/시/군/구청 등을 방문하면 발급받을 수 있다. 신청서는 관청에 구비되어 있으며 통상 신청일로부터 4~5일 후에 여권을 받을 수 있으므로 출발일로부터 여유를 두고 준비해야 한다. 재발급의 경우에는 유효 기간이 남아 있는 여권도 지참해야 한다. 여권에 관련된 더 자세한 사항은 외교부 안내 페이지(passport.go.kr)에서 확인할 수 있다.

* 외교부 홈페이지에서는 여권 안내 사항과 더불어 여행 경보 제도와 관련된 내용을 확인할 수 있다. 여행 경보 제도란 대한민국 국민의 안전한 해외여행을 위해, 방문에 주의가 필요한 국가를 지정하고 유의 단계에 따라 행동 지침의 기준을 제시하는 제도다. 남색경보(여행 유의), 황색경보(여행 자제), 적색경보(철수 권고), 흑색경보(여행 금지)의 네 가지로 구분된다. 경보 단계는 해당 지역의 치안, 전염병, 재난 등 여행 위험 요소에 대한 최근의 정세를 반영해서 결정되므로 출국 전에 방문 예정지의 경보 단계를 확인하기를 추천한다. 여행 경보 제도에 대한 자세한 내용 및 국가별 여행 경보 현황은 외교부 해외 안전 여행 페이지(0404.go.kr)에서 확인할 수 있다.

2. 비자

동남아시아 주요국들은 대부분 한국과 무비자 협정이 체결되어 있어서, 체류 가능일은 조금씩 차이가 있지만 별도로 비자를 발급받지 않아도 여행이 가능하다. 2019년 7월을 기준으로 캄보디아는 비자를 발급받아야 하고, 미얀마는 한시적 무비자 입국 정책이 시행 중(2019년 9월 30일까지)이다. 본서의 여행국인 베트남, 라오스, 태국, 말레이시아, 싱가포르는 모두 무비자로 일정 기간 체류할 수 있다.

국가	대한민국 일반 여권 소지자 무비자 체류 가능 일수(2019년 7월 기준)
베트남	15일
라오스	30일
태국	90일
말레이시아	90일
싱가포르	90일

* 베트남은 출국 후 30일 이내에 재입국하는 경우 무비자 체류 기간이 다시 부여되지 않는다.

❷ 환전과 여행 경비

1. 항공료

저자가 실제로 사용한 항공료(수화물 추가 비용 제외, 1인 기준)		
출발지 : 김해 국제공항 도착지 : 하노이 노이바이 국제공항	143,000(원)	비엣젯항공
출발지 : 하노이 노이바이 국제공항(왕복) 도착지 : 다낭 국제공항	54,000	비엣젯항공
출발지 : 하노이 노이바이 국제공항 도착지 : 비엔티안 왓따이 국제공항	140,000	라오항공
출발지 : 싱가포르 창이 국제공항 도착지 : 김해 국제공항	193,500	에어아시아
합계	530,500원	

* 항공권 검색은 주로 스카이스캐너(skyscanner.co.kr)와 네이버 항공권을 이용했다. 다만 특가 상품이 있는 경우 항공사 홈페이지에서 직접 검색하여 예약하는 경우가 더욱 저렴할 수도 있다.

* 그 외 라오스에서 태국, 태국에서 말레이시아, 말레이시아에서 싱가포르까지 모든 국가와 도시는 육로를 통해 이동했다. 이후에 자세한 내용이 등장하지만 기차나 버스 요금은 국경을 넘는 경우에도 한화 4만 원 정도에서 크게 벗어나지 않는 수준이다.

각 국의 환율(2019년 7월 기준)

- **베트남** : 100동(VND) = 약 5.09원(1달러 = 약 23,202동)
- **라오스** : 100킵(LAK) = 약 13.5원(1달러 = 약 8,680킵)
- **태국** : 1밧(THB) = 약 38원(1달러 = 약 31바트)
- **말레이시아** : 1링깃(MYR) = 약 287원(1달러 = 약 4.11링깃)
- **싱가포르** : 1싱가포르 달러(SGD) = 약 868원(1달러 = 약 1.36싱가포르 달러)

2. 숙박비

저자가 실제로 사용한 숙박비(해외 결제 수수료 포함, 1인 기준)			
국가	도시	기간	금액(원)
베트남	하노이	4박 5일	88,500
	다낭	2박 3일	38,000
	호이안	2박 3일	38,500
라오스	비엔티안	1박 2일	13,500
	방비엥	3박 4일	37,500
태국	방콕	2박 3일	33,500
	파타야	3박 4일	68,500
말레이시아	쿠알라룸푸르	3박 4일	43,500
	믈라카	2박 3일	34,000
싱가포르	싱가포르	5박 6일	143,500
합계		539,000원	

* 주로 3성급 호텔이나 게스트 하우스에 머물렀다. 아고다, 호텔스닷컴, 에어비앤비 등의 숙박 앱을 이용해서 비슷한 레벨의 숙소를 구한다면 위의 표와 크게 차이가 나지 않는 수준일 것이다.

* 동남아 여행에서 식비와 교통비 등의 생활비는 쓰기에 따라 지출이 천차만별이 된다. 한 끼에 2천 원을 쓸 수도, 2만 원을 쓸 수도 있다. 저자는 출국 전 750달러가량을 환전했으며, 마스터 카드 계좌에 따로 비상금을 넣어 두었다. 동남아에서 한 달을 여행한다고 할 때 숙박비와 항공료를 제외한 예산은 70~80만 원으로 충분할 수도 있으며, 100만 원 이상의 경비라면 부족함 없는 여행이 될 수 있다. 다만, 싱가포르의 물가는 한국과 비슷한 수준이다.

3. 환전

❶ 출발 전 국내에서의 달러 준비

동남아 여행을 위한 현금 준비는 국내에서 달러로 환전한 다음, 여행지에서 현지 화폐로 이중 환전하는 경우가 일반적이다. 우선, 국내에서의 환전은 각 은행마다 우대 환율을 적용받을 수 있는 조건이 다르므로 자신에게 가장 유리한 환율이 적용되는 은행으로 선택하도록 하자. 보통 온라인으로 미리 신청하는 경우가 더 저렴하지만 은행에 바로 방문해서 환전하는 것도 가능하다. 환율이 다소 불리하긴 하지만 급하다면 공항 환전을 이용할 수도 있다. 원/달러 환율이 낮을수록 원화를 달러로 바꾸기에 좋다. 가끔 달러가 지나치게 고평가되는 경우가 있는데, 이때는 급한 경우가 아니라면 환율이 내려갈 때까지 조금 기다리는 것이 나을 수도 있다. 여행 경비 정도의 금액이라면 엄청난 손해는 없겠지만, 조금이라도 경비를 절약하고 싶다면 여행이 확실해지는 순간부터 틈틈이 환율을 검색해 보도록 하자.

❷ 여행지에서의 현지 화폐로 환전

여행지에 도착해서 달러를 현지 화폐로 환전하는 방법에는 크게 세 가지가 있다. 은행을 이용하는 방법, 사설 환전소나 현지 여행사를 이용하는 방법, 그리고 묵는 숙소에서 환전을 하는 방법이다. 보통 환율은 은행, 환전소, 숙소 순서로 여행자에게 유리하다. 하지만 금액이 크지 않다면 엄청나게 차이가 나는 정도는 아니므로 은행을 찾을 수 없다면 사설 환전소를 이용해도 상관없다. 다만 터무니없이 비싼 환율이 제시되는 곳이 있을지도 모르니, 해당 시기의 환율 정보는 인터넷을 통해 미리 알아보도록 하자.

* 본문에 나오는 여러 가격 및 비용의 원화 환산 금액은 저자가 여행했던 당시(2018년 1월)의 환율 수준에서 약간 조정된 값이다. 환율 및 원화 환산 금액은 시기에 따라 조금씩 차이가 날 수 있다.

3 저자가 직접 느낀 동남아시아 여행 Tips

1. 동남아의 태양은 뜨겁다.

방문하는 시기가 1월이든 7월이든 선글라스와 선크림을 반드시 챙기자. 팔 토시도 준비한다면 아주 유용한 아이템이 될 것이다. 만약 한국에서 겨울에 출발한다면 최대한 얇은 옷으로 껴입는 것이 좋다. 두꺼운 겨울용 점퍼는 동남아에서는 짐이다. 여행 기간이 길지 않다면 공항의 물품 보관 서비스를 이용하는 것도 좋은 방법이다.

2. 짐을 줄여야 한다면, 저렴한 물가를 활용하라.

물가가 저렴하므로 예쁜 의류를 현지 시장에서 '득템'하는 순간도 생길 수 있다. 여행에 좋은 옷을 들고 가도 너덜너덜해지기 마련이니 짐을 줄여야 한다면 조금은 사서 입을 생각으로 의류를 줄여도 좋다. 신발도 마찬가지다. 시장이 있는 곳 어디에서든 만 원이 채 안 되는 가격에 샌들이나 슬리퍼를 구매할 수도 있다. 짐의 무게는 여행의 고됨을 더한다는 것을 명심하자.

3. 긴소매 겉옷도 최소한 한 벌은 있어야 한다.

한국이 겨울인 때라면 동남아 중 베트남 북부 정도는 꽤 서늘한 날이 있다. 비행기나 국경을 넘는 버스, 기차 등을 타고 장시간 이동 시에 잠을 잘 때 추울 수도 있으므로 겉옷이 한 벌 있다면 훨씬 좋다. 여행 기간이 길어질수록 무슨 일이 생길지 모르니 한 벌은 챙기도록 하자.

4. 사진을 찍어 준다는 사람들에게 무턱대고 휴대폰을 건네지 마라.

사진을 찍어 주고 돈을 요구하는 경우가 있다. 재밌는 분장을 하고 사진을 찍자고 다가오는 사람도 마찬가지다. 또한, 공공장소에서 휴대폰이나 노트북 같은 고가의 전자 기기를 항상 몸에서 멀리 두지 않는 것은 해외여행에서의 기본적인 원칙이다.

5. 동남아는 보기보다 치안이 좋지만 방심은 금물이다. 특히나 숙소의 좀도둑을 조심하자!

호텔이든 게스트 하우스든 숙소에는 매니저를 비롯하여 하우스키퍼, 벨보이, 경비 등 다양한 직원이 있다. 만약 현금을 방에 두고 숙소를 나갈 경우 교묘하게 조금씩 사라져 있을지도 모르니 조심하자. 실제로 하우스 키퍼가 방을 청소하면서 현금을 훔쳐 갔다는 사례를 종종 찾을 수 있다. 동남아 사람들이 도둑질을 일삼는다는 것은 결코 아니지만, 조심해서 나쁠 것은 없겠다.

6. 베트남, 특히 하노이에 머문다면 마스크가 유용하다.

베트남은 실제 인구수보다 등록된 오토바이가 많다는 말이 있을 정도로 오토바이가 넘쳐 난다. 특히 하노이는 인도까지 오토바이가 점령하고 있다. 그 엄청난 수의 오토바이가 뿜어내는 매연을 고스란히 흡입하고 싶지 않다면 미리 마스크를 준비하기를 권한다. 만약 준비하지 못했다면 현지의 편의점이나 미니소 같은 잡화점에서 구입할 수도 있다.

7. 해외용 콘센트 변환기를 구비하자.

베트남과 라오스에서는 콘센트 모양에 따라 변환기가 필요한 경우도, 필요하지 않은 경우도 있었고 말레이시아에서는 변환기가 없는 경우 전자 기기를 거의 연결할 수 없었다. 숙소에 따라 변환기가 없으면 아주 불편해질지도 모르니 조그만 휴대용 변환기를 하나 구입하자. 다이소 같은 잡화점에서 쉽게 찾을 수 있다.

8. 현지 한인 여행사를 활용하자.

저자는 라오스부터 말레이반도의 최남단 싱가포르까지 육로로 이동했다. 사전 예약이 없었음에도 슬리핑 기차에서의 추억(그리고 고생)을 경험할 수 있었던 것은 한인 여행사의 도움이 컸다. 라오스에서는 여행사 덕분에 잃어버린 물건을 되찾기도 했다. 현지에서 여행사를 운영하는 한국인들은 현지인과 자유자재로 의사소통이 가능한 해당 지역의 전문가다. 여행 중 막막한 순간이 생긴다면 현지의 한인 여행사에 도움을 요청하는 것이 방법이 될 수 있다.

9. 태국-말레이시아를 경계로 1시간의 시차가 있다.

베트남, 라오스, 캄보디아, 태국의 표준시보다 말레이시아, 싱가포르의 표준시가 1시간 빠르다. 그러니 위의 국가들 간에 이동 시, 바뀌는 시차를 잘 확인하자. 실제로 태국에서 슬리핑 기차를 타고 말레이시아로 넘어왔다가, 바뀐 시차를 확인하지 못해서 예약한 기차를 놓친 사례가 있다. 둘은 국경을 접하고 있지만 태국의 오후 12시는 말레이시아의 오후 1시다.

10. 연착을 조심하라!

경험담이기에 본문에 구체적으로 담았지만, 동남아에서 연착은 아주 흔한 일이다. 특히 비행기나 슬리핑 기차 등 장거리 이동의 경우 놓치면 아주 곤란해질 수 있으니 최소한 2시간 전에는 터미널에 도착할 수 있도록 일정을 짜자. 기차나 버스로 국경을 넘는 경우에는 일찍 도착해서 음식과 간식거리, 음료 등을 충분히 준비하는 것도 좋은 방법이다.

11. 도시 중심부에서 멀어진다면 가방에 물을 한 병씩 챙기자.

동남아시아, 특히 라오스 같은 저개발 국가라면 주변에 마트 하나 찾기가 힘든 순간도 찾아올 수 있다. 동남아는 대부분 날씨도 아주 더우니, 거리가 조금 있는 여정을 떠날 땐 반드시 미리 물을 한 병 챙겨 놓도록 하자.

12. 예산을 달러 현금과 계좌에 적절히 배분하자.

동남아는 카드 결제가 되지 않는 곳이 많으므로 현금은 필수니 미리 충분한 달러를 환전해 두어야 한다. 하지만 현금은 분실 위험 또한 크므로 신용 카드나 비상금이 예치되어 있는 해외 결제용(VISA, MASTER) 체크 카드를 함께 준비해서 적절히 경비를 배분하도록 하자.

13. 각종 관광지의 개방 시간, 혹은 퍼레이드 시간은 계절마다 다를 수 있다.

본서에도 저자가 방문했던 여러 관광지에 대한 시간 및 요금 정보가 포함되어 있지만 계절에 따라 개장 및 폐장 시간에 약간의 차이가 있을 수 있으며, 별다른 이유 없이 운영 시간이 변하는 장소들도 있다. 혹 개폐 시간에 가까운 이른 아침이나 늦은 저녁에 방문하는 관광지라면 자신 여행의 시기와 맞는 최신의 정보를 직접 확인하는 것이 가장 확실한 방법이다.

저자의 여행 경로
하노이
라오스
방비엥
비엔티안
다낭
호이안
태국
방콕
파타야
캄보디아
베트남
말레이시아
쿠알라룸푸르
믈라카
싱가포르

본서의 동남아시아 여행 경로

동남아 여행에서 가장 흔히 묶는 4개국은 인도차이나 3국(베트남, 라오스, 캄보디아)과 태국이다. 나의 처음 계획 역시 크게 다르지 않았다. 그러다 문득 이번 기회에 싱가포르에 가 보고 싶은 마음이 생겨서 위의 4개국 중 마지막 도착지였던 캄보디아에서 비행기를 타고 싱가포르로 가는 계획을 세웠다. 그런데 지도를 펼쳐 놓고 이동 계획을 세우다 보니 태국, 싱가포르와 국경을 접하고 있는 말레이시아가 눈에 들어왔다. 순간 그 국가에 대한 호기심과 함께 '말레이시아를 거치면 육로로 싱가포르까지 내려갈 수 있겠는데?'라는 생각이 들었다.

그러나 시간과 예산의 제약으로 인해 한 국가 정도를 포기해야만 했다. 꼭 가 보고 싶었던 도시와 이동 경로 등을 종합적으로 고려해서 최종적으로 캄보디아를 제외했다. 앙코르와트를 못 보게 된 것은 너무나 아쉬웠지만 유일하게 비자를 발급받아야 한다는 단점이 있었고, 또 태국에서 동쪽의 캄보디아로 가지 않고 남쪽의 말레이시아로 내려가면 싱가포르까지의 이동 경로도 다소 단순해졌다. 가장 중요하게는 비교적 비슷한 문화권의 인도차이나반도 3국과 태국을 여행하는 것보다, 그중 한 국가를 포기하고 이슬람 문화권인 말레이시아와 동남아의 최선진국인 싱가포르를 일정에 포함시켜 보다 다양한 곳을 경험해 보고 싶은 생각이 컸다. 그 결과 최종적으로 베트남, 라오스, 태국, 말레이시아, 싱가포르 5개국의 10개 도시를 여행하기로 결정했다.

각기 다른 5개국과 함께하는 이 여행기가 보다 특별해질 수 있었던 이유 중 하나는 동남아시아 북부의 라오스 방비엥에서부터 말레이반도 최남단의 싱가포르까지 오로지 육로로, 기차와 버스를 이용해서 내려온 이동 방식 덕분이다. 숙박은 10개 도시에서 했지만 이동 도중에 거쳤던 이름도 생소한 도시들(타나렝, 버터워스, 파당베사르 등)까지 더하면 열이 아니라 스물에 가까웠다.

동남아시아에서 국경을 넘을 때는 보통 비행기, 슬리핑 버스, 슬리핑 기차 세 가지 방식이 이용된다. 나는 베트남에서 라오스로 갈 때는 비행기를, 라오스에서 태국, 그리고 태국에서 말레이시아로 갈 때는 슬리핑 기차를, 말레이시아에서 싱가포르로 갈 때는 버스를 이용했다. 멀미가 심한 편이라 슬리핑 버스는 이용하지 않았다. 이러한 이동 방식의 핵심은 단연 지상으로 동남아를 종단하는 경험을 할 수 있다는 점과 비행기에 비해 크게 예산을 절약할 수 있다는 점이다. 물론, 누군가에게는 불편함과 오랜 이동 시간이 단점이 될 수도 있다. 새로운 국가의 시작점이 관광 인프라가 충만한 공항이 아니라 낯선 국경의 철도역이라는 점은 비행기로 국경을 넘는 여행과는 커다란 차이를 만든다.

동남아시아 지도를 보면 이해하기 쉽겠지만 육로 이동의 핵심은 태국을 관통하는 슬리핑 기차였다. 태국 북부 라오스 국경 부근의 농카이에서 방콕으로, 방콕에서 남부 국경 부근의 핫야이를 지나 말레이시아 최북단의 파당베사르까지 가장 멀었던 두 번의 이동을 모두 태국의 슬리핑 기차를 이용했다. 기차 자체는 쾌적한 환경이었지만 우여곡절도 많았다. 이러한 이동 과정의 이야기 또한 도시에 대한 경험담만큼이나 사실적으로 전달하겠다는 생각으로 본문에 담았다.

선택한 이동 경로와 방식은 말 그대로 특별한 경험이 되었고 개인적으로는 아주 만족스러웠지만, 그만큼 고생도 적지 않았기에 무작정 따르기보단 개인의 취향에 따라 현명히 판단하길 바란다. 여기서는 기차에서 하루를 보내는 슬리핑 기차는 유사한 경험이 없는 여행자라면 한 번쯤은 추천한다는 말만 짤막하게 남긴다. 앞서 말했듯이 보다 자세한 경험, 이동에 관한 세세한 이야기는 본문에 담겨 있다.

5 여행 일정 & 달력

31일간의 동남아시아 여행

Day 1~5 베트남, 하노이 **Day 5~7** 베트남, 다낭 **Day 7~9** 베트남, 호이안

Day 9 (비행기 이동) 다낭 → 하노이 → 비엔티안 **Day 9~10** 라오스, 비엔티안

Day 10~13 라오스, 방비엥 **Day 13~14** (육로 이동) 방비엥 → 비엔티안 → 방콕

Day 14~16 태국, 방콕 **Day 16~19** 태국, 파타야

Day 19~20 (육로 이동) 파타야 → 방콕 → 쿠알라룸푸르(KL) **Day 20~23** 말레이시아, KL

Day 23~25 말레이시아, 믈라카 **Day 25** (육로 이동) 믈라카 → 싱가포르

Day 25~30 싱가포르, 싱가포르 **Day 30** (비행기 이동) 싱가포르 → KL → 한국

* 여기서의 이동은 국가가 바뀌는 경우만 표기됨

2018년 1월

일	월	화	수	목	금	토
	1	2	3	4	5	6
7	8	9	10	11	12(0일차)	13(1일차)
					공항에서 하룻밤	하노이 도착
14(2일차)	15(3일차)	16(4일차)	17(5일차)	18(6일차)	19(7일차)	20(8일차)
하노이	하노이	하노이	하노이 to 다낭 (비행기)	다낭	다낭 to 호이안 (택시)	호이안
21(9일차)	22(10일차)	23(11일차)	24(12일차)	25(13일차)	26(14일차)	27(15일차)
다낭 to 비엔티안 (비행기)	비엔티안 to 방비엥 (버스)	방비엥	방비엥	방비엥 to 방콕 (버스, 기차)	방콕 도착 (기차)	방콕

28(16일차)	29(17일차)	30(18일차)	31(19일차)			
방콕 to 파타야 (버스)	파타야	파타야	파타야 to 파당베사르 (버스, 기차)			

2018년 2월

일	월	화	수	목	금	토
				1(20일차)	2(21일차)	3(22일차)
				파당베사르 to 쿠알라룸푸르 (기차, 버스)	쿠알라룸푸르	쿠알라룸푸르
4(23일차)	5(24일차)	6(25일차)	7(26일차)	8(27일차)	9(28일차)	10(29일차)
쿠알라룸푸르 to 믈라카 (버스)	믈라카	믈라카 to 싱가포르 (버스)	싱가포르	싱가포르	싱가포르	싱가포르
11(30일차)	12(31일차)	13	14	15	16	17
싱가포르 to 쿠알라룸푸르 (경유)	쿠알라룸푸르 to 한국					

6 동남아시아 각국 대한민국 대사관 연락처 & 홈페이지

국가	연락처	긴급 연락처 (업무 시간 외)	홈페이지
베트남	+84-24-3771-0404	+84-(0)90-402-6126	overseas.mofa.go.kr/ vn-ko/index.do
라오스	+856-(0)21-255-770~1	+856-(0)20-5839-0080	overseas.mofa.go.kr/ la-ko/index.do
태국	+66-2-247-7537~39	+66-81-914-5803	overseas.mofa.go.kr/ th-ko/index.do
말레이시아	+603-4251-2336	+6017-623-8343	overseas.mofa.go.kr/ my-ko/index.do
싱가포르	+65-6256-1188	+65-9654-3528	overseas.mofa.go.kr/ sg-ko/index.do
캄보디아	+855-23-211-900~3	+855-92-555-235	overseas.mofa.go.kr/ kh-ko/index.do

* 여행 중 여권 분실이나 사고 등의 긴급 상황이 발생할 시 해외 주재 대한민국 대사관, 혹은 영사관에 도움을 청할 수 있다. 홈페이지에서는 해당 국가 여행 시 주의해야 할 사항 등의 정보를 얻을 수 있다.

공항에 내리자마자 보였던 야자수와

한국에 비해 확연히 따듯해진 날씨가

동남아에 도착했음을

실감 나게 해 주어 마음이 들떴다.

여행이 시작된다는 설렘은

수면 부족으로 인한 피로를 순식간에 날려 보냈다.

베트남

Vietnam

Story 1.하노이

Story 2. 다낭

Story 3. 호이안

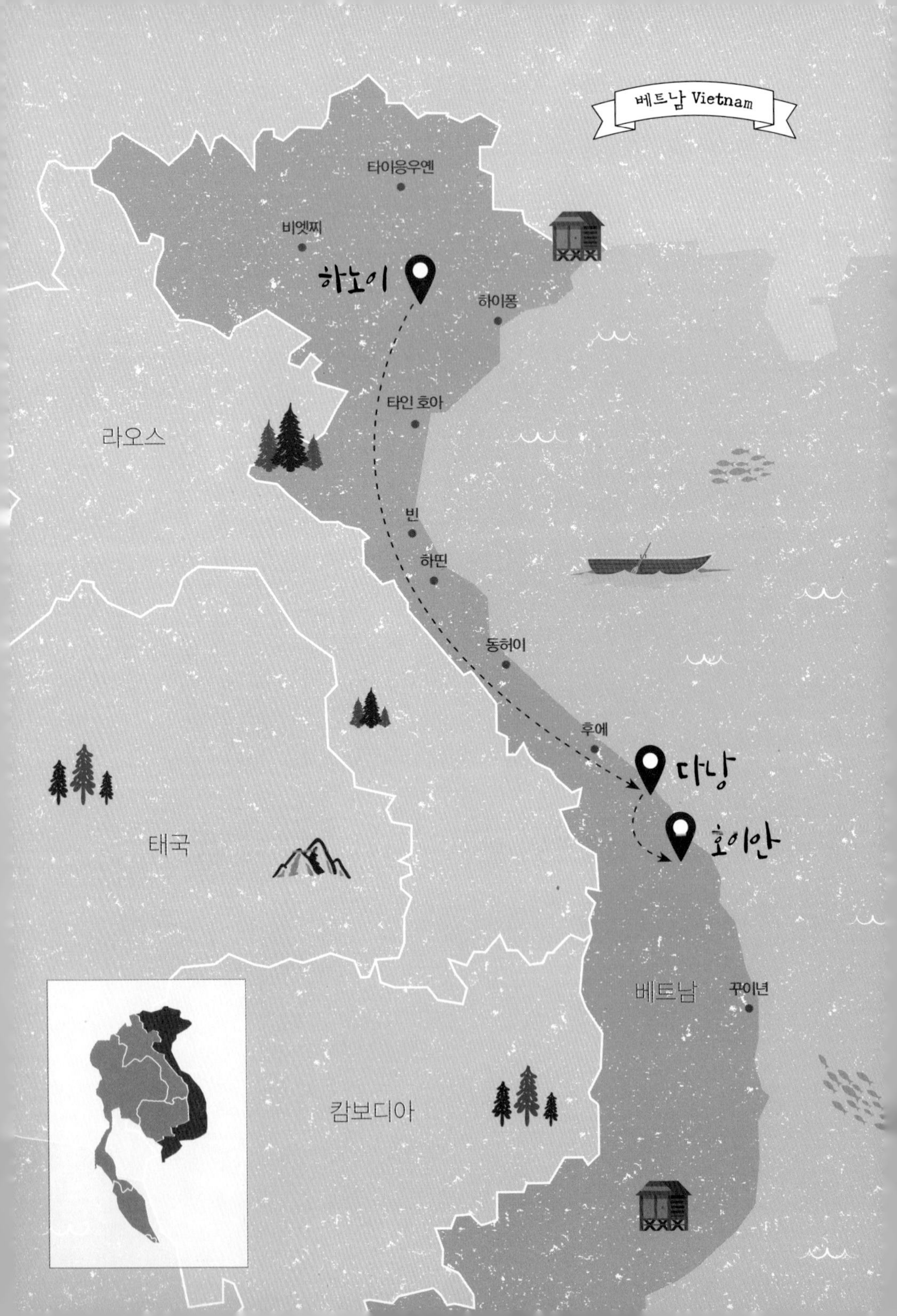

베트남 Vietnam
타이응우옌
비엣찌
하노이
하이퐁
타인 호아
라오스
빈
하띤
동허이
후에
다낭
호이안
태국
베트남
꾸이년
캄보디아

• Basic Information •

❶ **국가명** : 베트남 사회주의 공화국

❷ **수도** : 하노이

❸ **인구** : 약 9,500만 명

❹ **언어** : 베트남어(공용어)

❺ **면적** : 약 33만 ㎢

❻ **시차** : 2시간 느림(한국 시간 −2)

❼ **비자** : 무비자 15일(30일 이내 재입국 시에는 무비자 체류 기간이 다시 부여되지 않음)

❽ **기후** : 베트남은 지역별로 기후 차이가 조금 있는 편이다. 하노이의 경우 가장 기온이 낮은 11월에서 2월 정도에는 한국의 가을과 비슷한, 선선한 날씨다. 다낭은 그보다는 덥지만 아침과 밤에는 쌀쌀할 수 있다. 기본적으로 한국인이 느끼기에 추운 날씨는 아니지만 11~2월 사이에 베트남을 여행한다면 긴소매 겉옷을 챙기도록 하자.

베트남은 그야말로 오토바이 조심, 또 조심이다.
우스갯소리지만 하노이에서는
목숨을 걸고 횡단보도를 건너야 한다는 말이 있을 정도다.
하노이는 베트남 사람들의 삶을 들여다보기에 좋은 여행지며,
다낭은 최근 가장 핫한 휴양지로 떠오른 이유가 있는 아름다운 해안 도시다.
또한 다낭을 방문한다면 가까운 거리인 호이안에도 일정을 할애하기를 추천한다.
호이안 올드타운 투본강 강변의 밤은 그야말로 일품이다.
베트남은 저렴하고 맛있는 먹거리가 참 많은 나라인데,
하노이에 간다면 비어타운의 '하노이 BBQ'를 먹어 보길 권한다.
현지의 값싼 맥주까지 곁들이면 금상첨화.

· Story ·

01

하노이

Hanoi

1. 호암끼엠 호수

2. 호암끼엠 호수 밖에서

3. 역사박물관과 호아로 수용소

4. 바딘 광장과 호찌민 박물관

2018년 1월 12일, 추위가 절정을 맞이한 겨울밤에 얇은 옷을 껴입고 집을 나섰다. 몹시 추웠지만 동남아에서 한 달 동안 겨울 외투를 들고 다니느니 하룻밤 추위를 견디는 것을 택했다. 지하철 막차를 타고 공항으로 가는 길에는 한국을 한 달 넘게 떠난다는 실감이 아직 나질 않았다. 이른 아침 비행기였기에 일행과 공항 근처의 24시 카페로 향했다. 원래도 야행성인데 여행을 앞두고는 도무지 잠에 들지 않을 것 같아서 애초에 여행지에 대해 알아보고, 책을 읽으며 밤을 보낼 계획을 세운 것이었다.

완전히 깨어 있었던 채로 아침을 맞은지라 비행기에 탑승하니 설레면서도 한편으로는 졸음이 몰려오기 시작했다. 부산에서 베트남의 수도 하노이로 가는 이번 여행의 첫 비행은 그렇게 반쯤 잠든 상태로, 반쯤 깨어 있는 상태로 6시간가량을 날았다. 노이바이 국제공항에 내리자마자 보였던 야자수와 한국에 비해 확연히 따듯해진 날씨가 동남아에 도착했음을 실감 나게 해 주어 마음이 들떴다. 여행이 시작된다는 설렘은 수면 부족으로 인한 피로를 순식간에 날려 보냈다.

• 베트남의 전통적인 이미지를 연상시키는 나룻배와 논라(non la)를 쓴 할머니(호이안)

호안끼엠 호수

호안끼엠의 방랑자

하노이의 호안끼엠(Hoan Kiem)구는 호안끼엠 호수를 중심으로 하여 구시가지, 동쑤언 시장, 호아로 수용소, 오페라 하우스, 그리고 먹거리와 숙박 시설 등이 모두 밀집해 있어서 하노이 여행의 핵심이 되는 지역이다. 나는 이번 동남아 여행의 첫 번째 도시인 하노이에 머물렀던 시간 중 상당 부분을 호안끼엠에서 보냈는데, 4박 5일을 보내는 동안 택시를 단 한 번밖에 타지 않았다. 그만큼 다리가 붓도록 많이, 오래 걸어 다녔다. 호안끼엠은 그럴 만한 곳인 동시에 전혀 그럴 만하지 않은 곳이기도 하다. 전자의 이유는 호안끼엠 호수와 그 주변부가 발걸음이 닫는 곳마다 펼쳐지는 모습이 새로워 방랑의 즐거움이 있는 곳이기 때문이며, 후자는 길이 복잡하며 혼란스러운 교통질서로 인해 걸어 다니기가 굉장히 불편한 순간들이 한두 번이 아니었기 때문이다.

호안끼엠의 첫인상은 혼돈의 교통질서

하노이에서의 4박 5일 동안 머무른 숙소는 라베비에 호텔(Labevie Hotel)이다. 3성급 호텔에 규모는 그리 크지 않지만, 전반적으로 깔끔하고 매니저들이 상냥해서 기분좋게 지낼 수 있었다. 호안끼엠 호수나 구시가지가 멀지 않아 위치도 좋은 편이다. 조식이 제공되는 식당은 규모가 작았지만, 기본 메뉴 외에도 오믈렛이나 쌀국수 등 하나씩 선택하는 메뉴가 있어 소소한 재미가 있었다. 작은 방을 잡았더니 따듯한 물이 잘 나오지 않아서 방을 한 번 옮겨야 했던 것이 유일한 단점이었으며, 종합적으로 무난히 괜찮은 숙소였다.

라베비에 호텔(Labevie Hotel)

Add. Labevie Hotel, 34 Hang Tre, Hoan Kiem, Hanoi **Fee.** 약 36,000원~

낯선 곳에서 길을 찾는 것은 어렵다. 특히나 말 한마디 통하지 않는 이곳에서는 그 난이도가 더욱 높아졌다. 하지만 하노이의 명소 호안끼엠 호수를 찾는 것은 그리 어렵지 않았다. 나의 첫 숙소가 호안끼엠 내에 위치하고 있는 데다가, 호수가 만든 커다란 타원을 따라 깔린 도로에 여러 개의 입구가 딸려 있기 때문이었다. 숙소를 나와 조금 걸으니 금방 그 입구 중 하나를 발견할 수 있었다.

그러나 길 찾기가 수월했다고 해서 그 여정이 편안했다는 말은 결코 아니다. 호안끼엠의 첫인상은 미친 듯한 교통질서였다. 수많은 오토바이들은 도로를 넘어 인도까지 가득 메웠고, 그들이 뿜어내는 퀴퀴한 매연은 호흡을 힘들게 만들 지경이었다. 특히나 신호등은 있으나 마나 한 수준이었다. 한번은 횡단보도에서 신호등의 빨간불과 초록불이 함께 켜지는 광경을 보고는 "미친!"이라고 외치기도 했지만, 이내 어차피 지켜지지도 않는데 무슨 상관이냐며 쌍라이트가 켜진 횡단보도를 자연스레 건넜다. 물론 이것은 어느 정도 현지화가 이루어진 이튿날의 이야기고, 처음 마주한 하노이의 도로와 오토바이들은 혼돈 그 자체였다.

• 하노이 거리를 가득 메운 오토바이

• 하노이의 분위기가 잘 드러나는 상가 주택

여행 첫날, 첫 여행지에서의 긴장감이 풀린 것은 호안끼엠 호수에 들어서면서였다. 호수 밖의 거리는 인도에서도 긴장을 유지해야 할 만큼 보행자에게 열악한 환경이었던 반면, 호수로 들어서는 순간부터는 차량이 통제되어 완전히 대비된 광경이 나타났다. 오토바이들 대신 드넓은 호안끼엠 호수를 바라볼 수 있게 되자 마음이 편안해지기 시작했다. 비유를 하자면 호수 밖의 호안끼엠 거리는 천국으로 가기 전에 죄를 씻으며 고통스러운 시간을 보내야 하는 연옥 같았고, 호수 내의 거리는 그런 연옥을 지나 마침내 도달한 평온한 천국 같았다. 특정한 목적지 없이 걸었던 첫째 날에는 몇 번이고 이 호수를 벗어나 걸었지만, 이따금씩 거리의 혼돈에 지쳐 평화를 찾아 호안끼엠 호수 부근으로 돌아가기도 했다.

며칠 뒤에 알게 된 사실이지만 그렇게 평화로운 호안끼엠 호수의 낮을 즐길 수 있는 것은 주말뿐이었다. 토요일과 일요일은 모든 입구에서 차량의 진입이 통제되었다. 나는 여행의 셋째 날인 월요일에 호안끼엠 호수를 지나칠 때 큰 충격을 받았다. 월요일의 이곳은 주말과는 너무 다른 느낌으로, 오히려 호수 바깥쪽보다 차량이 더욱 많이 몰려 있었다. 앞으로 이야기할 호안끼엠 호수의 자유분방함을 즐기려면 반드시 토요일이나 일요일, 혹은 금요일 야간을 끼고 호안끼엠을 방문해야 한다. 나는 아무것도 모르고 호안끼엠을 첫 여행지로 선택했지만 정말 운 좋게도 도착일이 토요일이었다.

자유분방함과 평화로움이 조화를 이루는 호안끼엠 호수

호안끼엠 호수의 경치가 멋지다는 사실은 의심할 여지가 없다. 그러나 자연 경관이 여느 유명 관광지보다 특출하다고 할 정도는 아니다. 내가 느끼기에는 그 유명한 호안끼엠 호수의 야경도 경주 안압지보다 아름답지는 않다. 그러나 그 호수를 둘러싸고 있는 거리에서 펼쳐지는 광경들은 흔히 볼 수 있는 장면들이 아니다. 전 세계인의 관광지인 호안끼엠 호수에는 다양한 사람들이 몰려들고 그만큼이나 개성 있는 놀이와 문화들이 펼쳐진다. 호수가 가진 자연의 아름다움과 그 주변에서 정신없이 펼쳐지는 각양각색의 장면들이 조화를 이룰 때, 평화로움과 자유분방함이 하나로 어우러지는 것이 보일 때 비로소 호안끼엠 호수의 진정한 매력을 느낄 수 있다.

이곳에서 사람들은 길바닥에 주저앉아 사진 찍는 것을 망설이지 않는다. 또한 그 누구도 그것을 이상하게 바라보지 않는다. 가끔 보이는 그들만의 독특한 코스프레 복장도 즐거워 보이기만 할 뿐, 개인의 취향에 대해 따가운 눈총을 보내는 사람은 없다. 이곳은 노래를 하고 시끄럽게 떠드는 사람들과 벤치에 앉아 호수를 바라보며 조용히 휴식을 즐기는 사람들이 조화를 이루며 공존하고 있는 공간이다.

호안끼엠 호수는 어린이들의 천국이기도 하다. 아이들은 살아 움직이는 도라에몽 같은 캐릭터들과 어울려 놀며 장난감으로 자신의 키만 한 탑을 쌓기도 한다. 유아용 자동차 대여도 활발해서 베이비 드라이버가 엄청나게 양산되는 곳이기도 하다. 그런데 이들 모두가 베스트 드라이버는 아니라서 가끔 접촉 사고가 나기도 하는데, 나도 한 번 그 희생양이 되기도 했다. 물론 기분은 전혀 나쁘지 않았지만. 가끔은 더 심각한 전복 사고가 나기도 하는데, 탱크를 부숴 놓고 어쩔 줄 몰라 하던 아이들도 기억에 남는다. 한번은 외국인인 나에게 당차게 "Hello!"라고 외치며 풍선을 들고 지나갔던, 귀여운 아이의 모습에 기분이 좋아지기도 했다.

원래 베트남 현지인들의 쉼터이기도 한 호안끼엠 호수에서 이렇게나 다양한 외부인들이 자유롭게 어울릴 수 있다는 사실이 놀랍기도 하다. 장사꾼들이야 넘쳐 나는 여행객이 당연히 반갑겠지만, 오로지 쉼을 찾아 이곳에 오는 사람들 입장에서는 지나친 인파가 싫증날 수도 있다. 바라보기만 해도 마음이 편해지는 드넓은 호수와 커다란 광장, 가족과 휴일을 보내기에 최적인 장소를 외부인과 기꺼이 공유하고자 하는 마음이야말로 다양한 형태로 표출되는 자유의 모습들이 조화롭게 어울릴 수 있는 이유가 아닐까. 이곳에서 흔히 볼 수 있는 베트남식 제기차기인 '따까오'가 그 개방성과 자유분방함을 잘 나타내는 한 예가 될 수 있을 것이다.

따까오(Da Cau)

호안끼엠 호수에 들어서자마자 커다란 원을 형성하고 있는 한 무리가 눈에 띄었다. 거리 한복판에 큰 원을 만들어 놓았으니 시선을 빼앗기지 않을 수가 없었지만, 그 시선을 다른 곳으로 쉽게 돌릴 수 없는 이유는 단연 그들의 제기차기 실력 때문이었다. 과연 제기차기라는 번역이 올바른 선택일까 싶을 정도로 발놀림이 화려했다. 따까오는 제기차기보다는 축구선수들이 '노바운드(공을 땅에 닿지 않게 하면서 패스를 주고받는 것)' 훈련을 하는 것과 유사하다. 내가 호안끼엠 호수에서 지켜본 몇몇 베트남 사람들의 발놀림은 주말 저녁마다 TV에서 만나는 프리미어 리그의 선수들 못지않았다. 정말로.

따까오하니 또 기억에 남는 장면이 하나 있는데, 이곳의 분위기가 잘 드러나는 순간이었다. 일고여덟 명의 사람들이 크게 원을 만들어 따까오를 주고받으며 놀고 있었다. 거기에는 젊은 남녀뿐만 아니라, 아주머니와 아이들까지 섞여 있어서 도무지 친구들이라고 보기는 어려운 모임이었다. 그럼에도 그들이 어울리는 모습이 너무나 자연스러워서 대체 어떤 관계에 있는 사람들인가 하는 호기심에 잠시 그들의 서커스를 지켜보았다. 아무 말 없이 무심히 제기를 주고받는 모습은 흡사 오랜 동료인 프로 운동선수들의 트레이닝 모습처럼 보이기도 했다. 그렇게 나도 모르게 무아지경에 빠져 그들의 발재간을 감상하고 있을 때, 넘치는 힘을 주체하지 못한 한 청년의 실수로 제기가 호안끼엠 호수에 풍덩 빠져 버렸다. 그 청년은 제기가 사라진 방향으로 터벅터벅 걸음을 옮겼는데, 다른 사람들은 갑자기 말 한마디 없이 각자의 짐을 챙기더니 흩어지기 시작했다. 한 팀이라는 착각까지 불러일으켰던 그들은 그저 지나가다가 따까오에 참여하기 위해 잠시 그곳에 머물렀을 뿐, 서로 친분은 전혀 없는 사이였던 것이다.

• 호안끼엠 호수 주변에서는 원을 그리고 따까오를 주고받는 사람들을 쉽게 발견할 수 있다

이후에 호안끼엠을 몇 바퀴나 돌면서 따까오를 하는 무리의 모습은 더 이상 새롭지 않게 되었지만 그럼에도 나는 이따금씩 또 시선을 빼앗기고 말았다. 나이가 지긋한 부부가 파이팅 넘치는 따까오를 보여 주는가 하면, 베트남 사람들 사이에 너무나 자연스럽게 섞여 따까오를 즐기고 있는 백인 여행자들도 종종 볼 수 있었다. 이것이 베트남 전역에서 볼 수 있는 풍경인지, 호안끼엠만의 고유한 문화인지는 확실치 않다. 중요한 점은 나라나 피부색의 구별 없이 이곳에서는 누구나 따까오를 즐기고 있다는 것이다. 그 모습들이 너무 즐거워 보여서 나도 따까오를 구매했다. 내가 좀 하는 것 같으면 그들과 한번 어울려서 놀아 볼 심산이었다. 그런데 보기보다 너무 어려워서 두세 번을 떨어뜨리지 않고 차는 것도 불가능할 지경이었다. 아무래도 현지인들과 따까오를 즐기는 꿈은 다음 여행으로 미뤄 둬야 할 것 같았다.

호안끼엠 호수의 미니 야시장

해 질 녘이 다가오자 호수 북동쪽의 한 입구 부근에서 아기자기한 노점이 노란 불을 밝혔다. 하노이에 도착한 첫날, 저녁 식사를 위해 호안끼엠 호수를 빠져나가다가 베트남 현지의 느낌을 물씬 풍기는 그 잡화점에 발길이 끌렸다. 이 귀여운 잡화점은 구경을 하는 것만으로도 여행의 재미를 더하기에 제격이었는데, 꼭 무언가 사야 할 필요는 없었지만 물품들이 워낙 저렴해서 나도 모르게 하나둘씩 집어 들고 살펴보기 시작했다. 그러다 20,000동(한화 약 1,000원)짜리 팔찌를 하나 샀고, 앞서 말한 따까오도 샀다. 여행자들에게 인기가 좋은 '부엉이 가방'과 다양한 문양의 파우치 등 가족 선물로 좋을 물건들도 많이 있었는데, 아쉽게도 여행 첫날부터 기념품을 사기에는 짐이 많았다.

호수 밖에서 열리는 하노이 야시장은 어디가 시작이고 끝인지 쉽게 가늠할 수 없을 만큼 규모가 크고 인파가 엄청나다. 반면에 호안끼엠 호수 안의 이 작은 잡화점은 그보다 규모는 훨씬 작지만 생필품보다는 추억을 담아 갈 작은 아이템을 원하는 여행자에게 딱 맞춤인 미니 야시장이었다.

호안끼엠 호수(Hoan Kiem Lake)
Add. Hoan Kiem Lake, Hang Trong, Hoan Kiem, Hanoi **Time.** 호안끼엠 호수 둘레길이 차량 없는 거리로 운영되는 것은 매주 금요일 저녁부터 일요일 밤까지다.

하노이에 머무르는 동안 호안끼엠 호수 둘레길을 몇 바퀴나 돌았는지 모를 만큼 상당히 많이 걸었다. 주말의 이곳이 너무나 마음에 드는 이유도 있었지만, 복잡한 도로와 미친 듯한 교통으로 길 찾기가 어려운 호안끼엠에서는 호안끼엠 호수를 통해서 그 주변의 명소들을 찾아가는 것이 가장 편했기 때문이기도 하다. 호안끼엠은 호

• 호안끼엠 호수의 간이 잡화점

수를 중심으로 안과 밖의 분위기가 상당히 다르고, 또 가는 방향마다 느낌이 다르다. 친누나가 여행 중에 보낸 사진들을 보고 "어제는 마산 같더니 오늘은 유럽 같네."라고 말한 것도 무리는 아니다. 물론 나는 그런 다양한 모습들이 좋았기에 며칠이나 정처 없이 호안끼엠을 방랑했다.

• 20,000동(1,000원) 주고 산 팔찌

호안끼엠 호수 밖에서

하노이의
다양한 모습들

호안끼엠 호수가 하노이 여행의 중심이라 불리는 것은 단순히 호수의 넓은 광장 때문만이 아니다. 호수의 사방에 하노이의 관광 명소들과 각종 박물관 등이 위치하고 있다. 보행자에게 결코 유쾌한 거리가 아닌 하노이의 중심부를 하염없이 걸어 다닐 수 있었던 것은, 호안끼엠 호수라는 쉼터와 그 밖으로 펼쳐진 다양한 장소들이 계속해서 주는 새로움 덕분이었다. 낯선 곳에서 길을 잃고 헤맨 경우가 꽤 있었지만 그마저도 즐거운 경험이 될 수 있는 것이 여행 아닐까. 나는 첫 여행지에서의 사흘을 호안끼엠 근처를 걷다가 거의 다 보냈는데, 이번에는 호안끼엠 호수 밖의 거리에서 마주한 이야기들을 소개한다.

호안끼엠 호수 밖의 이야기들

하노이에서 호안끼엠 호수를 제외하고 가장 먼저 가고자 했던 곳은 베트남 국립역사박물관이었다. 그런데 호수에서 나가는 입구를 잘못 잡아서 이상한 방향으로 빙빙 돌기 시작했다. 가끔씩 길을 찾기 위해 하노이 주민들과 의사소통을 시도하기도 했지만 언어의 장벽에 가로막히는 경우가 대부분이었다. 호텔이나 관광지에 위치한 가게의 직원들이 영어를 잘한다고 해서 현지인들에게도 영어로 길을 묻는 것이 가능할 것이라는 착각은 성급한 일반화의 오류였다. 그래도 대체적으로 베트남 사람들은 여행자에게 친절했다. 언어 장벽에 가로막힌 와중에도 휴대폰의 번역기 앱을 이용해서 어떻게든 도움을 주려고 했던 학생들도 있었다. 역시나 일반화의 오류를 범하는 것인지도 모르겠지만 적어도 하노이에서는 친절함을 자주 느꼈다.

그렇게 역사박물관을 찾아 한참을 헤매다 도착한 곳은 관광 명소로는 더 유명한 오페라 하우스(Opera House)였다. 역사박물관에서 멀지 않은 곳에 위치하고 있어서 박물관을 찾아가다 보니 자연스레 도착한 것이었다. 명소가 나온 김에 잠시 둘러보았는데, 오페라 하우스 입구에서 졸업 사진 등 각종 단체 사진을 찍고 가는 사람들이 굉장히 많았다. 패키지 투어로 오는 단체 관광객들도 이곳에 멈춰서 꼭 사진을 찍고 가곤 했다. 오래 머무르지 않았는데도 그렇게 많은 사람들을 보았으니 명소이긴 한가 보다. 명소인 이유가 단지 멋들어지게 지은 외관 때문인 것인지, 혹은 다른 무언가가 있어서 그런 것인지 궁금했지만 목적지는 따로 있으니 일단 마저 걷기로 했다.

이후에 오페라 하우스를 다시 보게 된 것은 호찌민 박물관에서였다. 오페라 하우스는 프랑스 식민지 때에 지어진 건물로 당시에는 주로 프랑스 관리들이 문화 예술 공연을 감상하는 장소였다고 한다. 이후에 베트남의 독립 과정에서 일어난 여러 사건과도 연관이 깊어서 역사적으로도 가치가 있는 곳이며 현재는 각종 공연과 행사가 열리고 있다고 한다. 이 정도 사실만 알고 있었어도 오페라 하우스를 조금 더 다른 눈으로 볼 수 있었을 텐데. 그런 아쉬움이 조금은 들었지만 그때는 이미 하노이를 떠날 순간이 얼마 남지 않았던 터라 다시 오페라 하우스를 찾지는 않았다. 여행에서 아쉬움을 뒤로하고 떠나야 하는 순간은 항상 찾아오기 마련이다.

오페라 하우스를 발견했던 둘째 날, 점심을 근처의 거리에서 해결했다. 베트남에서는 길거리에 목욕탕 의자 하나 깔고 앉아 식사를 하는 모습이 흔한 풍경이다. 예쁘게 꾸민 연인들이 작고 낮은 의자에 앉아 커피와 함께 해바라기씨를 까먹으며 데이트하는 모습도 쉽게 볼 수 있다. 처음에는 오토바이가 가득한 도로에서 매연과 함께 뭔가를 먹고 싶다는 생각이 들지 않았다. 그런데 한참을 걷던 그날 오후, 갑자기 허기가 밀려오던 타이밍에 길거리에서 치킨과 닭꼬치를 먹을 수 있는 가게를 발견했다. 배고픔에 장사 없다더니 나의 현지화에 식욕은 결정적인 역할을 했다.

오토바이가 계속해서 지나가는 환경에서 음식을 먹는 일은 역시나 편치 않았지만 치킨과 닭꼬치의 맛은 생각보다 몹시 좋았다. 또 베트남하면 저렴한 물가라는 장점이 있지 않은가. 몇 시간을 더 걸을 수 있는 체력을 50,000동(베트남 화폐, 한화 약 2,500원)이라는 저렴한 가격에 얻을 수 있었다. 환율에 따라 다르지만 베트남 동(VND)의 경우 해당 금액을 20으로 나누면 대략적인 원화 환산액을 빠르게 계산할 수 있다. 마지막 치킨까지 순식간에 해치우고 닭꼬치를 추가로 시킬 때쯤, 머릿속으로는 이렇게 먹는 것도 꽤나 즐거운 일이라는 결론이 내려졌다. 참고로 그 장소는 호안끼엠 호수에서 오페라 하우스로 가는 도중에 있는, 파이브 스타(Five Stars)라는 동남아의 프랜차이즈 치킨 노점이다.

1 오페라 하우스
2 하노이에서는 거리에서 식사하는 모습을 쉽게 볼 수 있다

하노이 호안끼엠은 밤에도 걷는 재미가 있는 동네다. 어디에나 음악을 사랑하는 사람들은 있다. 달이 뜨면 호안끼엠 곳곳에서도 버스킹을 하는 사람들과 그 주변에 몰려든 인파를 볼 수 있다. 특히나 야시장이 열리는 날은 그 열기가 더하다. 어떤 버스킹은 상당한 인기를 끌어서 그 주변을 둘러싼 사람들로 인해 지나가기가 힘든 경우도 많았다. 나도 호기심에 한번은 꽤 오래 버스킹을 지켜보기도 했다. 가사는 알아들을 수 없었지만 대중적인 가요가 담고 있는 감정이 아무래도 우리와는 조금 다른 것 같다는 느낌을 받으며 걸음을 옮겼다.

동쑤언 시장부터 이어지는 하노이 야시장은 금, 토, 일에만 열리는데 한마디로 시장통 그 자체다. 시장을 시장통이라고 표현하는 것도 웃기지만 그보다 적합한 단어는 없다. 이곳은 한국의 유명 야시장들이 포장마차를 길게 세워 놓고 음식을 판매하는 모습과 비슷한 모습인데 국내에서도 그렇듯 야시장을 구경하는 대열에 들어서면 마치 컨베이어 벨트 위에서 끊임없이 돌아가는 회전 초밥이 된 느낌을 받을 수 있다. 다만 훨씬 규모가 크고 판매하는 품목이 의류, 신발, 액세서리 등으로 매우 다양하다. 하노이의 야시장은 여행객들을 위한 장소라기보다는 현지인들의 생활에서 중요한 위치를 차지하고 있는 곳으로 보였다. 애초에 하노이 자체가 관광객을 위해 잘 꾸며진 도시라기보다는 현지인들의 생활을 깊이 느낄 수 있는 도시에 가깝기도 하다.

야시장 하니까 기억나는 일화가 하나 있다. 편한 옷이 부족한 것 같아 베트남 스타일의 잠옷을 하나 구입하려고 인파 속에서 야시장을 헤매고 있던 중 살짝 마음에 드는, 아주 화려한 노랑무늬의 바지를 발견했다. 가게로 들어가서 옷을 자세히 살펴보는데 주인 아주머니께서 무언가 기대하는 기색이 역력했다. 그런데 가까이서 보니 생각보다 질이 좋지 않아 보였다. 가격을 물었는데 가격도 야시장치곤 제법 비싼 30만 동(한화 약 15,000원)이었다. 다른 가게로 향하려는 찰나 갑자기 주인 아주머니께서 다급하게 팔을 붙잡았다. 5만 동을 깎아 주겠다는 것이었다. 하지만 나는 이미 이 옷을 구매하지 않기로 결심했기에 가게를 떠나려는데 계속해서 가격이 내려갔다. 붙잡는 손길을 뿌리치고 미안하다고 말하며 마지막으로 가게를 나올 땐 10만 동을 외치며 억지로 옷을 봉지에 싸 넣으려는 아주머니의 모습을 볼 수 있었다. 끝내 구매하지는 않았지만, 한순간에 가격이 반 토막도 아니고 1/3로 줄어들 수 있다니 참 신기한 곳이다. 혹은 처음 가격이 바가지를 씌운 것이었거나.

하노이 야시장(Hanoi Night Market)

Add. Hanoi Night Market, Hang Dao, Hoan Kiem, Hanoi **Time.** 매주 금, 토, 일 저녁

야시장도 있지만 하노이 밤 풍경의 하이라이트는 성요셉 성당이 아닐까. 호안끼엠 호수를 지나 조금 걷는 도중 한 모서리에서 불쑥 튀어나온 거대한 성당의 인상은 상당히 강렬했다. 처음 성요셉 성당을 마주한 순간에는 단순히 멋지다는 느낌 이상의 경외심이 들었다. 깜깜한 하노이의 밤하늘 아래 환하게 빛나면서도 홀로 정연하게 솟아 있는 모습이 무언가 신비로운 느낌을 주었다. 여타 하노이의 거리와 마찬가지로 정신없는 거리를 거쳐 이곳에 왔지만 또다시 성스러운 기운을 뽐내는, 지금까지와는 전혀 다른 신선한 광경에 사로잡힌 순간이다. 이곳은 사진을 받아 본 누나가 '유럽 같다'는 표현을 하게 만든 장소이기도 하다. '유럽 같다'는 게 좋다는 것이 아니라 그만큼 다양한 모습들이 하노이에 있다는 말이다.

운이 좋게도 내가 처음 성요셉 성당을 방문했을 때는 미사가 한창인 일요일이어서, 환하게 불이 들어온 멋진 성당을 볼 수 있었다. 근처에는 카페와 맛있는 식당들이 많아서 나는 몇 차례 이 성당 주변을 지나쳤다. 월요일 오후 미사가 없는 시간의 성요셉 성당은 또 다른 고요한 느낌을 주었지만 그 강렬함이 다소 덜했다. 성요셉 성당을 제대로 보고 싶은 여행자라면 미사 시간을 미리 알아 두는 것도 좋을 것 같다.

성요셉 성당(St. Joseph's Cathedral)

Add. St. Joseph's Cathedral, 40 Nha Chung, Hang Trong, Hoan Kiem, Hanoi

Tel. +84 24 3828 5967

라 플레이스(La Place)

성요셉 성당 바로 옆길에 위치한 식당 겸 카페로 하노이에 머무는 동안 두 차례 방문한 가게다. 토마토 파스타와 수제 햄버거가 끝내주게 맛있다. 양식과 베트남 음식 등을 다양하게 팔고 있는데, 일부 메뉴는 비린 향이 강하므로 익숙지 않은 음식을 주문한다면 꼭 소스를 미리 확인하도록 하자. 식사를 하지 않더라도 가볍게 커피 한 잔 마시고 가기에도 좋은 곳이다.

Add. La Place Cafe, 6 Au Trieu, Hang Trong, Hoan Kiem, Hanoi

Time. 매일 07:30~22:30

1 토마토 파스타 2 수제 햄버거

구시가지의 맥주 거리와 베트남의 명물 하노이 BBQ

하노이에서도 호안끼엠 부근은 특히나 밤낮 구분 없이 북적거리는 동네지만, 저녁 시간이 가까울수록 여행자와 현지인 모두가 몰리는 곳은 바로 구시가지(Old Quarter)의 맥주 거리다. 비어타운이라고도 불리는 이곳의 풍경은 그 이름에 걸맞게 거리에서 맥주를 마시는 사람들로 가득 차 있다. 물론 맥주가 전부인 곳은 아니다. 하노이의 다양한 음식들과 베트남의 명물이라 불리는 하노이 BBQ를 맛볼 수 있는 곳이기에 술을 좋아하지 않는 여행자에게도 충분히 즐거운 장소가 될 수 있는 하노이 비어타운이다.

• 저녁 시간의 뉴데이 레스토랑

베트남에 도착한 첫날 저녁부터 기대감을 품고 맥주 거리를 찾았다. 한 바퀴 빙 둘러보다 이곳의 유명 로컬 식당인 뉴데이(New Day)로 들어갔다. 수많은 여행자와 현지인들 틈에 섞여서 현지식 볶음밥에 사이공 맥주를 곁들여 저녁 식사를 했다. 베트남 밥은 쌀알이 작고 찰기가 없었지만 돼지고기 볶음밥의 맛은 썩 괜찮았다. 이곳의 현지 점원들은 여행자들이 익숙한지 영어로 주문을 받는 것에 능숙했고, 친절하기까지 해서 동남아에서의 첫 저녁 식사를 기분 좋게 할 수 있었다. 거리 자체가 워낙에 활기차고 유쾌한 에너지가 넘치는 곳이라 가만히 앉아 음식을 즐기며 주변을 둘러보기만 해도 함께 흥이 났다.

맥주 거리가 나에게 좋은 기억으로 남게 된 결정적인 이유는 하노이 BBQ 덕분이다. 이곳을 걷다보면 'BBQ & HOTPOT'이라는 간판을 걸어 놓은 식당과 거리로 뻗어 나온 테이블에서 무언가 굽거나 끓여서 먹고 있는 사람들을 흔히 볼 수 있다. BBQ와 핫팟은 맥주 거리에서 가장 유명한 두 가지 음식인데, 기본적으로 메뉴당 1인 100,000동(한화 약 5,000원) 수준으로 상당히 저렴한 편이다. 1인 주문의 경우 130,000동(한화 약 6,500원)까지 가격이 올라가기도 하지만 역시나 크게 부담스러운 금액은 아니다. 그 저렴함 덕분에 나는 두 가지의 대표 메뉴를 모두 먹어 볼 수 있었다.

• 하노이 BBQ(맥주 거리)

돼지고기, 소고기, 오징어, 토마토 등 다양한 종류의 음식들에 마가린을 발라 구워 먹는 하노이 BBQ의 맛은 정말이지 아주 괜찮은 편이었는데, 저렴한 음식의 '먹방'으로 유명한 하노이에서도 가장 만족스러운 식사였다. 육류와 해산물, 채소가 섞여 있으니 질리지도 않았고 함께 먹을 수 있는 양념장과 모닝빵까지 있어서 다양한 방법으로 먹을 수도 있었다. 버터나 마가린의 느끼한 맛을 즐기지 않는 편임에도 불편한 느낌은 없었다.

여행 중에 맛있는 음식을 만나면 기분이 들뜨기 마련이다. 나는 하노이 BBQ에 맥주를 곁들여 마시다 흥이 나서 맥주 거리의 밤을 더욱 만끽하기 위해 핫팟까지 주문했다. 그런데 웬걸, BBQ와 달리 핫팟의 맛은 기대와 달리 먹는 즉시 의문을 불러일으키는 맛이었다. 핫팟(hotpot)은 보통 중국식 샤부샤부인 훠거를 뜻한다. 하노이 맥주 거리의 핫팟 역시 육수를 우려낸 국물에 취향대로 고기나 해산물, 채소 등을 담가 끓여 먹는 샤부샤부라 볼 수 있다. 그런데 뭔가 익숙하지 않은 강한 향과, 국물에 지나치게 진하게 베인 생강 맛 때문에 먹을수록 거북해졌다. 결국 절반가량을 남기고 말았다. 다른 테이블의 한국 사람들 역시 같은 반응이었다. 한 음식점을 기준으로 모든 베트남의 핫팟을 평가할 순 없겠지만, 하노이를 여행하면서 느낀 바로는 베트남 국물 요리들은 그 특유의 향이 부담스러울 수 있으므로 잘 알아보고 시키는 것이 좋다. 물론 대부분 가격이 비싸지 않으므로 여행지의 음식을 꼭 체험하고 싶다면 무엇이든 직접 먹어 보는 것도 나쁘지는 않다. 음식이야 개인차가 있는 법이고, 소수의 여행자들에게는 핫팟이 BBQ보다 입에 잘 맞을지도 모르겠다. 물론 나는 둘 중에 한 가지 메뉴를 고민한다면 하노이 BBQ를 강력하게 권한다.

밤늦게까지 맥주 거리의 열기는 식을 줄을 몰랐다. 동남아 식당들이 원래 그런 곳이 많지만 이곳은 특히나 가게 밖의 거리 위에 차려진 테이블에서 먹고 마시며 즐기는 문화가 발달되어 있다. 하노이를 여행한다면 적어도 하룻밤쯤은 이곳의 분위기를 만끽하며 시간을 보내면 좋을 것이다. 비어타운이나 야시장처럼 하노이의 밤을 즐길 수 있는 곳들은 자연스레 호안끼엠 주변부에서 이어져 있어서 천천히 이곳을 거닐다 보니 어느새 베트남의 다양한 모습들을 즐길 수 있었다.

하노이 구시가지 맥주 거리(Ta Hien Street–Hanoi Old Quarter)
Add. Ta Hien Beer Street, 18 Ta Hien, Hang Buom, Hoan Kiem, Hanoi

뉴데이 레스토랑(New Day, 하노이 현지 식당)
Add. New Day, 72 Pho Ma May, Hang Buom, Hoan Kiem, Hanoi **Time.** 매일 10:00~22:00

퇴근길 반미(Banh mi) 하나

하루의 여행을 마치고 숙소로 돌아가는 길도 일종의 '퇴근길'이라 할 수 있다면, 나의 하노이 퇴근길을 함께하던 음식이 하나 있다. 베트남 여행에서 빠질 수 없는 먹거리인, 두툼한 바게트 사이에 취향대로 채소와 고기를 넣어 먹는 반미 샌드위치다. 하노이에서는 호안끼엠 호수 부근이나 혹은 구시가지 어디서든 반미를 파는 가게를 쉽게 만날 수 있다. 샌드위치는 다양하게 변형이 가능한 음식이다 보니 반미도 맛이나 가격에 있어서 가게마다 편차가 크다. 개인적으로는 레스토랑에서 먹는 100,000동(한화 약 5,000원) 이상의 변형된 반미보다 숙소로 돌아가는 길에 길거리에서 사 먹는 30,000동(한화 약 1,500원) 가격의, 기본에 충실한 반미들이 더욱 맛있었다. 베트남에서 쉽게 놓아주기 싫은 여행의 밤이 찾아올 때마다 나는 반미와 맥주 한 캔을 사서 돌아가곤 했다. 이는 약 50,000동(한화 약 2,500원)으로 '소확행(소소하지만 확실한 행복)'을 누릴 수 있는 방법이었다.

반미 샌드위치

가게마다 다르지만 대부분 취향대로 채소와 고기를 선택할 수 있다. 고수를 좋아하지 않는다면 반드시 잊지 말고 빼달라고 말하자. 영어로 '노 코리안더(No coriander)', '노 실랜트로(No cilantro)'라고 말하거나, 혹은 고수를 베트남어로 자우 무이(Rau mui, 라우 무이라고도 한다.)라 하므로 '노 자우 무이'라고 말하면 된다. 다만 발음을 못 알아들을 수 있으므로 휴대폰에 "고수 빼주세요."라는 문구가 담긴 사진을 저장해 두고 보여 주는 게 더 효과적일 수도 있다.

동남아 여행의 첫 3일간 호안끼엠 근처를 오랫동안 걸어 다니며 많은 것을 볼 수 있었다. 이곳에서 마주치는 장면들은 하나하나가 새로웠다. 그렇지만 하노이가 베트남의 수도인 만큼, 그 다양성의 중심에는 베트남 현지의 문화가 뿌리 깊게 자리 잡고 있다. 하노이는 화려한 관광지보다는 베트남 사람들이 열심히 살아가고 있는 삶의 터전에 가깝다. 그래서 하노이는 그만큼 베트남 사람들의 삶을 들여다보기에 좋은 곳이기도 하다. 호안끼엠 호수에서 그들이 어떻게 가족과 주말을 보내는지, 그리고 그 밖으로 나와 걸으면서 그들의 교통이 어떻고 밥을 먹거나 커피를 마시는 모습은 어떠한지, 또 그들이 어떻게 돈을 벌고 살아가고 있는지 등 베트남 사람들의 일상을 깊이 들여다볼 수 있는 곳이 바로 하노이다.

역사박물관과 호아로 수용소

베트남 근대사의 아픔을 찾아서

하노이는 베트남의 수도인 만큼 박물관이 많고 그 종류도 다양하다. 나는 이번 여행의 5개국 중 유독 베트남만큼은 이들의 근대사에 대한 인식을 바탕으로 이해하고 싶었다. 그 이유는 이들이 한국과 유사한 역사적 아픔을 가지고 있으면서 동시에 한국이 베트남 전쟁의 참전국이라는, 두 국가 사이의 간과할 수 없는 사실 때문이었다. 또한 여행을 준비하면서 베트남 전쟁의 아픔을 다룬 반레의 장편소설 '그대 아직 살아 있다면'을 읽은 영향도 있었다. 한국과 베트남처럼 격동의 20세기를 보낸 국가들은 오늘날의 삶에도 그 영향이 남아 있기 마련이다. 그래서 하노이의 국립 역사박물관을 반드시 방문해야 할 곳으로 정해 놓고 있었고, 베트남 여행 이틀 차에 눈을 뜨자마자 그곳으로 향했다. 결과부터 말하자면 그런 내 갈증을 해소해 준 곳은 예정된 목적지였던 역사박물관이 아니라 즉흥적으로 방문한 호아로 수용소였다. 내가 배웠던 과목으로 비교하자면, 역사박물관은 고대 국가의 탄생부터 근대까지를 다룬 '국사'에 가까웠고 호아로 수용소는 '한국 근현대사'의 가슴 아픈 한 장면에 가까웠다.

언어의 장벽을 마주하다

여행 전에 베트남 사람들이 노란색을 좋아한다는 글을 본 적이 있다. 처음 노이바이 공항에서 택시를 탔을 때 그 사실이 맞는지 택시 기사에게 물어봤었는데 그런 말은 처음 듣는다는 표정을 지어서 머쓱한 분위기가 되었었다. 그런데 이곳에 와 보니 웬걸, 국립 박물관이 온통 노란색으로 칠해져 있는 것이 아닌가! 오는 길에 있었던 하노이의 명소 오페라 하우스도 노란 벽이었는데, 베트남 사람들이 노란색을 좋아한다는 것이 틀린 말은 아닌 것 같다.

시선을 사로잡는 노란색 건축물을 보며 들뜬 마음은 안타깝게도 오래가지 못했다. 역사박물관에서 베트남에 대한 이해도를 높여 보고자 했으나 생각만큼 잘되지 않았다. 일단 나의 관심사였던 베트남 근대사보다 훨씬 오래전의 이야기에 초점이 맞춰진 곳이기도 했지만 그 또한 입장료를 지불하고 둘러볼 가치는 충분했다. 가장 큰 문제가 된 것은 언어였다. 베트남어로 된 텍스트로 인해 이해에 어려움이 있을 것이라는 생각을 안 해 본 것은 아니지만, 이곳은 국립 역사박물관이므로 영어로도 설명이 잘 되어 있을 것이라 믿었다. 그러나 각 사료들을 설명하는 장문의 텍스트들은 베트남어로만 설명되어 있으면서 영어로는 짤막하게 한두 줄로 요약되어 있는 경우가 많았다. 또한 박물관에서 사용하는 영어들이 일상적인 단어가 아니었기에 자주 검색을 해야 했고, 완전히 이해하기 어려운 문장도 종종 있었다. 물론 영어로나마 받아들일 수 있는 내용들이 꽤 있었고, 선사시대부터 관광 경로에 따라 점차 근대에 가까워지는 구성 자체가 한국 박물관의 구성과 크게 다르지 않았기에 어느 정도 기본적인 이해는 가능했다. 그러나 걸음을 옮길 때마다 나타나는 커다란 지도에 표시된 오래된 왕조들과 그 시기의 전쟁, 그리고 그 경과 등을 영어 텍스트만으로 전부 이해하는 것은 불가능했다. 베트남의 전체 역사를 조명하고 있는 국립 역사박물관은 아무래도 충분한 배경지식이 있을 때 더욱 깊이 있는 관람이 가능할 것이다. 혹은 가이드와 함께하는 투어를 알아보는 것도 방법이 될 수 있는데, 내가 이곳에 머무르는 중에도 한국인 단체 관광객이 가이드와 함께 역사박물관을 방문하기도 했다.

언어의 장벽은 아쉬웠지만, 역사박물관 자체가 혼잡한 호안끼엠 호수 부근과 달리 한적해서 한편으로는 꽤 좋았다. 하노이의 거리를 걷다 보면 정말로 이렇게 여유롭게 쉴 수 있는 장소가 간절해질 때가 많다. 이곳 베트남 역사박물관은 견학 목적이 아니더라도 울창한 나무 아래의 편안한 벤치에서 노랗고 예쁜 건물을 바라보며 여유를 즐길 수 있는 곳이기도 하다. 박물관을 다 돌아보고 난 뒤, 하노이치곤 드물게 고요한 이곳에서 잠시 가만히 앉아서 쉬다가 다시 걸음을 옮겼다.

베트남 국립 역사박물관(National Museum of Vietnamese History)

Add. National Museum of Vietnamese History, 1 Trang Tien, Phan Chu Trinh, Hoan Kiem, Hanoi

Tel. +84 24 3825 2853 **Web.** baotanglichsu.vn **Fee.** 40,000동(한화 약 2,000원)

Time. 매일 08:00~17:00(Break. 12:00~13:30) / 매월 첫번째 월요일 휴무

곧 멀지 않은 곳에서 역사박물관 견학에서 얻은 아쉬움을 모두 털어 버릴 수 있었다. 잠시 쉬는 틈에 다음 목적지를 정하려고 묵고 있는 호텔에서 받은 하노이 지도를 펼쳤다. 호안끼엠 호수 건너편에 호아로 수용소(Hoa Lo Prison)라고 이름 붙어 있는 곳이 눈에 들어왔다. '수용소'라는 단어가 전하는 무게감은 곧장 그곳으로 가 봐야겠다는 생각이 들게 만들었다. 호안끼엠을 가로질러 오토바이가 가득한 거리를 뚫고 30분을 조금 넘게 걸으니 곧 'HOA LO'라고 적힌 파란 표지판이 눈에 들어왔다.

베트남의 아픔을 기억한 호아로 수용소

앞에서 베트남이 한국과 유사한 역사적 아픔을 가지고 있다고 말한 것은 그들의 근현대사가 우리와 닮아 있기 때문이다. 베트남은 19세기 중반부터 프랑스의 지배를 받았고, 프랑스 식민 정부는 1896년 이곳 하노이 호아로에 베트남의 민족 운동가들을 탄압하기 위한 수용소를 세웠다. 식민 관리들은 베트남을 지배하는 동안 정치범이라는 명목하에 베트민(베트남 독립운동 단체)의 일원들을 이곳으로 잡아들였으며 호아로 수용소가 운영되는 기간 동안 각종 고문과 탄압을 자행하기도 했다. 아마 이곳을 방문해서 베트남의 아픔을 보게 된 많은 한국인들이 유관순 열사가 눈감은 서대문 형무소를 떠올리기도 했을 것이다.

1 호아로 수용소로 가는 길의 표지판
2 호아로 수용소 입구
3 호아로 수용소 내부

이곳에서는 언어의 장벽이 크게 문제 되지 않았다. 호아로 수용소는 비교적 영어 텍스트가 잘 갖춰져 있기도 했지만, 텍스트를 이해하려 애쓰기보다는 그저 한 인간으로서 이들이 겪어야 했던 아픔에 공감하게 되는 공간이었다. 호아로 수용소는 이제 아픈 역사를 잊지 않기 위한 박물관으로 운영되고 있다. 칙칙했던 검은 돔 모양의 수용소 정문은 형태를 유지한 채 아기자기한 색감의 박물관 입구로 탈바꿈했다. 내부에는 몇 개의 전시관들이 있다. 각 구획들은 프랑스 식민지 시절 운영되었던 수용소의 상황을 재현하거나, 관련 사료를 전시하고 있다. 당시 수감자들이 지내던 공간은 그때의 느낌을 재현하기 위해 식민 정부의 의도대로 여전히 벽이 검게 칠해져 있었다. 그 한가운데에 서 보니 스산한 기운이 감돌았다.

1시간 정도 호아로 수용소 곳곳을 돌아보았는데, 강제 수감자들의 생활은 한마디로 끔찍했다. 단순히 열악한 환경과 시설뿐만이 아니다. 당시 호아로 수용소의 관리들은 비도덕적인 방식으로 수감자들을 대하며 각종 고문과 구타를 일삼았고, 수용자들의 생활을 두고 하노이 사람들은 호아로를 '지구 위의 지옥'이라고 불렀다고 한다.

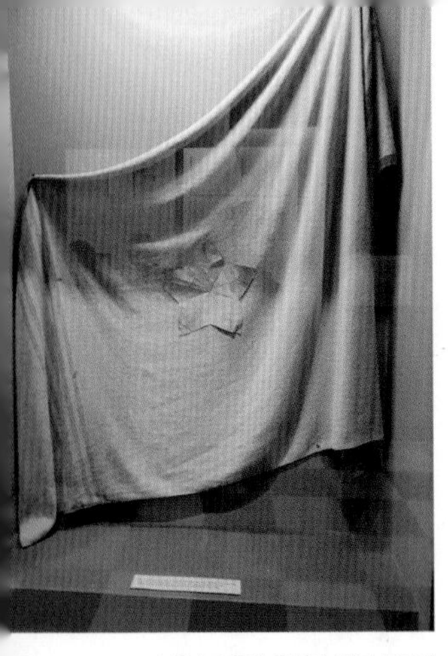
• 수용소 2층에 전시된 베트남 국기

수용소에선 금성홍기(金星紅旗)를 구할 수 없었을 텐데, 이곳에는 커다란 깃발이 하나 있다. 수용소 2층에 전시되어 있는 커다란 베트남 국기, 붉은 담요에 종이를 오려 붙여 만든 그 깃발을 잠시 가만히 들여다보았다. 독립을 향한 그들의 열망이 얼마나 간절했는지 조금이나마 느껴지는 것 같다. 그들이 어떤 마음으로 조국의 깃발을 만들었을지, 그 감정이 유리창 밖으로 전해져 나온다. 우리가 공감할 수 있는 역사이기에 더욱 그러하리라.

수용소에서 시청한 영상을 통해 당시 수감자들은 수용소에서도 독립을 위한 '프리즈너 유니온'을 결성했다는 사실을 알 수 있었다. 호아로 수용소의 열악한 주거 환경과 탄압도 그들의 독립을 향한 의지를 쉽게 꺾을 수는 없었던 것이다. 그런데 무자비한 환경에서도 독립에 대한 의지를 굽히지 않은 사람들을 우리는 이미 알고 있다. 나는 이곳에서 다시 한번 우리의 독립운동가들을 떠올렸다. 그 결의의 깊이를 쉽게 가늠할 수는 없지만, 분명 두 국가 독립운동가들의 마음가짐은 비슷한 구석이 있었을 것이다. 베트남의 아픔이 한국의 아픔과 닮아 있다고 하는 것에는 식민 지배라는 단순한 역사적 사실뿐만이 아니라, 강력한 외세에 맞서 결코 조국을 포기하지 않았던 고결한 정신을 가진 위인들이 있었다는 사실도 포함하고 있다.

호아로 수용소는 지금의 전시관 형태가 되기 전에는 범죄자를 수감하는 감옥으로 사용되기도 했으며, 북베트남의 해방 이후 베트남 전쟁 중에는 미국의 파일럿들을 잡아 두기도 했다. 그 시기의 사료 또한 수용소 한쪽에 일부 전시되어 있으며 당시에 붙잡힌 미국군의 모습이 재현된 모습도 볼 수 있다.

수용소를 따라 쭉 걷는 동안, 계속해서 'Finding memories'라는 특별 전시회가 열린다는 표지를 보았다. 관람에 집중해서 그게 무엇인지 수용소를 나올 때까지 신경 쓰지 않고 있었는데, B-52라는 비행기의 날개가 그려진 포스터를 통해 추측해 보니 수용소의 어느 구역이 그 전시회가 열리는 곳이었는지 금방 기억해 낼 수 있었다. B-52는 베트남 전쟁 당시 미국이 사용했던 '폭격기'의 이름이다.

'Facing B52'

1 B-52 메모리얼
2 B-52 메모리얼을 보고 있는 노부부
3 호아로 수용소 내부의 어느 골목길
4 Finding memories 전시관 앞

베트남은 항불 전쟁(제1차 인도차이나 전쟁)을 통해 프랑스의 식민 지배로부터 벗어났으나, 또다시 이념 대립으로 인한 내전, 그리고 공산화를 저지하려는 미국과 북베트남 간의 전면전(제2차 인도차이나 전쟁)을 치르게 된다. 베트남은 한국과 마찬가지로 강대국 간의 이념 대립으로 인해 오랫동안 커다란 고통을 겪어야 했던 나라다. 이제는 더 이상 전쟁에 휘말리지 않는 것이 그들의 꿈이기도 하다.

미국은 통킹만 사건을 계기로 베트남 전쟁에 강하게 개입하기 시작한 직후부터, 전쟁 기간 동안 북부 베트남 지역에 무차별적인 폭격을 가했다. 작전명 '롤링 썬더'라 불리는 이 폭격은 3년 동안 지속되었고, 무려 100만 톤에 달하는 화기를 퍼부었다고 한다. 그리고 그 과정에서 엄청난 수의 군인과 민간인이 희생되었다. 폭격을 통한 무차별적인 살상과 오랜 전쟁으로 인한 미국군의 희생은 결국 미국 내에서 반전 여론이 형성되는 원인이 되기도 했는데, 이곳은 바로 그 폭격으로 인해 잃어버린 친구와 가족들을 기억하고 있는 곳이었다.

B-52 메모리얼 옆으로 걸음을 옮기다 예상치 못한 광경에 감동했다. 무자비한 폭격의 상처를 기억하고 있는 특별 전시관 바로 옆 구역에, 희생자들을 기리기 위해 마련한 호아로 수용소의 제단이 보였다. 양옆을 꽃으로 장식한 그 제단의 중심부에 있는 초에서는 불꽃이 타고 있었고, 그 위로는 향불도 피어오르고 있었다. 수십 년이 지난 일이지만 여전히 그들에겐 과거의 일이 아니라는 듯, 떠나간 이들을 기억하며 여전히 불을 피우는 사람들이 있었다. B-52가 사용되었던 베트남 전쟁에 참여해 상처를 입은 한국의 장병들은 지금 어떻게 살고 있을까. 그런 생각과 동시에 베트남 전쟁 당시 반인륜적인 일을 저지르기도 했던 한국군의 어두운 면들까지, 복잡한 생각과 복합적인 감정이 맴도는 순간이었다. 전쟁은 항상 인류에게 너무나 큰 아픔을 남긴다. 호아로 수용소의 문을 닫을 시간이 다가오고 있었지만 발걸음은 쉽게 떨어지지 않았다.

저명한 역사학자 유발 하라리는 그의 저서 사피엔스(Sapiens)에 "역사에 정의는 없다."라는 내용을 담았다. 우리가 살고 있는 현재란, 역사가 언제나 정의로운 방향으로 흘러온 결과물을 의미하는 것은 아니다. 오늘날 지배적인 이념과 사상을 지켜온 국가나 단체들 역시 지난 역사 속에서 무조건적으로 옳은 길을 걸었던 것 또한 아님을 기억할 필요가 있다. 베트남에 오기 전에는 이런 장소와 역사에 대해 잘 알지 못했다. 관심 부족일 수도 있겠지만, 일반적으로 대중에게 쉽게 전파되는 것이 힘있는 자들의 시각인 것은 사실이다. 오늘날의 우리는 베트남 전쟁을 B−52 폭격의 피해를 생생히 표현한 베트남 문학으로 접하기보다, 폭탄을 투하한 국가의 할리우드 영화를 통해 접하는 경우가 훨씬 많지 않은가.(물론 그중에는 훌륭한 반전 영화도 있다.) 미국이 베트남 전쟁의 승자는 아니지만 이 세계에 미치는 영향력은 훨씬 더 막강하다. 여행기를 통해 역사적 사실에 대한 일방의 옳고 그름을 논하려는 것이 아니다. 다만, 우리는 미디어의 홍수로 어느 때보다 많은 정보를 접할 수 있는 시대에 살고 있다. 이런 세상 속에서 편향적인 시각을 버리고 사고의 확장을 이루기 위해서는 일방적으로 제공되는 정보만을 받아들일 것이 아니라, 다양한 시각으로 보고 느끼기 위해 직접 나서며 능동적으로 사고해야 할 것이다. 동남아 여행을 떠나온 지 이틀 만에, 호아로 수용소에서 여행이 할 수 있는 중요한 역할 한 가지를 깨달았다.

호아로 수용소(Hoa Lo Prison Memorial)

Add. Hoa Lo Prison, So 1 Hoa Lo, Tran Hung Dao, Hoan Kiem, Hanoi

Tel. +84 24 3934 2253 **Web.** hoalo.vn **Fee.** 30,000동(한화 약 1,500원)

Time. 매일 08:00~17:00

바딘 광장과 호찌민 박물관

하노이의
호찌민 메모리얼

베트남에서는 어딜 가나 특유의 턱수염을 늘어뜨린 한 남성의 그림을 볼 수 있다. 바로 그들의 '엉클 호' 호찌민이다. 공공장소는 물론이고 개인이 운영하는 식당, 혹은 가정 등에서도 호찌민의 그림이나 사진을 한쪽 벽에 걸어 두고 있는 모습이 흔히 보인다. 그가 세상을 떠난 지 반세기가 되어 가지만, 호찌민은 여전히 베트남의 정신적 지주인 듯하다. 베트남 사람들이 왜 그토록 그를 좋아하는지 궁금했기에 하노이 여행의 마지막 날에 바딘 광장을 찾았다. 이곳에는 호찌민 영묘와 호찌민 박물관, 그리고 호찌민의 생가가 있다. 바딘 광장 전체가 호찌민을 잊지 않기 위한 커다란 메모리얼인 셈이다.

호찌민과 관련된 장소들

하노이 바딘 광장의 첫인상은 속이 뻥 뚫리는 느낌이었다. 드넓은 면적에 정결하게 관리되어 있는 잔디와 깔끔한 직선 거리는 흐린 날씨에도 불구하고 천천히 걸어 보고 싶게 만들었다. 그 마음대로 광장을 따라 걷다 보니 무장을 한 군인들을 마주하

1 호찌민 영묘
2 바딘 광장의 베트남 국회 건물

게 되어 살짝 긴장되기도 했는데, 그들은 다름 아닌 호찌민 영묘를 지키는 경비병들이었다.

1945년 9월 2일, 이곳 하노이 바딘 광장에서 베트남은 호찌민을 필두로 독립을 선언했다. 현재 바딘 광장에는 베트남 국회 의사당이 있고, 그 맞은편에 호찌민의 영묘가 있다. 호찌민은 1969년에 심장 질환으로 세상을 떠났지만 여전히 베트남은 그의 무덤을 지키고 있다. 커다란 건축물이라 할 정도의 무덤과 그 앞을 지키는 병사들, 얼핏 보면 호찌민의 권력이 대단했겠다고 생각할 수도 있다. 물론 그가 권력이 없었던 것은 아니겠지만, 적어도 이렇게 장대한 무덤을 가진 것은 평범한 화장을 원했던 호찌민의 유언과는 반대되는 일이라고 한다. 그렇다면 호찌민을 이렇게까지 기억하고자 하는 것은 그의 의지가 아니라 베트남 사람들의 소망이라고 봐야겠다.

• 바딘 광장

바딘 광장(Ba Dinh Square)

Add. Ba Dinh Square, Hung Vuong, Dien Ban, Ba Dinh, Hanoi

광장 뒤편에는 호찌민 박물관(Hanoi Ho Chi Minh Museum)이 있는데, 박물관으로 찾아가는 길에 먼저 일주사(한 기둥 사원)를 만날 수 있었다. 이름처럼 하나의 기둥으로 서 있는 구조가 독특하며, 이곳에 참배하면 아이를 점지해 준다는 속설도 있다. 사원을 지나면 금세 호찌민 박물관이 나오는데, 하노이에 위치한 이곳은 단순히 그를 기리기 위한 장소라기보다는, 베트남의 근현대사 박물관이라 볼 수도 있다. 호찌민을 기리는 전시와 별개로 식민지 시대부터 그들이 독립을 쟁취하기까지, 그리고 그 후 겪었던 여러 전쟁의 과정이 어땠는지를 담고 있다. 물론 그 과정에서 빼놓을 수 없는 사람이 호찌민이기에 당시의 사람들을 인터뷰한 전시관에는 '엉클 호'에 관한 수많은 이야기들이 등장한다.

• 일주사(한 기둥 사원)

• 호찌민 박물관

호찌민 박물관이니 당연히 좋은 얘기들로 채워져 있을 것임을 감안하더라도 꽤나 인상 깊은 미담들이 많았다. 지금은 나이가 지긋한 할아버지가 되신 분의 인터뷰 하나가 기억에 남는다. 베트남 전쟁 때 군인이었던 그는 전쟁터인 남부로 떠나기 전에 호찌민을 만났다고 한다. 호찌민은 그에게 곧 전쟁에 나가는데 걱정거리가 없느냐고 물었고, 그는 자신은 그저 조국을 위해 싸울 준비가 되어 있으나 자신이 떠나 버리면 남겨진 가족들이 살 곳이 없어 많은 어려움을 겪을 것이라고 대답했다. 그러자 후에 하노이에 남겨진 그의 가족들에게 작은 집이 선물되었다고 한다. 그 외에도 전쟁통에 호찌민을 만났던 많은 사람들의 인터뷰에서는 하나같이 호찌민을 덕망 있는 지도자였다고 말하고 있다. 선생님이 되고 싶었던 군인이 호찌민에게 책을 선물받았다던가 하는 작고 소소한 증언들이 많았다. 대단한 업적은 아니지만 호찌민의 동포들에 대한 애정을 엿볼 수 있는 사례이다.

박물관의 위층에는 호찌민 박물관이라는 이름에 걸맞을 정도로 호찌민에 대한 자료들이 많이 전시되어 있었다. 그가 무슨 일을 했고 어떤 말을 남겼는지 하나하나 세세하게 기록되어 있다. 수많은 사료들을 다 읽을 순 없었지만, 중간층에서 만난 금빛 호찌민 동상을 필두로 베트남 사람들이 얼마나 호찌민을 극진히 여기는지가 느껴지는 곳이었다.

• 호찌민 생가. 노란 건물과 연못이 평화로운 분위기를 자아낸다

박물관을 나와 들어간 호찌민 생가에는 커다란 호수를 따라 아름다운 노란색 건축물들이 이어져 있었다. 잔잔한 호수가 편안한 느낌을 주고 그 경치가 세련되어서 유원지 느낌이 나기도 했다. '호찌민 생가'라고 불리는 이곳에는 세련된 건물이 많지만, 정작 호찌민은 본인의 저택이 너무 호화스럽다며 전기공의 집에서 머물렀다고 한다. 화려한 건물들에 비해 그의 검소한 생활이 잘 드러나는 곳이다.

왜 호찌민일까?

베트남의 역사에 대해 제대로 배워 본 적도 없는 이국의 여행자인 내가 호찌민이라는 인물에 대해, 혹은 이곳의 '호찌민 기리기'에 대해 과하거나 부족하다고 평가할 자격도, 이유도, 그럴 마음도 없다. 나는 다만 '왜 호찌민인가?'라는 질문을 가지고 이곳을 여행하고 싶었을 뿐이다. 그리고 이제 그 이유를 조금이나마 나름대로 추측해 볼 수 있을 것 같다.

"Remaining an independent country while also developing nation
with social and econimic security are always my biggest desires."

(사회적, 경제적 안전과 함께 베트남을 발전시키면서 독립된 국가를 유지하는 것이 언제나 나의 가장 큰 소원입니다.)

이 글은 베트남 근현대사의 아픔을 기록하고 있는 호찌민 박물관 1층의 'Dreams' 파트에서 봤던 한 참전 용사의 인터뷰 내용이다. 베트남이 독립국가로서 안정된 발전과 번영을 누리는 것이 자신의 꿈이라고 말한 이 중년의 말은, 역사 속에서 수차례 주권을 빼앗겼던 한 국가의 꿈이기도 하다. 그리고 그런 역사 속에서 베트남이 주권을 되찾고 독립할 수 있도록 이끈 지도자는 두말할 것도 없이 호찌민이다.

고대부터 중세까지 베트남은 중국으로부터 천 년 이상의 지배를 받았으며 수차례의 침략을 받았다. 또한 근대에는 프랑스의 식민 지배를 받았고 이후에도 강대국과의 전쟁 속에 극심한 고통을 겪었다. 전쟁에서 수많은 동포들을 잃은 베트남 사람들은 누구보다 전쟁을 끔찍하게 기억하고 있을 것이고, 또 누구보다 전쟁을 증오하고 있을 것이다.

그러나 이들은 누군가가 또다시 조국을 빼앗으려 한다면 아마 과거와 똑같이 맞설 것이다. 호찌민이 그랬던 것처럼 말이다. 호찌민이 지금까지 그들의 정신으로 받들어지며 기억되고 있는 것은 단순히 과거에 그가 남긴 업적과 행동뿐만 아니라, 앞으로 베트남은 역사가 반복되어 그 어떤 침략을 받게 되더라도 호찌민의 정신을 이어받아 맞서 싸우겠다는 베트남인들의 강한 의지가 반영된 것이 아닐까? 호찌민을 기리는 동시에 그를 통해 자신들의 독립이 가지는 의미를 되새기고, 또 그것을 어떻게든 지켜 나갈 것임을 그의 영묘 앞에 다짐하고 있는 것이다.

이것이 내가 바딘 광장과 호찌민 영묘, 그 앞에 위치한 베트남의 국회를 돌아보며 내린 나름의 결론이다. 혹 정답이 아니라 하더라도, 역사적 장소에서 이러한 추론을 해보는 것 또한 여행의 한 즐거움이 아닐까?

호찌민 박물관(Ho Chi Minh Museum)

Add. Ho Chi Minh Museum, H19 Ngach 158/19 Ngoc Ha, Doi Can, Ba Dinh, Hanoi
Tel. +84 24 3846 3757 **Web.** baotanghochiminh.vn **Fee.** 40,000동(한화 약 2,000원)
Time. 매일 08:00~16:00(Break. 12:00~14:00) / 월, 금은 오전만 운영

호찌민 관저

Add. Nha San Bac HoSo, 1 Ngo Bach Thao, Ngoc Ho, Ba Dinh, Hanoi **Tel.** +84 80 44287
Web. ditichhochiminhphuchutich.gov.vn **Fee.** 40,000동(한화 약 2,000원)
Time. 매일 08:00~16:00(Break. 11:00~13:30) / 월요일은 오전 11시까지만 개방

바딘 광장을 다녀온 하노이 여행 4일 차, 이제는 꽤나 익숙하고 편안해진 호안끼엠의 한 스타벅스에서 하노이 여행을 마무리했다. 전쟁과 독립이 비교적 최근의 일이기 때문인지, 베트남의 수도 하노이에는 그 흔적을 찾아볼 수 있는 장소들이 많았다. 한편으로는 오늘날의 베트남이 어떤 나라인지 가장 잘 느낄 수 있는 도시도 하노이가 아닐까 싶다. 한 국가를 다 알았다고 말하기에 나흘은 짧은 시간이지만 그럼에도 베트남의 역사와 문화, 그리고 오늘날의 삶까지를 한 곳에서 느끼게 해 준 여행지 하노이였다.

• 호안끼엠 호수 인근의 스타벅스

· Story ·

02

다낭

Da Nang

다낭 도심과 미케 비치

강과 바다와
도시가 하나 되는 곳

최근 가장 핫한 휴양지라는 베트남 다낭에서 2박 3일을 보냈다. 베트남 여행은 보통 북부의 하노이, 중부의 다낭, 남부의 호찌민을 중심으로 나뉘는데 각 도시의 특색이 다르며, 세 도시를 각각 행정 수도, 관광 수도, 경제 수도로 일컫기도 한다. 나의 여행 콘셉트도 하노이와 다낭에서는 전혀 달랐다. 하노이에서는 말 그대로 이것저것 보고 느끼기 위한 '여행'을 했다면 다낭에서는 그보다 느긋한 '휴양'에 가까웠다. 각자의 방식에 따라 여행의 모습은 달라지기 마련이지만, 상대적으로 하노이보다 다낭이 더 휴양하기 좋은 도시인 것은 분명하다. 다낭이 최근 가장 핫한 휴양지로 떠오르는 이유를 맘껏 느낄 수 있었던 사흘이었다.

휴양 도시에서의 느긋한 여행

동남아 여행 5일 차, 이른 새벽에 하노이의 숙소에서 나와 노이바이 공항으로 향했다. 베트남 항공은 국내선이 저렴한 편이라 하노이에서 다낭까지 비행기를 타고 이동해도 예산에 무리는 없었다. 다낭 국제공항에 처음 내렸을 땐 두 도시의 느낌이 너무나 달라서 같은 나라가 맞나 하는 생각도 들었다. 베트남의 수도인 하노이보다도 오히려 다낭이 훨씬 더 세련된 도시 분위기를 풍겼고, 마치 처음부터 관광지로 잘 설계된 듯 정결해서 길 찾기도 수월했다. 베트남에 온 뒤로 5일 내내 햇빛을 볼 수 없었는데 다행히도 다낭에 오자마자 푸른 하늘이 반짝이고 있어서 컨디션이 한층 좋아지기도 했다.

머무는 내내 온종일 걸어 다녔던 하노이와 달리 다낭은 첫인상부터 바삐 돌아다닐 필요가 느껴지지 않았다. 하나하나 보러 다닐 명소가 많다기보다는 큰 강과 도시 자체가 하나의 풍경을 이루는 곳이다. 물론 하노이가 다낭보다 못한 여행지란 것은 결코 아니다. 다만 다낭은 하노이와는 조금 다른 매력을 가지고 있고, 많은 이들이 휴양을 목적으로 선택할 만한 이유가 있는 곳이다.

다낭에서의 2박 3일 동안 머문 숙소는 아보라 호텔(Avora Hotel)이었다. 깔끔한 시설은 물론이며 좋은 위치에 가격 또한 합리적이라 한국인들에게 꽤 유명한 곳이다. 다낭 대성당과 한시장 등의 주요 관광지와 가까우며 숙소를 나와 도로를 하나만 건너면 바로 한강 강변이라 머무는 동안 언제든 강을 따라 산책을 즐길 수 있었다. 또한 꼭대기 층에는 도심과 한강이 내려다보이는 라운지를 갖추고 있어서 좋은 풍경과 함께 여유롭게 커피나 맥주 및 칵테일을 즐길 수도 있었다. 뷔페식으로 제공되는 조식도 무난해서 베트남식 아침으로 하루를 상쾌히 열 수 있는 호텔이었다.

아보라 호텔 다낭(Avora Hotel Da Nang)

Add. Avora Hotel, 170 Bach Dang, Hai Chau 1, Da Nang **Fee.** 약 35,000원~

햇빛은 눈부시도록 강했지만 시원한 바람이 불어오는 강변을 보니 다시 여행 에너지가 차올랐다. 숙소에 도착하자마자 짐만 던져 놓고 밖으로 나왔다. 다낭의 풍경은 누적된 피로와 상관없이 걷고 싶은 욕구를 불러일으켰다. 본격적인 구경을 시작하기 전에 이곳에서 유명한 한식당인 홍대(HongDae BBQ & Bar)에 들렀다. 하노이에서 5일 내내 베트남 음식만 먹다 보니 문득 한국 음식이 그리워졌던 것이다. 가장 먹고 싶었던 것은 얼큰한 국물이었는데 마침 홍대에서는 김치찌개와 된장찌개를 팔고 있었다. 다만, 기본적으로 '한국식 BBQ'라는 정체성을 가진 가게라 고기 메뉴도 조금은 시켜야만 했고 나는 얼떨결에 다낭에 오자마자 삼겹살을 구워 먹게 됐다. 고기의 맛은 한국에서 먹을 때와 비슷했다. 잠시 후 마침내 찌개가 나오는 순간에는 얼마간 행복감을 감추지 못했는데 누가 보면 한국을 떠나온 지 몇 년 된 사람처럼 보였을지도 모르겠다. 하지만 여행 중에 먼 이국에서 삼겹살과 찌개라는 고국의 찰떡궁합 상차림을 만날 수 있다는 것은 실로 기뻐할 만한 일이다.

다낭 홍대(HongDae BBQ & Beer)
Add. HongDae BBQ & Beer, 139 Nguyen Van Linh, Nam Duong, Hai Chau, Da Nang
Time. 매일 11:00~22:00

식사를 마치고 눈에 보이는 커피숍에서 아메리카노를 한 잔 산 다음 천천히 강을 따라 걸었다. 다낭은 크게 한강(Han River) 건너편의 해변가 도시와 한강을 건너기 전인 다낭 시내로 구분할 수 있다. 다낭 한강 쪽에 숙소를 잡는다면 강을 따라 천천히 걸으며 여유롭게 산책을 즐기기에 좋다. 바다와 해수욕을 좋아하기에 여름이라면 미케 비치 근처에 숙소를 잡는 것도 좋았겠으나 1월의 다낭은 해수욕을 즐길 정도로 더운 날씨는 아니었다. 사실 다낭에 오기 전에 그런 것들을 전부 알고 있었던 것은 아니었고, 단지 조금 더 저렴한 가격과 위치의 편의성 때문에 다낭 한강과 용 다리를 내려다볼 수 있는 곳을 숙소로 정한 것이었다. 다행히 결과는 상당히 만족스러웠다.

용 다리(Dragon Bridge)를 건너 20분쯤 걸어 도착한 곳은 미국 모 잡지가 선정한 세계 6대 해변에 속한다는 미케 비치였다. 해변가를 따라 늘어선 야자수와 끝이 보이지 않는 백사장이 일품이다. 바다가 잘 보이는 거리 위의 나무 벤치에 앉아 가만히 시간을 보냈다. 노래를 듣다가 흥이 나서 큰소리로 따라 부르거나 백사장 위를 걸어 보기도 했다. 한번은 자기도 한국에 가 본 적이 있다고 말을 걸어온 현지인 남성과 잠깐 대화를 나누기도 했다. 최근 한국인들의 방문이 급격히 늘어난 다낭이라 현지 사람들도 한국인 관광객이 익숙한 눈치다. 바다에 와 있으니 시간이 순식간에 흘렀다. 속이 뻥 뚫릴 것만 같은 미케 비치의 전경이 무척 마음에 들었다. 그렇지만 여느 해변과 다르다고 느낄 만한 요소는 야자수와 광활한 백사장 정도였기에, 일출 때 다시 한번 와 보기로 결심하고 너무 늦기 전에 택시를 불렀다.

• 야자수와 넓은 백사장이 돋보이는 미케 비치

해변가에서 출발한 초록색 택시는 롯데마트로 향했다. 외국에 있는 한국의 대형 마트는 어떤 느낌일지, 한 번쯤 방문해 보고 싶었다. 막상 내부로 들어가니 익숙한 음식들에 현지인만큼이나 한국인이 많아서 그냥 한국의 어느 마트에 와 있는 느낌이었다. 물론 그만큼 반갑기도 했지만 여행 중에 오래 머물 만한 곳은 아니었기에 맥주와 야식거리만 조금 사서 한강이 보이는 숙소로 돌아왔다. 예상대로 밤이 되니 운치가 일품이어서 맥주를 사 오기 잘했다는 생각이 들었다.

다낭 롯데마트(Lotte Mart Da Nang)

Add. Lotte Mart Da Nang, 6 Nai Nam, Hoa Cuong Bac, Hai Chau, Da Nang

Time. 매일 08:00~22:00

다낭 한강의 편안한 경치와 분위기는 참으로 오래 머물고 싶게 만들었다. 특히 용 다리와 한강교 사이에 산책로가 깔끔하게 조성되어 있어서 언제든 훌륭한 풍경을 배경으로 삼고 여유롭게 걸으며 기분을 낼 수 있었다. 그 거리를 밤에 맥주 한 캔 들고 걸으면 더 이상 바랄 게 없는 휴양이 완성된다. 강 위로 빛을 발하는 한강 위의 다리와 유람선을 보고 있노라면 아무것도 하지 않아도 시간이 금방 가 버려서 숙소로 돌아가기 아쉬워지곤 했다. 이따금씩 산책로의 벤치에 앉아 보고, 강 가까이에 다가가 보기도 하며 다낭의 밤에 깊이 스며들었다. 이곳이 너무 마음에 들어서 둘째 날에는 일어나자마자 또 커피를 마시며 강을 따라 걸었다. 과연 밤과 낮 풍경이 모두 훌륭했다. 물가가 저렴하니 산책의 동반자가 되어 주는 맥주나 커피, 과일 음료 등을 아무리 마셔도 큰 부담이 없다는 점도 동남아 여행의 장점이다.

한강 조각 공원(Han River Sculpture Park, 용 다리 및 한강교 일대)

Add. Cong vien Dieu khac Song Han, Da Nang

• 다낭 한강과 용 다리

• 커피와 함께 즐기는 다낭 한강

다낭의 명소들

다낭 여행의 둘째 날, 한강에서의 아침 산책을 마친 뒤 대성당으로 갔다. 용 다리가 있는 한강 옆의 대로변에서 조금 더 안쪽으로 들어가면 푸른 하늘 아래 우아한 자태를 뽐내는, 꼭대기에 십자가를 올려놓은 분홍빛 건축물이 보인다. 바로 다낭 대성당이다. 키가 큰 성당의 전체 모습을 담기 위해 외부에서 사진을 한 장 찍으려 하니 그 뒤에 훨씬 더 높게 솟아 있는 새파란 빌딩이 거슬리기 시작했다. 만약 하늘 높은 줄 모르고 솟은 오늘날의 고층 빌딩이 감상에 방해가 되는 예시를 찾는다면 다낭 대성당을 풍경으로 찍은 사진이 제격일 것이다. 나도 모르게 건물을 왜 여기다 세웠냐는 실없는 소리가 나왔다. '맑은 하늘을 배경으로 다낭 대성당을 담을 수 있다면 그림이 더 좋을 텐데.' 하는 아쉬움을 삼키며 내부로 들어갔다. 가까이서 보니 생각보다 더욱 큰 성당이었음에도 부드러운 분홍색을 칠해서인지 아기자기한 느낌이 들었는데, 과연 위엄 있거나 대단하다는 말보다는 '예쁘냐'는 형용사가 딱 제격인 곳이었다.

다낭 대성당은 오전 시간에 방문했음에도 어여쁜 분홍빛 성당 앞에서 사진을 찍어보고자 하는 사람들로 붐볐는데, 그중에 절반 정도가 한국인이었다. 과연 다낭이 얼마만큼 한국인들의 사랑을 많이 받는 여행지인지 여실히 느낄 수 있는 장소였다. 관광지에서 그나마 안심하고 휴대폰을 맡길 수 있는 한인 여행자들끼리 서로 사진을 찍어 주는 장면도 심심찮게 보였다. 나도 한 번은 촬영을 부탁받고, 또 반대로 부탁해서 '인증샷'을 남기고 돌아왔다. 기둥 하나에 벽면 하나까지 참 아기자기한 매력을 지닌 다낭 대성당이었다.

다낭 대성당(Da Nang Cathedra)

Add. Da Nang Cathedra, 156 Tran Phu, Hai Chau 1, Hai Chau, Da Nang

Web. giaoxuchinhtoadanang.org

• 다낭 한시장

대성당에서 지도를 보고 조금만 걸으면 금방 한시장에 도착한다. 2층으로 된 커다란 실내 시장인 다낭 한시장에 들어서자마자 고약한 냄새가 코끝을 찔렀다. 1층에서는 두리안을 포함한 열대 과일들과 다양한 현지 먹거리들이 판매되고 있었다. 정오가 가까운 시간이라 현지인들은 가게에 서서 식사를 하고 있었는데, 그러다가도 관광객이 지나가자 열심히 호객 행위를 해 댔다. 비위가 약해 두리안에 전혀 관심이 없어서 빠르게 2층으로 올라갔다.

한시장이 다낭에서 한국인들이 많이 찾는 여행지가 될 수 있었던 가장 큰 이유는 아오자이(Ao Dai) 덕분일 것이다. 아오자이는 베트남의 전통 여성 의상인 롱드레스로 역사와 함께 다양한 변화와 논란을 겪어 왔지만, 이제 현대식 아오자이는 그 고상

한 자태로 인해 베트남 현지인들뿐만 아니라 외국인들까지도 매혹시키는 의상이 되었다. 다낭 한시장은 바로 그 아오자이를 맞춤형으로 구매할 수 있는 곳이다. 다만 이곳에서 직접 봤던 아오자이들은 일반인이 입으라고 만들어 놓은 것인가 싶을 정도로 지나치게 사이즈가 작아서 아무리 맞춤형이라고는 하나 쉽게 소화하기가 힘들어 보였다. 그래도 만약 내가 여자였다면 한 번쯤은 입어 보고 싶었을 것 같기도 하다. 한시장 2층에서는 아오자이 외에도 하와이안 셔츠나 동남아풍의 옷들이 다양하고 저렴하게 판매되고 있어서 구경하며 쇼핑하는 재미가 있었다.

다낭 한시장(Han Market)

Add. Han Market, 119 Tran Phu, Hai Chau 1, Hai Chau, Da Nang

Tel. +84 236 3821 363

Web. chohandanang.com

Time. 매일 06:00~19:00(시장 내의 가게마다 차이가 있는데 보통 18시쯤부터 문을 닫기 시작한다. 베트남의 설날 때는 휴무한다.)

• 다낭 한시장 입구

다낭의 한강 위로는 몇 개의 다리들이 놓여 있는데, 둘째 날에는 용 다리보다 북쪽에 위치한 한강교(Han River Bridge)를 건너 보았다. 용 다리에 비해 걸어서 건너기에는 다소 인도가 좁았고 가까이로 차들과 오토바이가 끊임없이 다니다 보니 이따금씩 강 위의 스릴을 느껴야만 했다. 그 한강교를 건너면 곧 커다란 현대식 빌딩이 하나 나타난다. 빈컴 플라자(Vincom Plaza)라는 이름의 복합 쇼핑몰인 이 건물에는 CGV와 한식당, 그리고 다소 뜬금없지만 아이스링크 같은 다양한 시설이 있다.

정오가 가까운 시간에 아스팔트 위를 쏘다녔더니 더위가 차올라서 쾌적해 보이는 빈컴 플라자로 들어갔다. 시원한 에어컨 바람이 도는 건물에 들어서니 마침 허기도 밀려와서 어떤 식당이 있나 찾아보는데, 한쿡(HanCook)이라는 간판이 보였다. 알고 보니 앞서 말했던 홍대와 같은 계열의 한식당이었다. 다낭에서는 요식업으로 성공한 한인 한 분이 몇 개의 식당을 운영하고 있어서 한식당을 어렵지 않게 찾을 수 있었던 것이었다. 다낭의 빈컴 플라자에서 두루치기를 먹고 있으니 왠지 타지에서 익숙한 음식을 먹을 수 있음에 감사한 마음이 들었다.

아이스링크에서 피겨 스케이팅을 연습하는 사람들이 내려다보이는 자리에 앉아 식사를 하고 있던 중, 갑자기 익숙한 노랫말이 귀에 들어왔다. 베트남에서는 가끔 가게나 카페에서 케이 팝이 흘러나오는 반가운 순간을 맞이할 수도 있는데, 어설픈 한국말로 그 노래를 따라 부르는 현지인들을 보고 있으면 참 귀여우면서 재밌기도 했나. 숙소의 라운지를 관리하는 덩치 큰 현지인 남자도 빅뱅 노래를 굉장히 좋아해서 복도까지 들리는 큰 소리로 따라 부르곤 했었다. 동남아를 여행하다 보면 케이 팝의 힘이 생각보다 강하다는 걸 느낄 때도 있을 것이다.

식사를 마치고 빌딩 내부를 구경하다 보니 이번엔 CGV가 눈에 들어왔다. '신과 함께' 포스터가 대형 사이즈로 걸려 있었다. 빈컴 플라자의 한 편을 장식한 한국 배우들의 모습을 보니 우리의 영화 역시 꽤나 인기가 있는 듯했다. 이곳은 색다른 특징이 있다거나 흥미로운 공간은 아니지만, 이질적이면서도 익숙한 한국의 향기를 느끼며 더위를 피하고 쾌적한 환경에서 쉬어 가기에도 적당한 장소였다. 한강이나 미케 비치 같은 멋들어진 풍경이 아니라 다낭의 평범한 시내가 내려다보이는 빈컴 플라자의 한 카페에서 잠시 시간을 보내며 여행 중의 여유를 즐겼다.

건물 밖으로 나오는데 갑자기 '툭' 하는 소리가 들렸다. 고개를 돌리니 가방에 걸어 두었던 선글라스가 바닥에서 뒹굴고 있었다. 다리 한쪽이 분리되었기에 자세히 살펴보니 나사 하나가 언제 빠졌는지 보이질 않았다. 막냇동생이 태양이 뜨거운 나라로 여행을 간다고 하니 누나가 매형에게서 빌려 준, 꽤 고가의 선글라스였다. 균형을 잃은 선글라스와 떨어진 다리를 들고 빈컴 플라자 1층을 헤매다가 한 안경점을 찾았다. 곧 친절한 미소를 띈 남자가 다가오더니 선글라스와 다리를 가지고 작업실로 갔다. 너무 쿨하게 아무런 말도 없이 고쳐 주려 하기에, 딱 봐도 외국인인 여행자에게 부품값이나 수고비를 바가지 씌울 수도 있겠다는 생각이 들어 기다리는 동안 약간 초조해졌다. 그러나 얼마 후 멀쩡해진 선글라스를 가지고 돌아온 남자가 건넨 말은 '조심히 여행하라'는 말이 전부였다. 작은 일이라도 여행 중에 만나는 호의는 항상 마음을 훈훈하게 만든다.

1 빈컴 플라자의 카페 린스(Lyn's)
2 카페 린스의 버블티

빈컴 플라자 다낭(Vincom Plaza Da Nang)

Add. Vincom Plaza Da Nang, 910A Ngo Ouyen, An Hai Bac, Son Tra, Da Nang

Tel. +84 236 3996 688 **Web.** vincom.com.vn **Time.** 매일 09:30~22:00

베트남의 피자 포피스(Pizza 4P's)는 글로벌 프랜차이즈는 아니지만 여행자들 사이에선 이미 꽤 유명하다. 현재 하노이, 다낭, 호찌민 등 대도시 몇 곳에만 입점해 있다. 나는 다낭에 있을 때 다녀왔는데, 우선 대성당에서 아래쪽으로 세 블록만 내려가면 되는 위치라 접근성이 좋다. 베트남 여행 중 들렀던 식당 중에서는 가장 현대적인 분위기의 양식집이었다. 오랜만에 만나는 깔끔한 인테리어의 식당에 들어가 피자와 파스타를 주문하고 기다리고 있으니, 테이블 뒤에서 불을 뿜는 화덕으로 피자가 출입하는 모습을 구경할 수 있었다. 손님이 많아서 음식이 나오기까지 약간의 기다림은 필요했지만 기다린 시간이 전혀 아깝지 않을 만큼 훌륭한 저녁 식사였다. 특히 과하게 느끼하지 않으면서 고소한 치즈의 맛이 일품이었다. 가격대는 베트남치고는 저렴하진 않지만 한국 보편적인 양식집과 비슷한 수준이며 반반 메뉴를 주문할 수 있다는 것도 장점이다.

피자 포피스(Pizza 4P's)

Add. Pizza 4P's, 8 Duong Hoang Van Thu, Phuoc Ninh, Hai Chau, Da Nang

Tell. +84 28 3622 0500 **Web.** pizza4ps.com (예약 가능, 하노이-다낭-호찌민 통합 사이트)

Time. 월~목 10:00~22:00, 금 10:00~22:30, 토~일 09:00~22:30

1

2

1 카망베르, 햄 버섯 소스 피자 & 마르게리따 피자

2 마스카르포네 치즈 토마토 파스타

여행이 4주 가까이 남아 있었으므로 체력적으로 조절이 필요했던 차에 다낭은 좋은 휴식처가 되어 주었다. 하노이에 머무를 때는 베트남에 대해 최대한 많은 것을 보고 느끼고 싶다는 욕심이 있었기에 체력 소모가 꽤 컸었다. 다낭에 온 뒤로는 용 다리와 한강교를 몇 번 걸어서 건너긴 했지만 날씨와 경치가 끝내주는 여행지에서 그 정도는 전혀 힘들지 않았다. 미케 비치를 찾아갈 때와 베트남에 있는 롯데마트를 구경하기 위해 이동한 것 빼고는 대부분을 숙소 근처의 다낭 한강에서 보냈다. 유명한 여행 명소인 대성당이나 한시장, 빈컴 플라자 같은 관광지들도 전부 걸어갈 수 있는 거리에 밀집해 있어서 여러모로 편했다.

다낭은 여행자라면 누구나 구경하고 사진을 남긴다는 우아한 분홍빛의 다낭 대성당과, 아오자이로 유명한 왁자지껄 한시장이 있는 곳이다. 빈컴 플라자나 롯데마트처럼 현대적 인프라가 갖추어진 장소도 있고, 자연을 한껏 느낄 수 있는 미케 비치도 있다. 그러나 앞서 말했듯 한강을 중심으로 도시 전체가 가장 큰 볼거리가 되는 곳이므로 명소가 아니라 그 주변의 어디에 있어도 좋은 곳이다. 그리고 그 명소들 자체가 다낭의 포근한 분위기와 분리되어 존재하는 것도 아니다. 다낭에서의 마지막 밤에, 숙소의 라운지에서 칵테일을 마시며 한강의 야경을 가만히 바라볼 때의 황홀함은 이곳을 떠난 뒤에도 오래도록 기억하고 싶다.

다낭에 머무는 일정은 그리 길게 계획하지 않았다. 이곳의 멋진 풍경들에 대한 감상이 식지도 않았는데 떠나야 한다니 아쉬울 따름이다. 베트남에서의 일곱 번째 아침, 다시 짐을 챙겨 호이안으로 가는 택시에 올랐다. 달리는 차창 밖에는 용 다리와 한강교 같은 멋진 대교들 아래로 한강이 곱게 반짝이고 있었다. 이 편안한 휴양지에서도 아쉬움을 뒤로한 채 제 갈 길 가는 연습을 한다.

미케의 새벽

미케 비치의
일출을 기다리며

여행을 할 때면 노을이 지는 광경을 볼 수 있는 곳으로 자주 찾아다니곤 했다. 석양이 지는 바다의 풍경, 마치 온 세상이 붉은빛으로 물드는 것만 같은 그 순간이 참 좋다. 다낭에도 세계 6대 해변에 속한다는 미케 비치가 있지만, 아쉽게도 동쪽으로 뻗은 바다였다. 아침잠이 많은 편이지만 이번만큼은 일몰 대신 일출이라도 보기로 결심했다.

여행에서 일몰이나 일출을 기다리는 일은 가끔 실망으로 끝나기도 한다. 일출을 기다리던 나에게 미케의 새벽 역시 썩 좋지만은 않았다. 그래도 어둡고 쌀쌀한 새벽에 졸음을 참으며 보냈던 2시간 동안 일출을 기다리는 해변을 돌아다니며 이것저것을 관찰했다. 그 순간을 기억하기 위해, 그리고 해가 밝아 오는 미케의 풍경을 전하기 위해 그 새벽에 일출을 기다리며 관찰한 내용들을 기록으로 남겼다.

미케 비치의 새벽부터 아침까지

해가 일찍 뜨는 편이라는 다낭에도 아직 어둠이 짙게 깔린 새벽 4시 30분, 장관이라는 미케 비치의 일출을 보기 위해 숙소를 나섰다. 택시를 타고 용 다리를 건너 5시가 채 되기 전에 해변가에 도착했다. 다낭은 1월에도 해가 뜨는 시간이 빠르다는 정보에 따랐지만, 미케 비치의 하늘은 여전히 깜깜했다.

그런데 이렇게 이른 시간에도 해변가에는 사람들이 꽤 많았다. 베트남 사람들은 다낭에 강렬한 해가 뜨기 전에 미케 비치의 해수욕을 즐기기 위해 새벽에 이곳을 찾는다는 글을 본 적이 있다. 1월의 다낭은 보통 한낮에도 27~28℃를 넘지 않으니 굳이 태양을 피해 새벽 5시에 나올 필요까지는 없을 텐데, 아마 이른 새벽에 이곳에서 운동을 하며 하루를 시작하는 게 생활 습관으로 자리 잡은 현지인들인 것 같다. 이들은 바다에 뛰어들기보단 백사장을 달리거나 단체로 모여 체조를 했다. 새벽 5시가 되기 전인데도 참 부지런하다.

하루를 시작하는 현지인들뿐만 아니라 일출을 기다리는 외국인들도 많았다. 아니, 무언가 기다리기보단 그냥 해변 자체를 즐기고 있는 관광객들이 많았다. 다낭을 최근 가장 핫한 휴양지로 만들어 준 일등공신이 미케 비치 아닌가. 어둠 속에 바다 꽤 멀리까지 나간 외국인들도 보였다. 해가 뜨기도 전에 하루를 시작하는 미케 비치였다. 체조하는 사람들, 백사장을 걷는 사람들, 뛰는 사람들, 벌써 바다에 몸을 던진 사람들이 미케의 새벽 풍경을 이루고 있었다.

그런데 해변에 앉아 한참을 기다려도 해가 뜰 기미는 보이지 않았다. 1월에도 5시를 조금 지나면 해가 뜬다는 글을 한 블로그에서 봤었는데 아마 잘못된 정보였나 보다. 인터넷으로 기상 정보를 찾아보니 다낭 일출 시간이 6시 22분으로 업데이트되어 있었다. 이 깜깜한 새벽 바다에서 홀로 1시간을 더 기다려야 한다니. 새삼 블로그에 잘못된 정보를 올린 사람이 미워졌다.

해변 입구에서 이곳저곳 걸음을 옮기며 잠을 쫓았다. 어느덧 6시가 가까워지고 있었다. 미케 비치는 점점 붐벼 갔다. 시간이 조금 지나자 동그랗게 원을 그리고 앉아 일출을 기다리는 한국 여자들도 보였다. 더 많은 사람들이 바다로 뛰어들었다. 해가 뜨기 전인 1월의 새벽, 다낭은 20℃를 조금 넘는 날씨다. 바다에 들어가기에는 쌀쌀한 날씨인데도 이렇게 많은 사람들이 물속으로 뛰어드는 것이 신기했다. 미케 비치는 남들이 가지지 못한 따듯함이라도 가졌단 말인가. 그러나 나는 차마 물에 뛰어들 용기가 나지 않았다. 겨우 3시간밖에 못 잔 상태라 정신이 맑지 않았지만 그래도 낭만에 몸을 던지기보단 추위 앞에 이성이 앞섰다.

해변이 조금씩 밝아질 기미를 보이자 어둠을 밝히던 근처의 가로등이 모두 꺼졌다. 5시 50분, 세상은 선명해지기 시작했다. 그런데 하늘이 온통 하얗다. 두꺼운 구름이 하늘을 덮고 있는 것인지, 그저 해가 완전히 뜨기 전의 희미함인지 아직은 구분이 잘 안 됐다. 분명 기상 정보 앱에는 맑은 날씨라고 되어 있었는데, 조금 걱정이 되기 시작했다.

날이 밝아 올수록 해변 저 멀리 나가 있는 조그만 배들이 보이기 시작했다. 새벽 6시, 어둠에 가려져 있던 것들이 모습을 드러내는 시간이었다. 서너 척인 줄 알았던 배는 족히 수십 척은 되어 보였다.

그런데도 태양은 모습을 드러낼 기미를 보이지 않았다. 화창했던 어젯밤과 달리 오늘은 구름과 안개가 가득 낀 날씨였다. 저 멀리 구름 뒤에 숨어 있을 녀석은 끝내 모습을 보이지 않을 것이다. 아마 지금의 희미한 붉은빛에 만족해야 할 듯싶다. 조금씩 빗방울까지 떨어지기 시작했다. 들뜬 마음으로 졸음을 몰아내고 부지런히 나왔건만 결과가 비에 젖는 것이라니 기분이 좋지만은 않다. 그리고 언제 또 돌아올지 모를 미케 비치를 이대로 떠나기가 쉽지 않다. 오늘이 아니면 언제 이곳의 일출을 볼 기회가 다시 오겠는가. 아쉽다.

6시 반을 넘어 7시가 다 되어 간다. 오늘 일출을 보는 것은 물 건너갔음이 확실해졌다. 아쉬운 발걸음을 돌리는 사람들, 그리고 나름대로 해변을 즐기는 사람들, 어느 때처럼 이곳이 일상인 사람들이 여전히 해변의 아침 풍경을 만들어 내고 있다.

나는 아쉬운 발걸음을 돌리는 사람으로 미케의 아침 풍경을 채운다. 끝내 2시간의 기다림을 뒤로하고 조금씩 비를 맞으며 미케 비치를 떠난다.

• 미케 비치를 즐기는 사람들

오늘은 다낭 여행의 마지막 날이다. 미케 비치에서 설상가상으로 심 카드가 먹통이 되어 그랩(Grab)을 이용할 수 없었다. 잠도 거의 못 잔 상태로 2시간을 야외에서 깨어 있다가 숙소까지 20분을 넘게 비를 맞으며 걸어야 했다. 다낭에 머무는 동안 용 다리를 유일하게 즐겁지 않은 마음으로 건넜던 기억이다. 그래도 다낭을 떠난 지금 돌이켜보면 잘했다 싶으니 신기한 일이다. 마지막 날에 미케 비치를 한 번 더 밟아 보고 하나라도 더 봤던 게 좋았다 싶다. 피곤함과 실망감이 훨씬 컸던 것도 같은데, 그마저도 추억으로 기억되니 여행은 피로감마저도 좋은 기억으로 간직하게 만드나 보다. 그래서 한 번 떠났던 사람은 자꾸만 떠나고 싶은 마음이 드는지도 모르겠다.

다낭 - 호이안 이동 방법

❶ 택시

그랩 택시(Grab Taxi) 앱을 이용하면 매우 편리하며 정찰제라 바가지를 쓸 염려도 없다. 요금은 일반적으로 15,000~20,000원 사이에서 결정된다. 시간은 40~50분이 소요된다.

❷ 버스

- **다낭 버스 정류장(대성당 부근)** : dd 155 Tran Ph Duong Tran Phu, Hai Chau 1, Hai Chau, Da Nang(구글 지도에 '다낭 dd 155 tran phu'라고 검색하면 위치가 나온다.)
- **호이안 버스 정류장** : ben xe Hoi An Nguyen Tat Than, Nguyen Tat Thanh, Phuong Cam Pho, Tp, Hoi An, Quang Nam(구글 지도에 '호이안 ben xe nguyen tat than'이라고 검색하면 위치가 나온다.)
- 노란색 1번 버스가 다낭과 호이안을 다니는데 외국인 여행자에게 받는 요금이 승무원에 따라 천차만별인 것으로 알려져 있다. 적게는 20,000동(한화 약 1,000원)에서부터 70,000동(한화 약 3,500원)을 낸 경우까지 다양한 사례가 있다. 물론 그럼에도 택시비에 비하면 상당히 저렴한 편이다. 약 1시간이 소요된다.

❸ 기타

버스나 택시 등의 대중교통을 이용하는 방법 이외에도 각종 여행사의 픽업 및 샌딩 서비스를 이용하는 방법이 있다. 인원이나 짐의 규모에 따라 비용에는 편차가 있다. 혹은 렌트 업체에서 자동차나 스쿠터를 빌려 이동하는 방법도 있다.

· Story ·

03

호이안

Hoi an

7. 호이안 올드타운

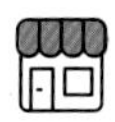

호이안 올드타운

고도시(古都市)에 반하다

베트남에서의 마지막 여행지는 다낭 조금 아래에 위치한 작은 도시 호이안이다. 호이안은 다낭에서 택시를 이용해서 갈 수 있는 거리라서 이동에 불편함이 없었다. 하지만 다낭과 가깝다고 해서 두 도시가 비슷한 느낌이라고 생각하면 오산이다. 호이안은 그만의 완전히 다른 매력을 가진 곳이다. 베트남에서 하노이, 다낭, 호이안 세 곳의 도시를 여행했는데 도시마다 개성이 워낙 뚜렷해서 매번 새로운 곳에 와 있는 기분이었다. 그중에서도 호이안은 가장 작았지만 아주 고풍스러운 도시였다.

'호이안 티켓' 없이 호이안을 맴돌다

첫날에는 일찍 숙소에 들어가 저녁을 먹고 쉴 예정이었다. '미케 비치 일출 보기' 도전의 여파로 밤까지 돌아다니기에는 꽤 피곤하기도 했고, 하루 정도는 이번 여행에서 두 번뿐인 4성급 호텔을 즐기고 싶었다. 이날 나는 다소 쌀쌀한 날씨에도 기어코 호텔의 풀장에 풍덩 빠져 보기도 했다. 호이안 신세리티 호텔(Hoi An Sincerity Hotel)의 단점을 굳이 꼽아야 한다면 호이안 올드타운까지 30분 정도 걸어야 하는 곳에 위치해 있다는 점이지만, 숙소에서 정해진 시간에 무료로 셔틀버스 서비스를 제공하므로 유일한 불편함은 차를 타려면 그 시간에 맞춰 이동해야 한다는 것뿐이었다. 나는 시간이 맞지 않을 땐 그냥 걸어 다님으로써 문제를 해결했다.

호이안 신세리티 호텔 & 스파(Hoi An Sincerity Hotel & Spa)

Add. Sincerity Hotel & Spa, 5 Le Dinh Tham, Cam Son, Hoi An, Quang Nam **Fee.** 약 35,000원~

호이안에서의 첫날에는 숙소와 올드타운 주변을 천천히 걸으며 티켓을 끊지 않고 다닐 수 있는 곳만 다녔다. 호이안 올드타운 안쪽은 12만 동(한화 약 6,000원) 가격의 티켓이 있어야 자유로운 관람이 가능하다. 보통 이를 '호이안 티켓'이라 부른다. 주요 길목에 티켓을 판매 및 검사하는 매표소가 있고 올드타운 내부 곳곳에도 티켓을 검사하는 베트남 공무원(?)들이 있다. 그런데 이곳을 찾는 관광객이 워낙 많고 관리해야 하는 면적이 마을 전체이다 보니 티켓 관리가 체계적으로 되지 않는 것 같았다. 아니, 내 경험으론 확실히 그렇다.

투본강이 가까운 식당에서 저녁을 먹었는데, 티켓을 사지 않았으므로 들어갈 수 없는 곳으로는 다니질 않았다. 그런데 기분 좋게 식사를 마치고 같은 길을 통해 숙소로 돌아가려는 찰나, 웬 현지인 아주머니 한 분이 길을 가로막고 섰다.

"티켓 티켓."

단 네 글자였지만 티켓이 없으면 지나갈 수 없다는 의사 표시가 분명했다. 온 길 그대로 돌아가려는데 못 지나가게 하니 적잖이 당황스러웠다. 어디로 가야 할지 몰라 매표소 앞에서 잠시 서성였다. 그렇다고 이제 숙소로 돌아가는 길인데 티켓을 끊는 것도 낭비다 싶어 일단 반대편으로 걷기 시작했다. 가까운 길을 놔두고 구글 지도를 찾아가며 밖으로 빙 둘러서 걸었다. 올드타운 바깥쪽은 오토바이와 차량이 많아서 안쪽에 비해 걷기가 훨씬 더 열악했다.

• 호이안 거리의 모습들. 자전거와 오토바이가 빠지지 않는다

매연을 한껏 마시며 가다 보니 평화롭고 아기자기한 마을 안쪽으로 걷고 싶은 마음이 계속 일어서 나도 모르게 발걸음이 그쪽으로 향했다. 그럴 때면 마찬가지로 티켓을 요구하는 베트남 아주머니들에게 붙잡혔다. 그런데 내가 시선을 끄는 사이 누군가는 그냥 그곳을 지나쳐 들어갔다. 아마 나 역시 저녁을 먹으러 갈 때, 인지하지 못하는 사이에 그런 식으로 몇 번은 지나쳤었나 보다. 허술해 보이는 매표소 근처에서 적절한 타이밍을 한번 엿보기도 했지만 괜히 마음이 찝찝하여 관두고 차량으로 가득한 길을 다시 걸었다. 안쪽은 내일도 실컷 볼 수 있을 테니 같은 길을 여러 번 걷기보다 하루 정도는 올드타운 바깥으로 가 보면 더 다양한 호이안을 볼 수 있겠다는 생각이 들자 조금 위로가 됐다. 물론 등이 예쁘게 달린 길목을 지켜보기만 하고 들어가지 못할 때면 가끔 구시렁거리기도 했다.

'아, 내일은 오자마자 표부터 끊고 당당히 다녀야지!'

역사의 정취를 간직한 호이안 올드타운

둘째 날에는 누군가 말을 걸기도 전에 스스로 매표소부터 찾았다. 가끔 돈을 아끼고자 티켓을 끝까지 구매하지 않는 사람들도 있다고 하지만, 나에게 풍요로운 감상을 위해서는 마음의 평화가 먼저였다.

1 호이안 투본강
2 호이안 구시가지 거리

• 내원교에서 내려다본 풍경

호이안 올드타운은 마을 전체가 유네스코 세계 문화유산으로 지정되어 있을 만큼 역사적 가치가 높은 곳이기도 하다. 역사 속에서 국제 항구 도시로 번성했던 호이안의 투본강을 통해 중세 이후부터 근대까지 여러 나라의 상선들이 드나들었다. 그래서인지 호이안 올드타운을 걷다 보면 중국의 영향을 받은 흔적이 많이 보인다. 특히나 불상을 모시는 회관들이 많이 보이는데 이 회관들은 중세부터 호이안에 무역을 위해 들어온 중국인들의 회합 장소로서 만들어진 건물들이라고 한다. 오래된 불교 회관 내부의 다양한 건축물이나 조각을 보는 것도 호이안 관광의 한 재미다. 그리고 일본인들이 지은 내원교(일본교)도 여행객이 많이 방문하는 곳인데, 내부로 들어가면 목재 바닥 사이로 강가가 훤히 보이는 스릴을 체험할 수 있다. 호이안은 이제 큰 배가 다니기 힘든 얕은 수심으로 인해 무역항의 역할을 다낭에 넘겨주게 되었다고 한다. 그러나 다낭이 변화하며 경제적으로 발전하는 동안 호이안은 옛것을 지키며 무역이 아닌 관광지로서, 세계인의 역사 속 무역 도시가 아니라 현재의 여행지로서 새로이 기능하고 있다. 변화하면서 발전하는 다낭과 옛것을 지키면서 번성하는 호이안, 현대를 살아가는 두 도시의 방식은 다르지만 둘 모두 각각 자신의 강점을 살린 훌륭한 방법이 아닐까?

1 투본강
2 닭 쫓는 아이

광조 회관이나 내원교 같은 유명 장소들을 방문하려면 호이안 티켓에 딸린 쿠폰을 하나씩 써야 했다. 호이안 티켓 한 장당 관람 쿠폰이 다섯 개씩 있어서 처음엔 조금 부족하지 않을까 걱정이 되기도 했다. 하지만 올드타운을 즐기기 위해 굳이 불교 회관들을 다 돌아볼 필요는 없었다. 오히려 티켓만 있으면 자유로이 걸을 수 있는 거리와 투본강 강변에서 고도시의 분위기를 훨씬 깊게 느낄 수 있었다. 결과적으로 나는 밤이 깊을 때까지 그 다섯 장을 다 쓰지도 않았다. 호이안은 하나하나의 건축이나 유명지에 대한 기억보다 전체가 하나의 정취로 남았다.

유네스코 세계 문화유산, 그리고 여러 여행 잡지의 '세계 최고의 여행지' 목록에 여러 번 이름을 올린 바 있는 호이안 올드타운은 하루의 시간에도 충분히 그럴 만한 곳임을 증명했다. 올드타운 내부의 오래되었지만 전혀 촌스럽지 않은 건축과 멋을 더하는 풍등, 가만히 바라보면 마음이 평화로워지는 투본강까지 그 조화가 완벽에 가까운 곳이었다. 이제는 좋은 풍경을 맞이하면 습관처럼 커피를 찾았다. 이번에는 베트남에서 그렇게 유명하다는 콩 카페(Cong Cafe)를 방문했다. 카페에 앉자 이내 흐린 날씨에 소나기가 내리기도 했지만 그마저도

1 베트남 전통 모자 논라(non la)를 쓴 할머니
2 콩 카페에서 마신 커피
3 호이안 로스터리 카페

그저 좋았다. 머나먼 이국의 카페에서 느긋한 오후를 보내는 것, 그리고 창가 자리에 앉아 잠시 머리를 비우고 비와 함께 역사의 자취가 고스란히 남아 있는 고도시를 바라보는 것은 문자 그대로 행복한 일이었다. 올드타운에서 보낼 수 있는 일정은 하루뿐이었지만 나는 카페에서 꽤 오랜 시간을 그 풍경을 바라보며 보냈다. 여행이 바쁘게 발걸음을 재촉하며 모든 명소를 정복해야 하는 일만은 아닐 것이다.

콩 카페 호이안(Cong Cafe Hoi An)

Add. Cong Cafe, 64 Cong Nu Ngoc Hoa, Phuong Minh An, Hoi An, Quang Nam

Time. 매일 07:30~23:30

호이안의 밤

호이안 올드타운은 해가 떴을 때보다 달이 떴을 때의 경치가 끝내주는 곳이다. 마을 전체가 등불을 밝혀 밤을 맞이할 때쯤이면 투본강에는 소원등이 떠오르기 시작하고 그 옆으로 여행자들을 태운 나룻배들이 떠다닌다. 나룻배와 그 위에 삿갓을 쓰고 앉은 사람의 모습은 베트남의 상징적 이미지를 연상시킨다. 인파가 많지만 차량이 통제되고 거리가 넓기 때문에 천천히 걸으며 경치를 감상하는 데에는 불편함이 없었다. 가끔 지나치다 싶을 정도의 호객 행위가 있기도 했지만 그들의 어설픈 한국말이 또 재밌기도 하여 딱히 기분 나쁜 일은 없었다.

• 올드타운의 정취를 더하는 다양한 색의 풍등

1 어느 가게에서 파는 작은 드림캐처들 2 올드타운의 한 길목
3 해 질 무렵의 올드타운 4 사람들이 몰린 길거리

호이안 투본강 강변의 한편에서는 길거리 노점이 가득한 야시장이 열렸다. 먹거리와 잡화가 가득한 노천 시장이 언제나 그렇듯 이곳에도 사람들이 정신없이 몰려 있다. 끝없이 펼쳐진 새하얀 천막들 사이로 인파에 휩쓸려 다니다 사람들이 걸음을 멈추고 보여 있는 곳을 발견했다. 그곳에선 초등학생 정도 되어 보이는 아이가 화려한 손놀림으로 철판 아이스크림을 만들고 있었다. 다양한 색깔과 모양을 가진 아이스크림으로 철판 위에 그림을 그리는 듯한 행위는 호이안 야시장에서 가장 인기 있는 공연 중 하나다.

사람들은 홀린 듯 줄지어 아이스크림을 주문했는데, 나는 그보다는 오는 길에 봤던 바나나 팬케이크를 맛보고 싶었다. 화려한 쇼가 펼쳐지지는 않지만 팬케이크를 굽는 그 작은 천막 앞에도 세 팀이 줄을 서 있었다. 30,000동(한화 약 1,500원)의 바나나 팬케이크 역시 호이안 야시장에서 꽤나 유명한 음식인데, 저렴한 가격에 비해 맛과 양이 양호해서 저녁 식사 후 먹는 달달한 간식으로 제격이다. 호이안 야시장에는 그 외에도 꼬치구이 같은 길 위의 먹거리들이 많이 있으며, 베트남 옷이나 액세서리를 구매할 수 있는 노점들도 즐비하게 늘어서 있어서 먹고 구경하며 다니기에 좋다.

다만, 호이안의 개성과 특별함은 인파가 들끓는 야시장보다도 투본강 위와 바로 옆의 거리들에서 더욱 빛났다. 투본강을 따라 걸은 밤거리는 지금까지 만나 본 밤경치 중에서도 손에 꼽을 만큼 아름다웠다. 그 오색찬란한 불빛들의 배웅을 받으며 베트남에서의 마지막 여정을 끝냈다. 첫 번째 여행국에서의 끝을 호이안 야경으로 장식한 것은 최고의 선택이었다. 꼭 언젠가는 다시 한번 이 오래된 작은 마을에서 여유로운 하루를 보내고 싶다는, 기분 좋은 아쉬움을 간직한 채 베트남에서의 여덟 번째 밤을 청했다. 내일은 라오스의 수도, 비엔티안으로 가는 날이다.

호이안 올드타운

Add. Pho Co Hoi An, Phuong Minh An, Hoi An, Quang Nam

Fee. 120,000동(한화 약 6,000원)

NHÀ HÀNG RESTAURANT
THÀNH PHƯỜNG
VIETNAMESE FOODS

"라오스 진짜 좋아."

라오스 여행을 계획하다 보면

흔히 접하게 되는 말이다.

도대체 라오스에는 어떤 낭만이 있길래

그리도 사람들을 매혹하는 것일까?

라오스

Laos

라오스 Laos
베트남
무앙싸이
샘누아
루앙프라방
폰사반
방비엥
라오스
비엔티안
니혼파놈
태국
사라반
팍세

• Basic Information •

❶ **국가명** : 라오 인민 민주 공화국

❷ **수도** : 비엔티안

❸ **인구** : 약 680만 명

❹ **언어** : 라오어

❺ **면적** : 약 23.6만 ㎢

❻ **시차** : 2시간 느림(한국 시간 －2)

❼ **비자** : 무비자 30일

❽ **기후** : 연평균 기온이 28~29℃ 정도로 1년 내내 더운 편이다. 한국이 겨울인 11~2월에도 한낮에는 물놀이를 즐길 수 있을 만큼 덥지만, 이 시기에는 일교차가 꽤 크니 겉옷을 준비해 두면 좋다.

라오스는 여전히 GDP 세계 100위권의 저개발 국가다. 그래서 흔치 않은 감상이 있는 곳이기도 하지만, 완벽히 깔끔한 시설을 기대하기에는 조금 무리가 있다.
자연 친화적인 마음가짐이 다소 필요한 나라다. 예를 들어 도마뱀을 귀여워한다든지.
동시에 자연 속에서 즐기는 액티비티와 휴양이 환상적인 곳이기도 하다.
음식을 고르자면 비엔티안에 간다면 도가니 국수를, 방비엥에 간다면 길거리 샌드위치를 먹어 보기를 추천한다. 방비엥에는 공항이 없으므로 이동 시 밴이나 버스를 이용해야 하며, 길이 평탄치 않으므로 멀미가 심하다면 미리 약을 준비하는 것도 좋다.
현대 도시에서 느낄 수 없는 불편을 종종 겪어야 하는 나라지만,
이를 충분히 감수할 수 있을 만큼 매력적인 여행지가 라오스다.

· Story ·

01

비엔티안

Vientiane

1. 비엔티안

비엔티안

라오스의 낭만이 뭐길래

"라오스 진짜 좋아."

라오스 여행을 계획하다 보면 흔히 접하게 되는 말이다. 지난 여름에 라오스를 다녀온 한 친구는 "라오스 또 가고 싶다."라는 말을 달고 살았다. 강원도를 여행할 때 우연히 만났던 동생도 나에게 언제라도 라오스를 꼭 가 보라며 유독 강력하게 추천하곤 했다. 라오스를 다녀온 사람치고 여행지로서의 그 나라를 칭찬하지 않는 사람이 없는 것 같다. TV를 안 보는 편이라 잘은 모르지만, 몇 번의 여행 프로그램에서 소개된 이후로 라오스는 특히나 한국인들의 사랑을 받는 여행지가 되었고 몇 년째 그 발걸음이 끊이질 않고 있는 듯하다. 도대체 라오스에는 어떤 낭만이 있길래 그리도 사람들을 매혹하는 것일까? 나는 이 하나의 질문을 품고 라오스를 여행했다.

베트남에서 라오스 비엔티안으로

베트남에서 라오스로 떠나는 아침, 감기 기운이 있어 몸이 조금 안 좋았다. 날씨가 쌀쌀했던 호이안의 저녁 때에 무리하게 물놀이를 즐긴 것이 원인이었다. 이동하는 날은 항상 잠을 충분히 잘 수 없었기 때문에 면역력이 약해지기도 했을 것이다. 심지어 어제 새벽에는 늦은 시간까지 책도 읽고 글도 쓰고 했으니 어쩌면 자업자득이었다. 이제 겨우 첫 번째 나라에서의 일정이 끝났을 뿐이니 무탈한 여행을 위해서는 아무래도 몸 관리에 더 신경을 써야겠다.

다낭에서 비엔티안을 잇는 항공편은 직항이 없어서 하노이를 경유해야만 했다. 여행 당시에는 다낭에서 하노이를 경유해서 비엔티안으로 가는 티켓보다, 하노이와 다낭 구간을 왕복 티켓으로 끊고 하노이로 돌아온 다음 다시 편도 티켓을 이용하여 비엔티안으로 가는 '자체 경유'가 5만 원가량 저렴했다. 그러나 언제부턴가 그런 복잡한 과정 없이 다낭에서 비엔티안으로 가는 표를 끊어도 별반 차이가 없게 됐다. 10만 원 중반대의 금액으로 무리 없이 다낭에서 하노이나 방콕을 경유해 비엔티안으로 이동할 수 있다.

다낭에서 하노이를 경유해 비엔티안으로 가는 여정은 각각 1시간씩 두 번의 비행기로 2시간이면 끝이었다. 문제는 공항에서 총 6시간을 기다려야 한다는 점이었다. 31일간의 여행에서 그 시간은 그렇게 길지 않지만 아직 여행 초반이라 그런지 마냥 가만히 앉아 있기에는 그 시간마저도 조금 아깝게 느껴졌다. 그래서 나는 공항의 카페에서 여행기를 쓰며 지난 베트남 여행을 되돌아보는 시간을 가지기도 했다. 무엇에 관해서든 글을 써 보는 것은 되새김을 하는 데에 있어서 좋은 수단이 된다.

나는 곧 하노이로 돌아왔다. 첫 여행지였던 이곳에서부터 맛있는 베트남 음식을 많이 맛봤다. 하노이 BBQ는 그중에서도 제일이었고, 구시가지의 유명 식당 뉴데이의 베트남 식사나 길거리에서 먹은 3만 동짜리(한화 약 1,500원) 반미마저도 맛있었다. 그런데 베트남 음식들은 특유의 향신료 맛이 강한 편이라 완전히 취향에 맞는 사람이 아닌 이상 현지식을 여행 내내 먹기는 힘들다. 때문에 다낭과 호이안에서는 종종 한식당을 찾기도 했다. 공항에서 파는 음식들 역시 베트남 향이 진하게 배여 있는 듯해서 베트남에서의 마지막 식사는 프랜차이즈 햄버거 가게에서 해결하기로 했다. 프랜차이즈라고 하더라도 해외에서는 판매되는 메뉴가 다르기 때문에 맥도날드나 버거킹 등의 햄버거 가게를 방문하는 것도 꽤 즐거운 일이다. 또한 메뉴들이 입맛에 안 맞을 가능성이 로컬 식당에 비해 상당히 적기에 현지 음식이 맞지 않는 사람에게는 글로벌 프랜차이즈들이 몹시 반가운 존재가 되기도 한다.

곧 왠지 할 때마다 긴장되는 출국 심사를 받고 비엔티안행 비행기에 올랐다. 베트남은 첫 번째 여행지인 만큼 각별한 마음이 들기도 했고, 왠지 우리의 지난 모습과 닮은 것 같아 유독 그들의 삶과 역사가 궁금했던 곳이기도 했다. 처음이라 가장 설렘이 컸던 베트남을 열심히 다니기도 했으니, 약간의 아쉬움을 남긴 채 라오스로 비행을 시작했다.

물론 떠나는 아쉬움과 별개로 새로운 여행지인 라오스에 대한 기대감은 당연히 있었다. 우선 햇빛이 너무나 그리웠다. 다낭에서 잠깐 해가 떴던 오후를 제외하면 거의 일주일 동안 단 한순간도 햇빛이 나지 않았으니 그 덥다는 라오스의 날씨가 기다려질 지경이었다. 그리고 몇 시간 뒤, 기대에 부응하듯 비엔티안의 왓따이 공항에 내리자마자 아름다운 노을이 나를 반기고 있었다.

• 어슴푸레한 하늘이 예뻤던 비엔티안 왓따이 국제공항

라오스의 수도에 도착해서 주변을 살펴보니 이 나라는 한국에서의 유명세에 비해 아직까지는 발달이 아주 덜 된 나라라는 느낌이 들었다. 왓따이 공항은 생각보다 훨씬 작았고 공항 주변부까지도 완전히 현대화된 도시라고 할 정도는 아니었다. 비엔티안은 태국과의 국경 근처에 위치하고 있고 두 국가 사이로는 메콩강이 흐른다. 나는 국경에 위치한 강 위의 일몰을 보고 싶어서 공항에서 빠르게 택시를 잡고 숙소가 있는 메콩강변의 여행자 거리로 가려 했다.

그러나 왓따이 공항에서는 택시를 이용하는 방법이 따로 정해져 있었음을 미처 몰랐다. 먼저 공항의 출구 정문 부근에서 관리인인 라오스 남자에게 택시를 타고 싶다고 의사를 표시한 다음, 그가 전해 주는 서류를 받아 이름 따위의 간단한 정보를 기입하고 제출해야 했다. 여행객들은 그 서류와 함께 7달러의 정찰제 요금을 먼저 지불하고 순서를 기다린 뒤에, 앞선 사람들이 모두 가고 차례가 오면 그때야 택시를 이용해서 여행자 거리로 갈 수 있다. 처음에 이 방법을 몰랐기에 공항 밖의 도로에서 다니지 않는 택시를 찾아 몇십 분을 헤매었고, 메콩강에 도착했을 때는 이미 해가 저문 뒤였다.

비엔티안에서의 하루 - (밤)

비엔티안 지도에서 메콩강이 90도로 꺾이는 부근에 위치한 '여행자 거리'는 정식 명칭은 아니다. 숙박업소가 모여 있으면서 여러 식당과 술집, 그리고 야시장 등이 밀집해 있고 왓 시 사켓(Wat Si Saket)이나 팟투사이(Patuxai, 빠뚜싸이라고 부르기도 한다.) 등의 관광지가 멀지 않아 비엔티안 여행의 중심이 되기에 자연스레 그렇게 불리고 있다. 결정적으로 각종 여행사가 상주하고 있고 방비엥이나 루앙프라방으로 갈 수 있는 로컬 버스를 탈 수 있는 곳이기도 하다. 그럼에도 여타 유명한 여행자의 거리들, 예를 들어 하노이 구시가지나 방콕의 카오산 로드와 비교하면 다소 한적한 여행지인 비엔티안이기도 하다.

비엔티안의 여행자 거리에서 하루를 묵기 위해 잡은 숙소는 수파폰 게스트 하우스(Souphaphone Guesthouse)로 방은 4층이었는데 엘리베이터가 없어서 도착하자마자 커다란 짐을 메고 계단을 올랐다. 라오스에서는 고급 호텔에 머무르지 않는 이상 엘

리베이터를 이용하기는 힘들 것이다. 베트남에서는 똑같이 저렴한 가격에 벨보이가 짐을 올려다 주는, 훨씬 좋은 환경의 호텔에서 묵긴 했지만 라오스의 게스트 하우스도 지내는 데 큰 불편은 없었다. 단지 수압이 약하고 온수가 잘 나오지 않는다는 문제가 있었는데, 여행에서 피로를 녹이는 따듯한 샤워는 보기보다 중요한 일이라 이 문제가 가끔 스트레스가 되긴 했다. 일반적인 라오스의 숙박 시설은 대단히 깔끔하거나 편리한 편은 아니지만 지낼 만하다고 보면 될 것이다.

수파폰 게스트 하우스(Souphaphone Guesthouse)

Add. Souphaphone Guesthouse, 88 Rue Setthathilath, Vientiane

Fee. 약 20,000원~

짐을 풀다가 꼬르륵 소리가 들려온 순간 제대로 된 식사를 한 지 꽤 오래됐다는 것을 깨달았다. 뭐라도 먹어야지 싶어 밖으로 나와 걷는데 낯선 풍경을 마주했다. 편의점 바로 입구에 웬 노점 식당이 테이블까지 서너 개 깔아 놓고 장사를 하고 있는 것이 아닌가. 거기 앉아 식사를 하는 사람들은 자연스럽게 편의점에서 음료를 사 와 함께 마셨다. 남의 가게 입구에 노점을 차리고 장사를 하는 것이 이상하게 보였지만 아마 둘은 공생 관계인 듯했다. 그렇게 호기심으로 지켜보다가 엉뚱하게도 음식이 맛

있어 보인다는 생각이 들어 그곳에서 라오스에서의 첫 번째 식사를 하기로 했다. 조그만 길거리 주방에 테이블도 엉성했지만 TV에 출연했다는 스티커 같은 것들이 여러 장 붙어 있었다. '방송에 나온 유명한 집'이라는 홍보 수단은 만국 공통인가 보다.

철판을 이용해서 만들 수 있는 기본적인 요리들을 판매하는 가게였다. 메뉴판을 살펴보니 빈국의 길거리 노점임을 고려해도 가격이 상당히 저렴했는데, 평균적으로 한 메뉴당 2만 낍(라오스 화폐, 한화 약 2,800원)의 수준이었다. 라오스의 화폐 단위가 상당히 크다 보니 지출하는 비용이 얼마인지 감을 잡기 힘들 수가 있는데, 대략 '10,000낍 = 1,400원'이라 생각하면 계산이 조금 수월하다. 라오스 환율이 낮은 때라면 1,300원에 가까울 수도 있다.

이곳에서 팟타이와 볶음밥을 주문했는데 저렴한 가격에도 맛은 썩 괜찮았다. 둘 모두 특별한 점은 없었지만 그야말로 정직한 동남아식 전통 팟타이와 '채소와 함께 기름에 볶은 밥'에서 상상할 수 있는 그 맛 그대로의 볶음밥이었다. 방송에 나왔다고 하니 뭔가 더 있어야 할 것 같기도 하지만, 팟타이와 볶음밥은 원래 변형되지 않은 기본 형태로도 충분히 맛있는 음식이다. 3천 원도 채 안 되는 가격에 준수한 양과 맛을 자랑하는 곳이니 한 끼 식사로는 전혀 부족함이 없는 곳이었다. 동남아를 여행한다면 이런 거리 위의 식당에서 현지 분위기를 물씬 풍기는 식사를 해 보는 것도 즐거운 일이 될 것이다.

워낙 노점의 테이블 개수가 적어서 앉을 자리가 없었다. 서성이고 있으니 한 외국인 여자가 자기 테이블에 같이 앉아서 먹어도 된다는 제스처를 보냈다. 주문을 마치자 곧 그녀의 백인 남자 친구도 도착했다. 뜬금없이 처음 보는 이들과 식사를 하게 됐지만 똑같이 여행하는 처지라서 그런 것이었을까? 낯선 이들과의 식사임에도 전혀 개의치 않고 음식 맛에 집중하며 저녁을 즐길 수 있었다.

Add. M07 Vatchan, Quai Fa Ngum, Vientiane(이 식당은 지도에 표시되지 않으므로 바로 옆의 편의점 위치를 표기해 두었다. 멀리서 이곳을 굳이 찾아오기에는 사라졌을지도 모른다는 위험이 있지만, 비엔티안 야시장 바로 건너편에 위치하고 있으므로 여행자 거리를 방문한다면 어렵지 않게 한번 찾아볼 수는 있다.)

비엔티안의 밤에는 생각보다 할 일이 많지 않았다. 아직 새로운 국가에서의 긴장감이 가시지 않아서인지, 어두운 밤거리를 숙소에서 멀리 벗어나 걷기가 조금 꺼려지기도 했다. 그러다 마침 가까운 거리에 있었던, 짜오 아누웡 공원(Chao Anouvong Park)에서 열리는 야시장으로 향했다. 비엔티안의 야시장은 하노이 야시장처럼 저렴한 물건과 먹을 것들로 가득했는데 다만 분위기는 조금 더 어두웠다. 하노이 야시장과 다낭 한시장에서도 저렴한 동남아 옷을 몇 벌 샀기에 비엔티안 야시장에서는 따로 쇼핑을 하지 않았지만 잘 둘러본다면 괜찮은 옷이나 잡화들을 구할 수도 있을 법한 장소였다.

야시장에서 가장 기억에 남은 것은 초등학생 정도 돼 보이는 아이들이 길에서 대놓고 담배를 물고 걷는 모습이었다. 그런 장면을 몇 번 보았다. 기대했던 라오스와는 조금 다른 장면이었고, 충격적이면서도 한편으론 안타까운 마음이 드는 순간이었다. 이 가난한 나라의 아이들은 과연 충분한 교육을 받고 있는지, 과연 스스로도 무언가 될 수 있다는 희망은 품고 사는지 궁금해졌다. 물론 가난하다고 해서 삶의 품격이 떨어지는 것은 아니다. 모두가 각자의 삶이 있는 것인데 하룻밤만에 이들의 삶이 어떻다고 아는 체할 수는 없다는 생각도 든다. 다만 아이들에게는 무엇이든 기회가 주어져야 한다.

라오스에서의 첫날을 이대로 마무리하고 숙소로 돌아가기 아쉬워 근처 가게에서 일행과 함께 비어 라오(Beer Lao)를 한 병 시켰다. 맥주 가게에서 얼음과 함께 판매하는 라지 사이즈가 15,000낍(한화 약 2,100원)가량인 라오스 특산 맥주 비어 라오는 저렴하고 맛도 깔끔한 라거(Lager)였다. 일반 슈퍼마켓에서 판매되는 비어 라오는 당연히 그보다도 저렴하다. 맥주를 좋아하는 사람들에게는 라오스의 매력이 한 가지 더 있는 셈이다.

가게에는 내 또래의 라오스 남자 직원이 한 명 있었다. 식사를 하고 와서 음료만 시켜도 되냐는 질문에 호탕하게 웃으며 "와이 낫?"이라고 대답했던 그는 2층으로 찾아와 얼음 컵에 맥주를 따라 주고 조형물을 배경으로 사진을 찍어 주기도 했다. 나는 그 친구의 친절함 덕분에 조금 전까지 가지고 있던, 낯선 국가에 처음 도착했을 때의 긴장이 많이 풀려서 기분이 좋아진 채로 숙소로 들어왔다. 여행지든 일상이든 만나는 사람이 중요한 것은 매한가지였다.

비엔티안에서의 하루 - (낮)

다음날, 방비엥으로 가기 전에 비엔티안을 조금이라도 더 보기 위해 아침 일찍 체크아웃을 했다. 라오스 여행의 꽃은 방비엥이라 알고 있었기에 5일로 잡은 라오스 일정의 대부분은 방비엥에 머물 계획이었다. 비엔티안을 떠나는 날이라도 저녁까지 머물다 넘어가고 싶었지만 방비엥으로 가는 버스는 하루 중에 오전 9시와 오후 2시 두 번이 전부라 시간이 많지 않았다. 라오스는 확실히 교통이 편리한 여행지는 아니다.

• 메콩강 산책로

1 라오스 느낌을 물씬 풍기던 거리의 가게 2 비엔티안 거리의 사원 3 비엔티안 거리

아침 일찍 메콩강을 보러 가는 길, 햇빛이 몹시 강렬했지만 화창한 날씨에 기분이 좋았다. 이렇게 맑은 아침을 맞이하기가 베트남에서는 참 힘들었다. 날씨 덕분인지 걸릴 듯 말 듯했던 감기 기운도 어느덧 사라져 몸이 가벼웠다. 숙소 앞에는 넓은 사원(temple)이 하나 있었는데 붉은 지붕이 파란 하늘과 참 잘 어울렸다. 라오스는 한때 주요 불교 국가 중 하나였던 만큼 비엔티안을 걷다 보면 이런 사원들을 많이 만날 수 있다. 대표적으로 왓 시 사켓, 파 탓 루앙 등이 이곳의 관광지로서 꽤 유명한 사원들이다.

왓 시 사켓(Wat Si Saket)은 왕실용으로 건립된 사원으로 비엔티안에서 가장 오래된 건물로 알려져 있다. 1818년에 지어졌는데 1827년 태국의 시암 왕조가 비엔티안을 침공했을 때 유일하게 파괴되지 않은 사원이라고 한다. 태국 사원 건축 양식으로 지어졌기 때문에 무사할 수 있었다는 설이 있다. 그리 넓지 않지만 수천 개의 불상이 모셔져 있으며, 여행자 거리에서 멀지 않아 도보로 방문이 가능하다. 반면에 파 탓 루앙(Pha That Luang)은 조금 더 먼 곳에 위치해 있어서 자전거나 버스, 툭툭이(삼륜 트럭 택시)를 이용해서 다녀오는 경우가 많다. 라오스 독립의 상징적인 의미를 담고 있어 국가에서 가장 신성시하는 건축이라고 알려져 있다. 하단부터 중앙의 기둥까지 온통 금색인 화려한 외관의 건축물이 유명한데, 외세의 침략으로 파괴되었던 것을 1935년에 복원시켰다고 한다. 그리고 둘 사이, 그러니까 여행자 거리에서 파 탓 루앙으로 가는 길목에는 팟투사이(Patuxai)가 위치하고 있다. 라오스어로 '승리의 문'이라는 이름의 이 기념비는 독립 과정에서 희생된 라오스인들을 추모하기 위해 건립된 것으로, 내부는 총 4층으로 구성되어 있다. 전망대에 올라가면 라오스 정부 청사가 있는 도심을 내려다볼 수 있다. 뒤편으로는 커다란 분수가 있는 공원도 위치해 있다.

왓 시 사켓(Wat Si Saket)

Add. Wat Si Saket, Ave Lane Xang, Vientiane

Price. 10,000낍(한화 약 1,400원)

파 탓 루앙(Pha That Luang)

Add. Pha That Luang, Ban Nongbone, Vientiane

Price. 10,000낍(한화 약 1,400원)

팟투사이(Patuxai)

Add. Patuxai Monument, Ave Lane Xang, Vientiane

Price. 3,000낍(한화 약 400원)

1 승리의 문이라는 의미를 가진 팟투사이
2 파 탓 루앙에 있는 잔잔한 미소를 짓는 와불상
3 황금색이 돋보이는 화려한 파 탓 루앙

불교 사원이 많은 비엔티안 거리에는 긴 승복을 갖춰 입은 어린 승려들이 보이기도 하는데 태양이 워낙 뜨거운지라 아이가 열사병에 걸리지는 않을지 염려가 되기도 했다. 나는 태양이 가장 뜨겁게 작열하는 메콩강 강변의 더위를 피해 한인 여행사 폰 트래블(Phone Travel)로 향했다. 다음 여행지인 태국으로는 육로를 통해 이동할 생각이었기 때문에 방비엥으로 떠나기 전에 미리 비엔티안에서 방콕까지 이동할 계획을 확실히 해 둬야 했고, 국경을 넘는 차원의 이동은 조금 더 믿음직한 곳을 통하고 싶었기에 한국인이 운영하는 곳을 찾았다. 비엔티안 시내에 위치한 폰 트래블 여행사에서는 '슬리핑 기차'를 이용해서 방콕까지 갈 수 있는 티켓, 그리고 그 기차를 타기 전에 라오스 국경 도시인 타나렝으로 가는 툭툭이와 타나렝에서 태국 국경 도시인 농카이로 가는 기차표까지가 포함된 이동 패키지를 판매하고 있었다.

한인 여행사를 이용해서 국경을 넘을 기차표를 예매하는 것은 생각보다 순조로웠다. 여행사에서는 슬리핑 기차에는 두 가지 옵션이 있다는 것을 설명해 줬고 나는 일행과 함께 일반적인 객실 침대를 쓰는 옵션인 에어컨(Aircon)을 선택했다. 1층은 330,000낍(한화 약 45,000원), 2층은 300,000낍(한화 약 41,000원)으로 위, 아래 좌석이 분리되지 않게 해 달라고 부탁하면서 예매를 마쳤다. 이는 앞서 말했듯 방콕까지 가는 모든 이동 비용이 포함된 가격이었다. 나는 이곳에서 환전까지 마친 후, 태국으로 넘어가는 날 오후 3시까지는 반드시 여행사로 돌아와야 한다는 당부의 말을 되새기며 다시 밖으로 나섰다.

라오스 한인 여행사 폰 트래블(Phone Travel) 비엔티안 본사

Add. Phone Travel, Chao Anou Road Vientiane Ban Watchan, Chanthaboury District, Vientiane Capital, Laos, Vientiane **Tel.** 856 21 244 386 **Web.** Phonetravel.net

Time. 월~금 08:30~17:00(토요일은 오전만 영업) / 일요일 및 라오스 국경일 휴무

비엔티안 아스팔트 위의 태양은 몹시 뜨거웠지만 방비엥으로 떠날 미니밴이 도착할 시간이 얼마 남지 않았기에 열심히 걸음을 옮겼다. 폰 트래블에서 멀지 않은 곳에 그렇게 맛있다는 비엔티안의 도가니 국숫집이 있다고 하니 또 맛을 보러 가야하지 않겠는가.

국수 가게는 정말로 멀지 않았다. 약 10분을 걸으니 작고 허름한, '맛집 포스'를 제대로 풍기는 로컬 식당이 등장했다. 비좁은 내부가 현지인들로 꽉 차 있어서 거리 쪽으로 삐져나온 테이블에 자리를 잡고 앉았다. 메뉴판을 살펴보니 역시나 저렴한 가격이 눈에 띄었다. 도가니 국수 작은 그릇이 18,000낍(한화 약 2,500원), 큰 그릇이 22,000낍(한화 약 3,000원)이다. 배가 많이 고프지 않아 작은 그릇을 하나 시키니 금방 음식이 나왔다. 국수와 고기, 파가 적절히 들어가 있었고 고수 등의 채소는 따로 취향에 맞게 담가 먹을 수 있도록 별도의 접시에 제공됐다. 양은 그리 적지 않았다. 테이블에 놓여 있는 고춧가루로 만든 빨간 양념을 조금 넣어 먹으니 그리웠던 한식에 대한 갈증을 풀어 주기에 제격이었다. 동남아에서 한 달을 보내야 하는 여행자에게 그 얼큰한 국수는 그야말로 소중한 한 끼였다. 동남아에서 보편적인 한국인의 입맛에 가장 잘 맞는 음식 중 하나가 비엔티안의 도가니 국수임은 틀림없다.

비엔티안 도가니 국수

Add. 160, Rue Hengboun, Vientiane
(구글 지도상에 '粉 도가니 국수'라고 표시되어 있다.)

Time. 매일 07:30~14:00, 17:30~20:00

하루 정도 비엔티안에서 이들의 삶을 조금 더 들여다보고, 메콩강에 노을이 지는 것을 바라보며 이곳의 저녁을 느긋하게 맞이할 시간이 없었다는 것은 조금 아쉬웠다. 그래도 태국으로 가는 기차를 타기 위해 돌아와야 하는 비엔티안이기에 그리 발걸음이 무겁지는 않았다. 무엇보다도 라오스의 꽃이라는 방비엥이 다음 목적지가 아니던가. 그곳에서 라오스의 낭만을 제대로 느낄 수 있을 것이라는 기대와 함께 비엔티안을 떠났다.

비엔티안 – 방비엥 구간 이동

라오스에서 버스로 도시를 이동하는 경우, 터미널을 직접 찾아가는 것보다 하루 전날 표를 사고 숙소 앞에서 픽업을 받는 경우가 일반적이다. 간이 매표소 혹은 여행사를 통해 티켓을 미리 예매하면 숙소나 구매처로 픽업 장소를 지정할 수 있다. 숙소에서 티켓 구매를 중개해 주는 경우도 있는데 약간의 수수료가 붙지만 가장 간편한 방법이기도 하다. 예매한 티켓을 가지고 픽업 장소에서 대기하고 있으면 시간에 맞춰 방비엥으로 가는 미니밴, 혹은 버스 탑승 장소까지 데려다주는 트럭이 온다. 간이 매표소나 여행사 등 구매 장소에 따라 약간의 금액을 추가하면 미니밴 옵션을 선택할 수 있는 경우도 있고, 애초에 선택할 수 없이 무작위로 배정되는 경우도 있다. 잦은 연착에 주의해서 반드시 넉넉하게 일정을 짜야 하며, 정각에 맞춰 차량이 도착하지 않아도 조금 더 기다려 보도록 하자. 출발 시간은 변동이 잦으므로 현지에서 표를 구매할 때 직접 시간을 확인하는 것이 가장 정확하다. 미리 탄탄한 계획을 세우고 싶다면 한인 여행사나 국내 라오스 여행 카페를 통해 이동 상품을 구매해 두는 것도 방법이다.

Price. 50,000~60,000킵(한화 약 7,000~8,500원), 약 4시간 소요

• 비엔티안 거리의 라오스 국기

• Story •

02

방비엥

Vang Vieng

방비엥으로

자연과 하나 된 작은 마을

그동안 방비엥이 좋은 여행지라는 칭찬을 얼마나 많이 들었는지 모르겠다. 그런 말들을 들으며 언젠가는 라오스를, 특히 방비엥을 여행하기를 바랐었기에 이번 동남아 여행에서도 가장 큰 기대로 찾아가는 여행지 중 하나였다. 자연 경관이 빼어난 데다가 여러 액티비티를 즐길 수 있는 여행지이자, 어쩌면 익숙한 환경과 달라 가장 불편할지도 모르는 라오스의 자연 친화적 도시. 오늘은 방비엥으로 가는 날이다.

• 방비엥의 메인 스트리트

방비엥 가는 길

비엔티안에서 방비엥까지는 4시간을 달려야 했다. 여행이 일주일을 넘어간 순간부터는 어디 앉아서 눈만 감았다 하면 잠들었기에, 방비엥으로 가는 좁은 미니밴에서도 여지없이 1시간가량 동안 목을 꺾어 가며 불편한 줄도 모르고 잠에 빠져들었다. 그러다 문득 뻐근한 느낌에 잠시 눈을 떴는데 차창 밖으로 보이는 풍경에 졸음이 달아났다. 더없이 파란 하늘 아래 아직까지 인간의 손길이 많이 닿지 않은 라오스의 자연을 곁에 두고 달리는 도로 위의 미니밴은 평화롭기 그지없었다.

라오스에서 그나마 도시인 비엔티안을 지나, 나중에는 한국의 시골길과 비슷한 느낌의 도로를 달렸다. 중간에는 사람들이 사는 작은 마을들을 지나기도 했다. 수도와 가장 대표적인 관광지 사이에 길이 잘 깔려 있을 법도 한데 도로가 그렇게 발달해 있지 않았다. 그래서 거리에 비해 시간이 더 오래 걸리지만, 덕분에 쭉 이어진 도로를 하염없이 달리는 것이 아니라 푸르른 산과 햇빛이 내리는 들판의 자연 경관들, 작고 조용한 마을들을 가까이서 감상할 수 있으니 나쁘지만은 않았다. 가끔씩 소, 개, 염소 등 다양한 동물들을 마주치기도 했는데 먹을 것이 부족해서인지 하나같이 마른 모습이었던 안타까운 광경이 기억에 남는다.

비엔티안을 떠나 2시간 정도 달리니 휴게소가 나왔다. 사실 처음에는 멈춘 곳이 휴게소란 것을 한눈에 알아보지 못했다. 단지 방비엥으로 가는 미니밴 몇 대가 주차되어 있었기에 그런가 보다 했다. 30분의 휴식 시간 동안 허기를 달래기 위해 휴게소에서 파는 꼬치를 사 먹었는데 4,000낍(한화 약 550원) 남짓한 가격에 맛이 좋아서 같은 걸 네 개나 먹어 버렸다. 그리고 남은 2시간의 여정을 위해 화장실을 가려는데 앞에 계신 아주머니가 따로 돈을 내야 한다고 했다. 휴게실 외관으로 보아 화장실도 청결하기를 기대하지는 않았는데 역시나 그 예상은 정확히 맞아떨어졌다. 물론 많은 사

• 방비엥 가는 길에 들린 휴게소에서

* 화장실 이용 시 돈을 내야 한다고?

한국과 달리 해외에는 화장실 이용이 유료인 경우가 흔한 나라들이 많다. 동남아도 예외는 아니다. 휴게소, 버스 터미널 등에서 화장실을 출입할 때 돈을 내야 하는 경우가 많다. 가격은 장소마다 다르지만 동남아에서는 일반적으로 한화 100~500원에 상당하는 현지 화폐를 징수한다. 화장실의 환경도 제각각이므로 배낭에 여분의 화장지를 준비해 두면 도움이 된다.

람들이 그렇게 살아가는 곳이라 돈을 내든 더러운 화장실을 쓰든 딱히 불만스럽지는 않았다. 애초에 라오스 같은 빈국을 여행하면서 깔끔하고 편한 것만 기대하는 것도 모순이다. 평화로운 경치가 라오스의 특징이듯이 유료 화장실의 지저분함도 라오스의 한 모습일 테니.

휴게소를 지나 다시 2시간을 더 가야 했는데 이때부터는 조금 힘들기 시작했다. 구불구불한 비포장도로에 좌우로 마구 꺾어지는 산길에 들어서니 멀미가 났다. 애초에 날씨 좋고 경치 좋다 한들 미니밴을 4시간 동안 타는 일이 낭만적이기만 할 수는 없다. 그 어떤 경치도 멀미의 고통을 이기기는 힘든 법이다. 그러다 문득 짐이 잘 있는지 보려고 가방이 쌓여 있는 쪽으로 시선을 돌렸다. 무언가 비어 보였다. 소름이 돋는 순간이었다.

'노트북 가방.'

회색 가방 하나가 있어야 했는데 밴에는 확실히 없었다. 숙소 입구에서 미니밴까지 짐을 옮길 때 빼놓은 것이 분명했다. 노트북을 잃어버렸다고 생각하자 심장이 미친 듯이 요동치기 시작했다. 게스트 하우스에 연락할 방법을 찾으려 했으나 커다란 호텔이 아니었기에 쉽지 않았다. 비엔티안은 4일 뒤에 다시 올 계획이었지만 두고 온 곳이 확실하다 해도 그 기간 동안 고가의 노트북이 그 자리에 남아 있을 확률은 거의 없었다. 한국이었어도 불확실한 상황에 하물며 낯선 타국, 게다가 아주 가난한 나라인 라오스에 와 있음을 생각하자 더욱 절망적인 기분이 들었다. 다른 외국인 여행자들도 있었기에 미니밴을 돌려서 돌아갈 수도 없었고, 방비엥에서 비엔티안으로 돌아오는 대중교통도 내일은 되어야 있을 것이었다. 하물며 방비엥 일정을 약간 포기하고 비엔티안에 당장 다녀온다 해도 찾을 수 있다는 보장도 없었다. 그러다 문득 한 곳이 생각났다. 폰 트래블.

한인 여행사에서 기차 탑승에 대한 주의 사항을 알려 주느라 남겨 둔 '카톡'이 있었다. 사장님과는 겨우 얼굴 한 번 본 사이였지만 망설일 여유가 없었다. 지푸라기라도 잡는 심정으로 자초지종을 설명한 메시지를 최대한 공손하게 써서 보냈다. 천만다행으로 여행사가 알고 지내던 게스트 하우스였기에 한번 찾아봐 드릴 수 있겠다는 답신이 왔다. 그럼에도 몇 시간이 지난 상황에서, 거의 길거리 같은 입구에 두고 온 노트북이 이미 누군가의 손에 넘어갔을지도 모른다는 생각에 불안하기 그지없었다. 불안한 마음으로 멀미를 참고 있는데 얼마 지나지 않아 사진 한 장이 휴대폰으로 전송됐다.

노란 옷을 입고 어색하게 웃고 있는 커다란 남자가 그에 비해 자연스레 웃고 있는 자그마한 여자에게 회색 가방을 건네고 있는 모습이었다. 두 사람 모두 라오스인이지만 아는 얼굴이었다. 게스트 하우스 직원과 여행사 직원 사이에 노트북이 인계되는 모습이 담긴 한 장의 사진을 확인하는 순간, 어찌나 안심이 되고 고마운 마음이 들던지! 연신 휴대폰을 붙들고 감사하다는 말을 보내는 것밖에 할 수 있는 일이 없었다. 전화로 확인만 해 줄 수도 있었던 여행사에서 굳이 노트북을 맡아 두기로 하고, 안심할 수 있도록 사진까지 보내 준 것이었다. 이토록 넉넉한 씀씀이라니, 여행사에 대한 고마운 마음과 함께 라오스 사람들에 대한 호감까지도 생겨나는 순간이었다. 입구에 홀로 놓인 노트북을 지나가던 누군가가 훔쳐갔어도, 혹은 숙소에서 그런 물건 없다고 시치미를 떼도 나로서는 아무런 방도가 없는 상황이었다. 그럼에도 노트북이 무사했으니 어찌 감사한 마음이 들지 않겠는가. 후에 노트북은 태국으로 가는 길에 비엔티안에서 다시 내 품으로 돌아왔다. 비엔티안에서 한인 여행사를 들렀던 것, 그들이 친절한 사람들이었던 것, 노트북을 잃어버린 곳이 마침 돌아갈 계획이 있었던 곳이라는 점, 그 모두가 다행이었으며 참으로 운이 좋았던 사건이었다.

노트북 소동으로 심적 난리를 치르고 몇 시간 동안 멀미를 하다 방비엥에 도착하니 진이 다 빠져 있었다. 시간은 다시 석양이 세상을 붉게 비추는 시간이었다. 차창

밖에는 방비엥의 커다란 산들 사이로 또다시 노을이 멋지게 지고 있는 광경이 보였다. '1월의 라오스는 매일매일이 노을을 볼 수 있을 만큼 화창한 날씨인가.' 하는 생각이 들었다. 이동 과정은 결코 편치 않았지만 고대하던 방비엥에 도착했기에 다시 들뜬 마음으로 미니밴에서 내릴 수 있었다. 작은 마을에 첫 발을 내딛는 순간 이곳에서 또 새롭고도 즐거운 여행이 시작될 것임을 직감할 수 있었다.

산과 들과 강, 그리고 도마뱀

방비엥은 말 그대로 자연과 하나 된 마을이었다. 수도인 비엔티안보다 방비엥이 오히려 할 것이 많다는 말을 들었었는데 생각보다 규모가 훨씬 작고 아기자기한 마을이 나타났다. 행정 구역상 방비엥의 면적이 얼마나 되는지는 확실히 모르겠으나 일반적으로 여행자들이 머무르는 방비엥은 이 작은 마을 안이었다. 1시간 정도만 걸으면 대충은 다 둘러볼 수 있을 듯했다. 물론 커다란 산들과 넓은 강들은 제외하고, 그 안에 위치한 사람들이 사는 마을이 작다는 말이다. 방비엥은 수많은 산들과 그 아래로 흐르는 쏭강으로 둘러싸여 있어서 자연까지 포함하면 작다고 말하기는 힘들다.

우선 짐을 풀어야 했기에 숙소로 걷기 시작했다. 지나가며 훑어보기에도 아기자기한 산골 마을의 분위기가 정말로 마음에 들었다. 또한 방비엥에는 한국인들의 사랑을 듬뿍 받은 표가 나는 반가운 흔적들이 많았다. 이곳의 가게에는 대부분 한국말로 된 간판이 있었고 크지도 않은 마을에 한국 제품을 판매하는 케이마트(K-Mart)도 둘이나 있었다. 아마 방비엥에는 라오스인 다음으로 한국인이 많을 것이다. 이곳은 내가 이번 동남아 여행 중 유일하게 한인 게스트 하우스에 묵는 곳이기도 했다.

당장 어디로든 놀러 가고 싶은 마음을 꾹 참고 방비엥 마을의 오르막을 20분 정도 걸으니 숙소인 블루 게스트 하우스(Blue Guesthouse)에 도착했다. 거의 마을 끝자락이었다. 오랜만에 모국어로 안내를 받으니 마음이 편안해졌다. 곧 예약한 방으로 내려가다가 복도에 한글로 붙어 있는 다양한 액티비티의 목록에 잠시 걸음을 멈췄다. 튜빙, 카약킹, 짚라인, 블루라군, 버기카 등등. 원래 패키지나 투어를 별로 선호하지 않지만 이곳에서는 액티비티 패키지를 적어도 하루 정도는 즐겨보고 싶었다. 그러나 당시에는 액티비티에 대해 달리 아는 바도, 경험도 많지 않아서 조금 막막하기도 했다.

'방비엥까지 왔는데 블루라군은 가 봐야겠지.'

우선은 그 정도 생각만을 담아 두었다. 배가 상당히 고팠기에 다른 일정은 나중에 알아보기로 하고 짐만 풀고 나갈 준비를 했다. 방비엥에는 숯불 요리가 많은데, 숙소로 올라오는 길에 냄새가 좋고 맛있어 보이는 음식들을 너무 많이 구경해서 어서 식당을 둘러보고 싶었다. 그런데 방문을 여는 순간 그 자리에 굳을 수밖에 없었다. 납작한 몸통에 가느다란 꼬리를 가진 작은 파충류들. 수많은 도마뱀들이 좁은 복도에서 머리를 흔들며 벽을 기어 다니고 있었던 것이다. 당장 눈앞에 도마뱀 세 마리가 버티고 있는 벽을 지나야 계단을 오를 수 있는 상황을 마주했다. 자그마한 도마뱀이 무서울 것도 없었지만 그렇게 가까이서 수많은 도마뱀을 마주친 적이 처음이라 순간적으로 당황스럽고 가까이 가기가 망설여졌다.

"정말로 여기는 자연 친화적이네."

괜한 혼잣말이 나왔다. 몇 차례 심호흡을 하고 방문을 굳게 닫았다. 사실 이곳을 지나가는 것보다 밖으로 나간 사이에 방으로 도마뱀이 들어가지는 않을까가 더 걱정이었다. 잠을 자야 하는 침대 옆으로 밤새 도마뱀이 기어 다닌다면 문제가 좀 커진다. 시간이 지나 방비엥에서는 어느 장소에서든 도마뱀의 등장이 놀랄 일도 아니라는 것에 익숙해진 뒤에, 장난스레 게스트 하우스 스태프들에게 도마뱀 얘기를 꺼냈다가 거기서 재밌는 일화를 듣게 되었다. 이전에 "자는 중에 도마뱀이 입에 들어가면 어떡해요."라며 호들갑을 떨던 여행자가 한 사람 있었다고 한다. 그때 한 직원이 에프킬라 하나를 집어 방에 뿌려 주면서 "이게 도마뱀 못 오게 하는 스프레이예요."라고 말했더니 그 손님이 엄지손가락까지 치켜세우며 안심하고 잘 지내다 갔다는 것이다. 실제로 도마뱀이 방까지 들어와 자는 사람의 입에 들어갈 확률은 굉장히 드물지만, "그럴 일 없어요."라고 말하는 것보다 없는 '도마뱀 퇴치 스프레이'를 만들어 뿌려 준 것이 그 여행자에게는 훨씬 편안한 여행을 만들어 준 것이다. 거짓말이 섞이긴 했지만 참 현명한 대처가 아니었나 싶다.

방비엥은 그런 곳이다. 커다란 산과 강, 그리고 그 안의 생물들까지 하나가 된 마을이자 현대의 도시 문명과는 거리가 있는 곳, 잠을 자는 숙소는 물론 밥을 먹는 식당에도 도마뱀이 기어 다닐 만큼 자연 친화적인 마을이다. 특정한 목적지 없이 어느 길로 걸어도 천혜의 경치를 느낄 수 있으며, 때로는 그래서 불편한 점도 있다. 누군가에게는 너무나 무서운 도마뱀이 걱정일 것이고, 또 다른 많은 이들에게는 아침의 단수가 골칫거리일 것이다. 이곳에서는 흔히 볼 수 있었던 것들이 정말 구하기 어려운 물건이 되기도 한다. 나는 잃어버린 충전기를 새로 사기 위해 방비엥 온 마을을 다 돌아야 했고, 새로 산 충전기마저 오락가락해서 잘 쓸 수가 없었다.

하지만 그렇기에 이곳에는 오늘날의 도시 생활에서는 결코 느낄 수 없는 낭만이 아직까지 남아 있는 것인지도 모른다. 하루 만에 그것을 모두 느낄 수는 없었지만 곧 알게 될 것만 같은 기분이 들었다. 저녁 시간에 도착해 딱히 무언가를 하지 않은 첫날임에도 괜스레 마음이 좋아지는 분위기를 풍기는 방비엥이었다. 간단히 저녁 산책을 마치고 일찍 숙소로 돌아온 나는 이곳의 모든 아름다움과 재미와 불편함을 즐겨보리라 생각하며 방비엥에서의 첫 번째 잠을 청했다.

아, 그리고 아침까지 도마뱀이 입은 고사하고 방으로 들어오는 일도 없었다.

블루 게스트 하우스(Blue Guesthouse)

Fee. 14,000원~ **Web.** cafe.naver.com/laobulehouse

한인 게스트 하우스이므로 네이버 카페를 통해 상세한 정보를 확인할 수 있다. 참고로 블루 게스트 하우스 홈페이지의 안내글에는 숙소에 예민한 사람이라면 보다 고급 호텔을 추천한다는 문구가 있다. 앞서 말했듯 단수와 도마뱀이 출현하는 등의 불편함이 있을 수 있다.

블루라군과 버기카

방비엥의 마스코트

방비엥에서는 3박 4일을 머무를 계획이었다. 나흘째에는 일어나자마자 태국으로 장시간 이동을 해야 했기에 조금 더 체력적으로 여유가 있는 둘째 날에 일단 액티비티를 즐겨 보기로 했다. 방비엥은 원래 자연의 강과 들판에서 즐길 수 있는 액티비티가 유명한 곳인데, 아마 그중에서도 블루라군은 '방비엥의 마스코트' 정도 되는 격이라 할 수 있겠다.

방비엥에서 맞이하는 아침과 버기카 준비

방비엥의 명소인 블루라군은 마을에서 꽤 멀리 떨어진 산속에 있다. 대중교통은 다니지 않으며 툭툭이나 버기카, 오토바이 중 하나를 이용해야만 블루라군3이라 불리는 시크릿라군까지 다녀올 수 있다는 정보를 숙소에서 얻었다. 버기카 투어의 가격이 조금 있는 편이라 툭툭이를 이용할까 싶기도 했지만, 버기카를 타고 시크릿라군까지 가는 과정이 그 자체로 가장 즐거운 액티비티라는 말에 조금 고민이 됐다. 버기카 대여는 액티비티 패키지 중에서도 가장 가격이 비쌌다. 1대를 4시간 동안 빌리는데 45만 낍, 원화로 6만 원이 조금 안 되는 금액이었다. 첫날엔 신청을 미뤄 두고 있다가 이내 라오스까지 왔는데 몇만 원 아껴서 뭐 하겠냐는 생각이 들어 둘째 날 당일 아침에 패키지를 신청했다. 다행히 당장 다음 시간에 출발이 가능했다. 게스트 하우스의 한국인 사장님이 어딘가에 전화를 걸어 라오스어로 잠시 통화를 하더니 오후 1시까지 숙소 앞으로 오면 된다고 전했다.

오후에 시작되는 버기카 액티비티를 시작하기 전에 방비엥의 아침을 즐길 수 있는 시간이 있어서 숙소 근처의 현지 음식점을 찾았다. 소소해 보이는 외관과 달리 대문에 자신 있게 'River View'라고 써 놓은 식당, 그린 레스토랑(Green Restaurant)이라는 이름의 가게였다. 그 이름에 걸맞게 입구의 간판부터 시작해서 내부의 벽면까지 온통 초록색이었다. 한쪽에는 탁구대도 보였다. 방비엥에는 펍이나 식당에 탁구대나 당구대가 구비되어 있는 경우가 많다. 대부분 상당히 낡아서 정상적인 경기가 가능한지 의문이 들기는 한 것들이지만.

그린 레스토랑에는 스테이크부터 생선 요리, 간단한 면과 밥, 빵 요리 등 다양한 음식들이 있다. 가격이 저렴한 메뉴는 20,000낍(한화 약 2,700원)부터이며 스테이크나 생선 요리는 50,000낍(한화 약 6,800원) 수준으로 다양하다. 그런데 이 식당은 왠지 스테이크보다는 팟타이나 볶음밥 같은 가벼운 식사들이 훨씬 평이 좋은 편이다. 나 역시 간단하게 아침을 먹기 위해 돼지고기 볶음밥을 시켰는데 고소하면서 자극적인 향이 없어서 먹기가 좋았다. 방비엥의 볶음 요리들은 대체로 맛이 괜찮은 편이다.

그린 레스토랑은 음식보다도 분위기가 기억에 남는 곳이다. '초록' 식당의 진가는 초록빛 내부를 지나 바깥 편으로 나갔을 때 알 수 있었다. 과연 당당히 'River View'라고 써 놓을 만한 넓은 테라스가 강가 쪽으로 뻗어 있었다. 테라스 끝자리의 노란 울타리에 붙어 있는 식탁에 앉으니 남쏭강이 흐르는 방비엥이 한눈에 들어왔다. 테라스 바로 아래에는 운치를 더하는 목재 다리도 하나 놓여 있었다. 순수한 자연의 모습, 장엄함보다는 편안함이라는 단어에 가까운 그 풍경과 함께 식사를 하며 느긋하게 방비엥에서의 첫 아침을 맞이하는 것은 그야말로 근사한 일이었다.

• 방비엥을 감상하며 식사할 수 있었던 그린 레스토랑

아침 식사를 끝낸 뒤에는 버기카를 타고 블루라군으로 갈 준비를 시작했다. 방비엥은 작은 마을이지만 여행자의 발걸음이 잦은 곳인 만큼, 이곳에서의 여행을 마음껏 즐기기 위해 필요한 물품을 파는 잡화점은 흔히 볼 수 있다. 버기카는 커다란 바퀴에 철로 된 막대 구조물이 전부인, 범퍼카 상위 버전 정도라 할 수 있을 정도로 간단한 구조에 좌석이 땅 가까이에 붙어 있는 이동 수단이다. 버기카를 타고 산속으로 들어갈 때는 흙과 먼지로 샤워를 할 정도라서 마스크로 반드시 입을 가려야 하고, 마찬가지로 눈도 선글라스 등으로 보호하는 것이 좋다. 베트남에서 마스크를 잃어버려서 입을 가릴 만한 물건이 없었기에 마을의 큰길을 따라 한 바퀴 돌며 여러 잡화점을 구경했다. 여권과 휴대폰을 담을 방수 팩과 버기카에서 입을 가릴 손수건을 하나 샀는데, 두 가지 모두 액티비티를 즐길 때 상당히 유용하게 쓰였다.

버기카와 블루라군

오후 1시가 조금 넘자 웬 트럭 한 대가 숙소 앞에 멈춰 섰다. 현지인 기사님과 '버기카', '오케이'만으로 의사소통을 끝내고 짐칸에 탑승했다. 버기카를 타는 곳 자체가 마을과 꽤 떨어져 있는 모양이었다. 여행자들을 실은 트럭은 마을을 벗어나자 빠른 속도를 내기 시작했는데 비포장도로 위를 달리는 차량 위의 짐칸에서는 이미 액티비티가 시작된 것처럼 아찔했다. 먼지를 뒤집어쓰긴 했지만 방비엥을 마음껏 달리는 트럭에 실려 가는 기분은 나쁘지 않았다. 아니, 꽤 신났다.

버기카는 조작이 굉장히 간단했다. 하지만 타지에서 객기를 부릴 필요는 없었기에 시크릿라군에 도착할 때까지 가이드 뒤를 졸졸 따라갔다. 속도를 조금이나마 냈던 곳은 아무것도 없는 산길이었고 그 외에는 천천히 경치를 즐기는 것이 좋았다. 멋지게 깎인 절벽과 청량한 하늘, 중간중간 등장하는 작은 마을들, 운전석 바로 옆으로 지나가는 소 떼, 물을 튀기며 건너야 했던 시냇가까지 버기카 위의 모든 게 새로운 경험이었다. 시크릿라군은 버기카의 최종 도착지이지만 이와 별개로 버기카는 그 자체로 목적이 되기도 한다. 단순히 이동을 위한 수단이 아니라 자연을 달리며 방비엥을 직접 느낄 수 있는 방법인 것이다. 툭툭이라는 이동 수단이 있음에도 버기카가 인기가 많은 이유 역시 시크릿라군을 향해 가는 길이 워낙에 볼만하기 때문이다. 방비엥의 마스코트가 블루라군이라는 말에는 그곳까지 가는 길의 풍경도 포함시키는 게 옳겠다.

물론 흙과 먼지를 상당히 뒤집어쓴다는 문제는 여전했다. 앞서 다녀왔던 이들의 표현이 과장이 아니었음을 알게 된 것은 시크릿라군에 도착했을 때였다. 두건으로 입을 가렸음에도 피부가 갈색이 되었고 앞니엔 흙이 끼어 있었다. 이에 흙이 낄 정도면 다른 부위는 물을 필요도 없을 것이다. 숙소에서 버려도 되는 옷을 입으라고 충고했던 이유를 알 수 있었다.

• 시크릿라군(블루라군3)

그런 의미에서 목적지가 시크릿라군이라는 것은 참 다행이었다. 잔뜩 뒤집어쓴 흙먼지와 무더위를 한 번에 해결할 수 있지 않은가. 노랗게 된 얼굴로 버기카에서 내리자 현지 가이드는 이곳에서 1시간 동안 놀다 오면 된다고 말하곤 사라졌다. 4시간의 버기카 코스에는 시크릿라군 1시간과 블루라군 30분이 포함되어 있어서 가이드는 고객이 물놀이를 하는 시간 동안 밖에서 기다린다. 사실 이 점이 조금 불편할 것 같다는 생각에 패키지를 망설였는데 막상 그렇지는 않았다. 가이드들은 부모가 아이 보듯 물놀이를 지켜보지도 않을뿐더러 시계만 보며 기다리고 있는 것이 아니라, 그동안 다른 현지인들과 시간을 보내다 오기 때문에 전혀 불편함이 없었다. 그들에겐 이것이 직업이자 일상이었고 익숙한 곳에서 지인들과 대화도 하며 쉬다가 시간이 되면 돌아가는 정도였다.

야외로 물놀이를 갈 때면 항상 물이 차갑지 않을까 걱정하며 천천히 몸을 담그는 편이지만 시크릿라군의 푸른빛은 왠지 차갑지 않을 것 같다는 느낌을 주었기에 망설임 없이 뛰어들었다. 그런데 문제는 온도가 아니라 깊이였다. 구명조끼를 하긴 했는데 도무지 바닥이 어디인지 느껴지지 않을 정도로 물이 깊었다. 그래서 처음에는 구명조끼에 튜브까지 잡고 둥둥 떠다니며 적응할 시간이 필요했다. 계곡에서 물놀이를 하는 것이 오랜만이라 그랬던 것 같기도 하다. 한국의 1월은 한파가 절정일 시기가 아닌가. 고향을 떠올리니 새삼 1월에 계곡에서 물놀이를 즐기고 있다는 것이 특별하게 느껴지기도 했다. 추위에 벌벌 떨던 겨울을 한 번쯤 이렇게 보낼 수 있다는 것은 만족스러운 일이다.

블루라군은 자연적으로 생긴 물놀이 장소인 반면 시크릿라군은 계곡에 인위적으로 풀장을 만든 형태라서 물놀이를 즐기기에 아주 좋게 설계되어 있다. 풀장에는 다이빙을 도와주는 놀이 기구도 두 가지가 설치되어 있다. 다이빙을 위한 장치라서 둘 다 약간 높이가 있다. 하나는 짚라인처럼 밧줄에 매달린 막대를 잡고 공중으로 20m 정도를 매달려 간 뒤에 특정 지점에 도달하면 막대가 멈추는 충격으로 물에 빠지게 되는 장치고, 다른 하나는 단순히 밧줄의 반동을 이용해서 높은 높이에서 뛰어드는 기구다.

나는 첫 번째 것을 조금 더 많이 탔다. 작은 막대에 매달려 내려가는 동안의 아찔함이 좋았고, 또 끝지점에 도달해서 바닥이 어딘지 알 수 없는 시크릿라군의 새파란 물속 깊은 곳으로 내려갔다가 구명조끼의 부력으로 다시 두둥실 떠오르는 느낌이 참 재밌었다. 시크릿라군은 마을에서 가장 멀리 떨어져 있기 때문에 접근성이 다소 떨어져 사람이 그리 많지 않다는 것도 장점이다. 나 역시 풀장에 설치된 제한된 기구들을 거의 기다림 없이 이용할 수 있었다. 아무리 뛰어도 바닥에 발이 닫는 일이 없는 깊이만큼 재미있는 곳이었다. 이렇게 말하고 보니 마치 내가 바다 소년이라도 되는 것 같지만 사실 나는 수영을 잘 못한다. 구명조끼가 없었다면 이곳에 발도 담그지 못했을 것이다. 돌아오는 길에 들린 원조 블루라군의 물놀이도 대체적으로 비슷했는데 단지 다이빙을 위한 인공의 구조물을 자연의 커다란 나무가 대신하고 있었고 사람이 아주 많았다는 차이뿐이었다.

시크릿라군에서의 1시간은 조금 짧긴 했지만 기분 좋은 아쉬움을 남긴 채 떠날 수 있을 정도의 시간이었다. 젖은 채로 버기카를 타고 돌아오는 길은 여전히 흙먼지로 가득했지만 그래도 좋았다. 블루라군으로 들어가는 길은 특히나 장관이었다. 어떤 이들은 그게 뭐 그리 좋냐고 물어볼 수도 있을 것이다. 그런 질문에 선뜻 대답하기에는 어려운 점도 있다. 이는 "인간은 왜 미(美)를 추구하며 아름다움에 현혹되는가."라는 어려운 명제에 대해 대답해야 하는 것과 비슷한 일이다. 다만 버기카를 타고 방비엥을 누비는 사람은 누구나 현혹될 만한 이곳 고유의 아름다움을 기분 좋게 누리게 되리라고 말할 수 있다.

• 버기카 투어

여담이지만 우리의 친절한 가이드에 대해 잠시 얘기를 해야겠다. 물놀이를 시작한 지 1시간이 지나 돌아가려는데 파라솔 아래 두었던 선글라스가 없어져서 떠날 시간이 늦춰지고 있었다. 시간이 지나도 내가 돌아오지 않자 가이드는 나를 찾아왔고 함께 선글라스를 찾기 시작했다. 그때 옆에 계시던 한국인 아주머니 한 분께서 "아까 바닥에 떨어져 있던 선글라스를 다이빙대 관리하는 현지인 아저씨가 가져갔었다." 라는 정보를 주셨다. 당장 그 관리자에게 가려는데 가이드가 갑자기 자기한테 맡기라는 제스처를 취하더니 앞장섰다. 그냥 가서 받으면 끝인 것을 왜 그러나 싶어 둘의 대화를 지켜보았다. 라오스어를 알아들을 순 없었지만 생각보다 대화가 길어졌다. 아마 처음엔 관리자가 잘 모르겠다고 시치미를 뗀 모양이다. 잠시 대화가 오가더니 관리자는 다른 현지인들이 모여 있는 곳으로 갔다. 그곳에는 라오스 중년 남성 여러 명이 모여 이것저것을 먹고 마시며 뭔가를 피우고 있었다. 여기에서 내 물건을 찾아야 한다니 외부인으로서는 조금 겁나기도 하는 광경이었다.

가이드와 관리자가 다시 무어라 말하기 시작하자 한 중년 남자가 자기가 쓰고 있던 선글라스를 벗어서 나에게 건넸다. 내 것이 아니었다. 전에 말했듯이 내 선글라스는 여행을 출발할 때 매형에게서 빌린 것이라 꽤 고가의 제품이었다. 나는 그런 고급 선글라스에 대해 잘 모르지만 내 선글라스의 테와 안경알을 이어 주는 부분에 금색 나사가 박혀 있는 것만은 뚜렷이 기억이 났다. 그 남자의 머리에 꽂혀 있는 선글라스가 눈에 들어왔다. 그것을 가리키니 라오스어로 뭐라 중얼거리며 나에게 내주었다. 아니나 다를까 한 쪽 다리에 금빛 나사가 반짝이고 있었다. 이 사람들이 쉽게 돌려줄지 미지수였지만 나는 이 선글라스가 내 것이라는 의사를 표시했다.

의외로 그대로 끝이었다. 가이드와 선글라스를 받아 돌아서서 그 자리를 나왔다. 방수 팩의 돈과 휴대폰이 멀쩡히 있었던 것으로 보아 이곳 사람들이 누가 봐도 주인이 있는 정리된 물건을 훔쳐가지는 않는 것 같다. 하지만 바닥에 쓸 만한 물건이 떨어져 있다면 아마 망설이지 않을 것이다. 거기 모여 있는 남자들은 모두 선글라스를 한두 개씩 가지고 있었다. 가이드의 도움이 없었다면 그곳에서 내 선글라스를 찾지 못했을 것이다.

가이드는 원래 시크릿라군에 올 때까지 말 한마디 건네지 않을 만큼 무뚝뚝했었는데 선글라스를 찾아 주다 정이라도 들었는지 다시 출발할 때 일회용 마스크를 건넸다. 내 손수건이 흙먼지로 엉망이 되고 물에 젖은 것을 본 듯싶다. 그 뒤로도 마스크가 뜯어지면 곧바로 바꿔 주었고 블루라군에서는 정해진 30분이 지나자 더 놀다 오라며 다시 30분을 서비스로 주기도 했다. 말은 통하지 않았지만 반나절을 함께 보내며 조금 가까워진 기분이 들었다.

어떤 여행은 여행의 과정에서 만나는 사람들이 부족함을 채워 주면서 완성되기도 한다. 다낭에서 선글라스의 다리가 빠졌을 때, 비엔티안에서 노트북을 잃어버렸을 때, 그리고 방비엥에서 선글라스를 잃어버린 오늘도 나는 조금씩 여러 사람들의 도움을 받으며 무사히 여행을 이어나가고 있다. 이번에도 사람 냄새를 물씬 풍기는 라오스 가이드 덕분에 여러모로 만족스러운 블루라군 여정이었다.

• 블루라군1에서 여행을 즐기는 사람들

버기카를 타고 시크릿라군과 블루라군을 오가면서 라오스의 낭만을 제대로 느꼈다는 생각이 들었다. 머나먼 이국 어딘가의 들판 위에서 방비엥을 두 눈에 담을 수 있다는 사실과 바로 지금, 라오스 자연 풍경의 한 곳 위를 지나고 있다는 기분을 만끽하는 순간은 환상적이었다. 흙먼지를 마셔도 기분 나쁘지 않은 곳에서 버기카를 탈 때는, 자연의 고요함을 깨우는 엔진 소리가 무척이나 좋았다. 그 흙먼지를 푸른 물이 흐르는 계곡에 뛰어들어 씻어 내는 순간에는 몸이 깨끗해짐과 동시에 상쾌한 기분을 느꼈다. 블루라군과 시크릿라군이 보여 주는 방비엥 자연의 고즈넉함과 그 아래 열정적으로 여행을 즐기는 사람들의 모습, 그리고 그중의 하나가 되어 있는 내 모습은 다시 떠올려 봐도 좋다. 이런 점들이 바로 라오스에서 느낄 수 있는 낭만 중 하나일 것이다.

그러나 이것이 방비엥의 전부는 아니다. 이곳에는 다양한 즐길 거리가 있고 사람들은 저마다의 기호가 있다. 나는 방비엥에서의 두 번째 밤을 맞이했을 때 이곳에 얼마나 다양한 여행의 모습이 있는지, 사람마다 좋다고 느끼는 상황과 문화가 얼마나 다를 수 있는지 다시 한번 느낄 수 있었다.

라오스 방비엥에서 즐길 수 있는

액티비티 종류별 간단 Tip

방비엥 여행의 핵심은 누가 뭐래도 다양한 액티비티다. 방비엥 천혜의 강과 산, 들판을 무대 삼아 즐길 수 있는 액티비티들을 간략하게 소개한다. 가격은 여행사마다 약간의 차이가 있어서 평균적인 수치를 나타냈다. 해당 수준에서 크게 벗어나는 경우는 드물며, 또한 단독으로 진행되기보다는 함께 즐길 만한 것들이 2~3개씩 묶여서 패키지 상품으로 판매되는 경우가 많다.

카약(Kayak)

카약킹(Kayaking)이라고도 한다. 카약은 원래 에스키모인들이 사용하는 소형배를 말한다. 흔히 생각할 수 있는 카누(canoe)의 모습과 비슷한데, 노를 저어서 움직이는 너비가 좁고 기다란 형태의 배를 떠올리면 된다. 래프팅과 비교하자면 탑승 인원이 훨씬 적고 다소 잔잔하다. 방비엥에서는 주로 쏭강(Xong River)에서 이루어지는데 유속이 빠른 구간은 그리 많지 않지만 강을 따라 내려오면서 즐기는 방비엥의 자연 경관이 일품이다.

- **Price** : 약 70,000K(한화 약 9,500원)

튜빙(Tubing)

이름 그대로 물에서 튜브를 타는 액티비티다. 방비엥에서 튜빙은 주로 동굴 튜빙과 쏭강 튜빙 두 종류로 나뉜다. 쏭강 튜빙은 카약킹처럼 쏭강의 물살을 따라 내려오는 것인데 배 대신 튜브에 몸을 맡긴다는 점이 다르다. 동굴 튜빙은 강을 따라 내려오는 것이 아니라 쏭강에 위치한 동굴로 튜브를 타고 들어간다. 일반적으로 물동굴 탐남(Tham Nam)에서 진행되는데, 물에서 튜브를 탄 채 밧줄을 잡고 동굴을 이동하는 이색적인 경험을 할 수 있다. 안전을 위해 헬멧과 헤드라이트를 착용하기도 한다.

- **Price** : 튜빙은 단독 상품으로 판매되는 경우가 거의 없다. 일반적으로 카약킹과 묶이는 가장 간단한 코스로 약 90,000K(한화 약 12,500원)부터, 짚라인과 함께 판매되는 패키지는 250,000K(한화 약 34,500원) 정도의 수준에서 가격이 결정된다.

짚라인(Zipline)

짚라인은 나무나 높은 언덕에서 와이어에 달린 밧줄에 매달려 빠르게 반대편으로 하강하는 스릴을 즐기는 레포츠다. 동굴 앞이나 블루라군 등 특정 장소에서 이루어지는 짧은 코스도 있고 6~7구간에 걸치는 긴 코스도 있다. 그중에서도 여행사에서 일반적으로 판매되는 'TCK' 짚라인 투어가 가장 많은 횟수를 하강하는 짚라인으로 알려져 있다. 강에서 하는 액티비티를 선호하지 않는 경우 짚라인만 즐기는 여행자들도 있다.

- **Price(TCK)** : 약 150,000K(한화 약 20,500원)이다. 짚라인 역시 패키지로 묶이는 경우가 많으며 이때는 250,000K(한화 약 34,000원) 수준까지 올라가기도 한다.

• 블루라군

블루라군(Blue Lagoon)

방비엥 액티비티하면 빠지지 않는 것이 블루라군이다. 정확히는 어떤 액티비티가 아니라 물빛이 몹시 고운, 자연에 녹아들어 있는 풀장이다. 물놀이를 좋아한다면 뜨거운 태양 아래 방비엥 자연에 파묻혀서 즐길 수 있는 블루라군에는 꼭 가 보길 바란다. 블루라군은 1부터 3까지 총 세 곳이 있다. 여행자들이 머무는 방비엥 마을에서 블루라군까지 가는 길이 멀고 비포장도로가 이어지므로 차량을 이용하지 않으면 닿을 수 없다. 패키지의 경우 보통 이용 시간이 정해져 있으므로 블루라군에서 오래 머무르고 싶은 사람들은 패키지가 아니라 라오스의 대중교통인 툭툭이로 이동하기도 한다.

- **Price** : 입장료는 블루라군1, 2, 3이 동일하게 10,000K(한화 약 1,400원)이다. 왕복 툭툭이 비용은 가려고 하는 블루라군의 위치(1이 가장 가깝다.)와 노는 동안 트럭이 대기하는 시간에 따라 차이가 있다. 이 비용은 블루라군1을 2시간 이용할 때 최소 120,000K(한화 약 16,500원)의 수준부터 시작해서 흥정하기에 따라 다소 변화 폭이 커진다. 여행사에서 블루라군을 왕복하는 툭툭이 패키지를 판매하기도 한다. 툭툭이는 1인당 요금이 아니므로 동행자들을 미리 구하는 것도 좋은 방법이다.

버기카(Buggy Car)

버기카는 모래로 된 땅이나 울퉁불퉁한 비포장도로를 능하게 달릴 수 있는 사륜 자동차를 말한다. 블루라군까지 가는 길이 주된 코스이며 보통 블루라군1이나 3에서 몇 시간을 놀 수 있는 시간까지 패키지로 포함되어 판매된다. 조작은 범퍼카 수준으로 간단한 편이지만 방비엥의 산과 들판을 버기카 드라이브로 누비는 경험은 몹시 즐겁고 특별하다. 다만 눈, 코, 입을 보호할 마스크와 선글라스 등을 반드시 준비해야 한다.

• **Price** : 버기카 대여는 방비엥 액티비티 중에서는 가격이 비싼 편이지만 다른 액티비티와 달리 1인당 요금이 아니라 1대당 요금이며, 2인까지 탑승이 가능하다. 시간이나 목적지에 따라 차이가 있으나 보통 400,000~450,000K(한화 약 55,000~62,000원) 수준이다.

기타

방비엥에는 몇 년 전 열기구와 모터 패러글라이딩(파라모터)도 들어섰다. 앞선 액티비티들보다는 덜 유명한 편이지만 꾸준히 여행자들이 찾고 있는 액티비티다. 가격은 둘 모두 일반적으로 1인 70~80$ 이상으로, 라오스치고는 꽤 고가에 속한다. 방비엥 정글 탐험이라 불리기도 하는 트래킹을 즐기는 사람들도 소수 있다.

* 액티비티 참여 시에는 항상 안전에 유의해야 한다. 수상 종목에 참여할 때는 반드시 구명조끼를 착용하고, 여타 액티비티에서도 최대한 안전한 복장을 갖추고 임하도록 하자. 위험도가 높은 액티비티일수록 업체 선정에 신중해야 하며, 혹시 모를 사고에 대비해 출국 전에 여행자 보험에 가입하기를 권한다.

패키지 묶음별 정보

여행사별로 액티비티 묶음 패키지의 종류와 가격이 다양한데 가장 대표적인 다섯 가지를 소개한다. 소개된 조합 이외에도 거의 모든 경우의 수로 패키지가 구성되어 판매되고 있다.

❶ 카약킹 + (동굴)튜빙 + 짚라인 + 블루라군

하루 만에 방비엥의 대표적인 액티비티를 모두 즐길 수 있는 구성이다. 네 가지를 즐기는 긴 일정이므로 보통 '원데이 투어', '올데이 투어', '1일 투어'라는 식으로 불린다. 액티비티의 각 알파벳 첫 글자를 따서 KTZB, 혹은 KCZB 투어라고 하는 곳도 있다. 방비엥에서 일정이 촉박한데 비해 다양한 액티비티를 즐기고 싶은 여행자들에게 좋은 코스다.

- **Price** : 흥정하지 않는 경우 보통 220,000~250,000K(한화 약 30,500~34,500원)의 가격이 일반적이다. 하루 종일 풀코스로 액티비티를 즐길 수 있는 요금치고는 상당히 저렴한 편이다. 라오스기에 가능한 가격.

❷ 카약킹 + (동굴)튜빙 + 짚라인

일반적인 액티비티 원데이 투어에서 블루라군이 빠진 것으로, 조금 여유 있게 지내며 이틀 이상을 액티비티에 할애할 경우 2번 옵션과 5번 옵션을 하루씩 이용하는 것도 좋은 방법이다. 튜빙이나 카약킹 중 하나가 빠지고 '짚라인 +1'로 구성되는 상품들도 있다.

- **Price** : 대략 210,000~230,000K(한화 약 29,000~32,000원)

❸ 카약킹 + (동굴)튜빙 + 블루라군

- **Price** : 대략130,000~140,000K(한화 약 18,000~19,500원)

❹ 카약킹 + (동굴)튜빙

가장 간단한 묶음이지만 그만큼 부담이 적다. 액티비티를 즐기되 너무 많은 시간이나 비용을 투자하고 싶지 않다면 선택할 수 있는 상품이다.

- **Price** : 대략 80,000~90,000K(한화 약 11,000~12,300원)

❺ 버기카 + 블루라군 + 그 외 액티비티

버기카 대여의 경우 직접 운전해서 이동하고, 블루라군까지 가는 길이 주요 드라이브 코스이므로 자연스레 둘은 묶인다. 다만 블루라군 입장 시 10,000K(한화 약 1,400원)의 현금이 필요하므로 별도로 준비해야 한다. 보통 반나절인 버기카와 블루라군 코스에 짚라인이나 카약킹 등 다른 액티비티가 포함되어 올데이 투어가 되기도 한다.

- **Price** : 앞서 설명한 버기카 대여료(2인 1대)에 원하는 액티비티 패키지를 더한 가격과 비슷한 수준이다. 다만 버기카의 경우 대여 시간과 코스에 따라 요금 편차가 있다.

앞서 말했듯이 방비엥 액티비티 패키지는 여행사별로 천차만별이며 이는 대략적인 설명일 뿐이다. '카약킹+튜빙+버기카+블루라군' 같은 묶음도 존재한다. 패키지는 방비엥 거리에 즐비한 여행사들이 판매하기도 하고 많은 경우 숙소에서 판매하기도 한다. 한국인들이 많이 이용하는 패키지 구매 경로는 대표적으로 원더풀 투어, 폰 트래블, 블루 게스트 하우스, 주막 게스트 하우스 등이 있다. 여러 조합의 반나절 코스와 종일 코스, 개별 액티비티까지도 있으니 본인의 취향과 일정에 맞게 선택하도록 하자. 국내 라오스 여행 카페인 '고알라', '올댓 라오스' 등에서도 정보를 얻을 수 있다.

방비엥의 밤

각자의 방식,
서로 다른 여행

방비엥에서의 둘째 날, 내가 묵은 한인 게스트 하우스에서는 삼겹살 파티가 열렸다. 같은 숙소에 묵는 사람들끼리 여는 소소한 파티가 아니라 방비엥을 여행 중인 한국인 누구나 참여할 수 있는 꽤 규모가 큰 파티였다. 그래도 분위기는 국내에서 몇 번 경험한 적이 있는 게스트 하우스 파티와 비슷했다. 여행지에서 좋은 인연을 만들어 가는 것이 목적인 사람도 있을 것이고 그냥 하룻밤 즐겁게 놀아 보려는 사람도 있을 것이다. 그리고 삼겹살이 무척 그리웠던 사람도 있다. 바로 나.

방비엥의 밤 문화

게스트 하우스 파티는 이십 대 초반에 여러 번 가 봤기에 꼭 참석하고 싶은 생각은 없었다. 그런데 동남아 여행이 10일을 넘어가던 이때에 삼겹살 무한 리필에 된장찌개까지 제공된다는 파티를 마다할 이유도 없었다. 아무리 싸고 맛있는 음식이 넘쳐나는 동남아라 한들 자주 먹다 보면 그 특유의 향이 질릴 수밖에 없고 고향의 맛이 간절히 그리워지는 순간이 찾아오기 마련이다. 이전에 다낭에서 김치찌개를 먹으러 갔던 한식당은 고기를 꼭 시켜야 하는 식당이어서, 딱 2인분을 시켜서 구워 먹었었다. 오늘은 그때 삼겹살을 감질나게 먹은 한을 푸는 날이었다.

• 스마일 비치 바에서 남쏭강을 바라본 모습

• 강가의 오두막에서 휴식을 취하는 사람들

바나나 생과일주스를 마시며 강가의 오두막에서 신선놀음을 시작했다. 가만히 해먹에 누워 책을 읽었다. 시원한 바람이 불어 나뭇잎이 흔들리면 나도 괜히 따라서 몸을 움직여 해먹을 흔들어 봤다. 어지러워서 잠시 강으로 내려가 발을 담그고 다시 오두막에 앉아서 가만히 남쏭강을 바라봤다. 그러다 노트를 꺼내 일기를 쓰며 이런저런 생각에 잠기기도 하고, 아무런 생각 없이 해먹에 누워 눈을 감아도 보다가 이내 짧은 잠이 들기도 했다. 천 원짜리라기에는 과분한 오후다.

'라오스의 낭만이 여기 있었네.'

오두막 아래 해먹에 누워 앞을 바라본다. 햇빛을 받아 반짝이는 남쏭강의 강물이 잔잔히 흐른다. 강물이 흐르는 소리가 좋다. 강을 따라 선 나무들은 울창하고 뒤로는 한 폭의 그림 같은 산들이 솟아 있다. 하늘은 새파랗게 맑고 높으며 구름 한 조각만이 흰색을 더한다. 방비엥의 강과 나무와 산과 하늘과 구름, 그 모든 것을 한눈에 담아 본다. 방비엥 고유의 이 아름다움은 가히 절경이라 할 만하다. 이곳이 좋다. 나는 방비엥에서의 남은 시간을 남쏭강 강물에 흘려보내며 여기에 머무를 것이다. 시간이 부디 저 강물처럼만 천천히 흐르기를.

강물이 생각보다 천천히 흐르고 있지 않다는 것을 알게 된 때는 해먹에서 3시간쯤을 보낸 뒤 강으로 뛰어들었을 때였다. 내가 해먹에 누워 있는 동안 종종 강으로 튜빙을 하거나 카약을 타는 사람들이 떠내려왔다. 나는 그동안 계속해서 책을 읽고 글을 쓰고 음악도 들으며 오두막을 지켰다. 어떤 이들은 달콤한 낮잠에 빠져 있다가 갑자기 지나가는 소 떼에 놀라 깨기도 했다. 무리의 리더로 보이는 큰 소 한 마리를 따라 열댓 마리의 소가 오두막 바로 앞을 지나가더니 사람이 없는 강변 한쪽에 자리를 잡았다. 해먹에 누워서 잠을 자는데 옆으로 소 떼가 지나가다니 놀랍고도 신기한 광경이었다. 그 소 떼는 한쪽에서 선탠을 하는 사람들처럼 여유롭게 물을 마시며 1시간쯤 강에서 오후를 보내다 다시 우르르 돌아갔다. 사람들 사이를 지나가던 소 한 마리가 경사진 부분의 자갈을 밟고 미끄러져 평상에 부딪히자 평상에 있던 외국인이 소리를 지르기도 했다. 여기저기서 다양한 국적의 웃음소리가 들렸다. 인간과 자연을 공유하고 자유롭게 움직이는 동물들을 보니 괜히 기분이 좋아졌다. 어디서나 흔히 볼 수 있는 상황은 아니니까.

• 해먹에 누워 있다가 마주친 카약을 즐기는 사람들

• 남쏭강에 산책을 나온 소 떼

물놀이는 블루라군에서 아쉬움 없이 했다고 생각했는데 그렇게 오두막에 3시간쯤 있으니 또 몸이 근질근질했다. 따듯한 햇살 아래 남쏭강에 몸을 던지면 더없이 시원할 것 같았다. 튜브와 카약을 타고 떠내려오는 사람들이 재밌어 보이기도 했고 소 떼의 역동적인 움직임에 영향을 받았는지도 모르겠다. 나는 결국 뒷일 생각 않고 강으로 뛰어들었다. 라오스의 햇빛이 젖은 옷 정도는 금방 말려 줄 것만 같았다.

시간에게 강물처럼만 흘러달라고 했지만 직접 들어가 보니 유속이 생각보다 만만치 않았다. 강을 지나 건너편으로 갈 수도 있겠다는 생각이 무색할 만큼 중앙부의 수심이 깊었다. 왜 오두막 앞의 튜브를 마음껏 타지도 못하게 돌에 묶어 놓았나 했더니 이유가 있었다. 나는 그 물살이 재밌다며 즐기다가 순간적으로 휩쓸려 내려가기 시작했다. 다행히 구명조끼를 입고 있긴 했다. 어렸을 때 물에 빠져 사달이 날 뻔한 이후로 맨몸으로 깊이를 알 수 없는 물에 뛰어들진 않는다. 어쨌든, 구명조끼를 입고 있어 천만다행으로 물에 잠기지는 않았지만 강물에 휩쓸려 떠내려가는 것을 멈출 수가 없었다. 내가 있던 오두막이 튜빙의 도착점인 것으로 보아 여기서 더 내려가는 것은 좋지 않겠다는 생각이 들었다. 계속해서 물살에 휩쓸려 가다가 순간적으로 육지가 가까워졌을 때 미친 듯이 팔과 다리를 저었다. 다행히 점점 대각선으로 떠내려가기 시작하면서 손을 뻗어 돌을 잡고 육지로 올라갈 수 있었다. 회색 반바지가 흙색과 녹색으로 엉망이 되어 있었지만 알 수 없는 짜릿함이 느껴졌다. 나는 조금 더 위로 올라가서 튜브가 매달려 있는 방향으로 강물을 타고 내려오기를 반복했다. 잔잔하게 보였던 강물이 안으로 들어가니 짜릿하게 몸을 맡길 만한 속도로 흐르고 있었다.

강가에 묶여 있는 튜브에 몸을 집어넣었다. 뜨거운 햇살에 피부가 타는 듯했지만 강물에 떠 있는 느낌이 좋았다. 카약을 타고 지나가는 사람들이 노를 이용해서 물을 뿌리고 지나갔다. 나도 물을 뿌리려 했지만 튜브에 매달려 있는 나는 배를 타고 빠르게 지나가는 사람들에게 속절없이 당할 수밖에 없었다. 어차피 물에 다 젖어 있는데 물장난 좀 맞아 준다고 기분이 상할 리도 없어서 그냥 즐기며 조금 더 누워 있었다. 라오스 오후의 강물은 차갑지 않았다. 오두막과 해먹에 이어 강 위의 튜브에서 2차 신선놀음이 시작됐다.

1 남쏭강에서 카약과 튜빙을 즐기는 모습 **2** 남쏭강 전경

정말로 마음에 드는 곳이었다. 나는 노을이 지는 시간까지 스마일 비치 바와 남쏭강에서 그렇게 머물렀다. 햇빛으로 젖은 옷을 말릴 때까지만 있으려 했는데 해가 거의 다 질 때까지 강을 들락날락했다. 옷이야 갈아입으면 되지만 이곳에 언제 돌아올지는 알 수 없기에 후회는 없었다. 남쏭강에서 그렇게 오후를 다 보내고 돌아오는 길에는 노을이 먼 산 뒤편으로 고즈넉이 지고 있었다.

방비엥에서의 마지막 오후를 보내고 남쏭강을 떠나는데 그런 생각이 들었다. 이곳만큼은 시간이 흘러도 이 모습을 잃지 않았으면 좋겠다고. 하늘 높은 줄 모르고 올라가는 빌딩과 호텔이 방비엥에는 지어지지 않았으면, 깔끔하게 포장된 도로와 대형 마트보다 구불구불한 길과 그 거리에 자리 잡고 샌드위치를 파는 이모들이 오랫동안 남아 있었으면, 멋들어진 라운지가 아니라 오두막의 해먹에서 언제까지고 라오스의 자연을 느끼며 남쏭강을 바라볼 수 있도록, 언제까지나 시간이 흘러도 이 모습을 간직하고 남아 있었으면 좋겠다고.

웃기다. 내가 살아갈 것도 아니면서 그대로 있으라니. 도시의 삶보다 이곳의 정취가 낭만적으로 보이는 것은 여행자의 미화된 시각 때문일지도 모르는데. 어쩌면 나는 라오스를 아득한 거리에서 아름답게만 바라보고 있는지도 모르겠다. 하지만 여행자의 낭만이란 원래 그런 게 아닌가 싶기도 하다. 내 삶과 전혀 다른 아득히 먼 곳에서 아름다움을 느끼며 새로운 경험과 함께 돌아가는 것이다. 방비엥도 점점 유명해지는 만큼 언젠가는 고급 호텔이 많아지고 도시화가 되면 많은 것이 변하겠지만, 발전하는 와중에도 방비엥 고유의 매력을 지켜 나갔으면 좋겠다. 이곳 사람들이 빈곤을 벗어나면서 동시에 라오스의 정취는 사라지지 않았으면 좋겠다. 이것은 정말로 여행자의 욕심인지도 모른다. 다만 적어도 여행자들에게 낭만을 선물했던 작은 가게들이 젠트리피케이션의 피해자가 되어 삶의 터전을 잃는 일만은 없기를 바란다.

• 해 질 무렵의 방비엥

라오스의 아이들

아이들에게는 무언가가 될 수 있다는 희망이 필요하다

라오스에서의 마지막 아침, 일찍이 숙소를 나서 마을을 걸었다. 이른 시간부터 '이모들'은 장사를 시작했다. 어젯밤 11시쯤까지 가게가 열려 있는 걸 봤는데 정말로 부지런한 사람들이다.

1 한국어가 적힌 샌드위치 노점의 메뉴판들 2 샌드위치를 만드는 모습
3 방비엥의 명물 샌드위치 4 길거리에서 파는 파인애플 주스

방비엥 마을 중간부, 숙소와 식당이 줄 서 있는 오르막길이 시작되는 곳에 각종 과일주스와 샌드위치를 파는 작은 노점들 다섯 가게 정도가 사이좋게 모여 있다. 방비엥의 샌드위치가 그렇게 맛있다는 글을 본 적이 있어서 오늘은 아침을 여기서 해결할 작정이었다. 몇 번 오가며 지켜본 결과 이곳의 이모들은 서로 경쟁하기보단 하루 종일 지

속되는 고된 장사에 서로 말동무가 되어 주는 친구 같은 존재였다. 언어를 알아들을 수는 없어도 서로 웃으며 말을 건네는 이들에게는 고된 환경 속에서도 삶의 터전을 공유하는 사람들의 모습이 보였다. 이곳 노점의 아주머니들을 이모라 부르는 것은 내 마음대로 정한 것이 아니다. 실제로 가게마다 'OO이모'라고 이름이 정해져 있으며 메뉴판도 한글로 작성되어 있다. '존맛 탱구리'라고 써져 있는 정겨운 메뉴판도 기억에 남는다. 이는 방비엥이 유독 한국인의 사랑을 많이 받는 여행지라는 증거이기도 하다.

나는 첫 번째 집에서 샌드위치 하나와 생과일주스를 주문했다. 가격이 원체 저렴해서 방비엥에 지내는 동안 생과일주스를 몇 번이나 먹었는지 모른다. 벤티(venti) 정도 되는 사이즈에 대부분 10,000낍(한화 약 1,400원) 수준이라 더운 라오스 날씨에 자주 찾게 될 수밖에 없었다. 파인애플 주스를 마시며 샌드위치가 만들어지는 과정을 지켜봤다. 역시나 저렴한 가격에 비해 빵이 제법 컸다. 빵 위에 올려지는 재료들도 20,000낍(한화 약 2,800원)짜리 샌드위치라고 보기에는 과분했다. 각종 야채와 치즈, 베이컨, 닭고기 등 수없이 많은 재료들이 올라가고 마지막엔 계란 프라이가 샌드위치의 뚜껑을 맡았다. 식사를 하지 않았는데도 다 먹기 벅찰 정도로 방비엥 이모의 손이 컸다. 동남아 여행의 장점 중 하나로 역시 저렴한 가격에 즐길 수 있는 다양한 음식들을 빼놓을 수 없다.

현란하게 샌드위치를 만드는 손길을 감상하고 있는데 대여섯 살쯤 돼 보이는 까무잡잡한 아이가 눈에 들어왔다. 한국으로 치면 어린이집이나 유치원에 갈 때인데 이 아이는 샌드위치 만드는 엄마의 곁을 지키고 있었다. 엄마와 몇 마디 주고받던 아이는 내 샌드위치가 구워지는 프라이팬에 은근슬쩍 베이컨을 가져와 올렸다. 순간적으로 베이컨은 서비스인가 하는 착각을 했지만 아이의 기다리는 듯한 눈빛을 보아하니

내 것은 아닌 듯했다. 군것질인지 아침 식사인지 모르겠지만 뭔가 엄마의 허락이 떨어진 모양이었다.

천진난만한 아이의 모습을 보니 왠지 기분이 좋으면서도 안타까운 마음이 일었다. 나는 넉넉한 환경은 아니었어도 저 나이 때는 유치원에 다니며 처음으로 선생님이 생겼고 친구들과 어울리며 자랐다. 라오스는 아직까지는 경제적 빈국에 속하는 저개발 국가다. 여행자들의 여유와 이곳 현지인들의 삶은 가끔 극심한 대비를 보이기도 한다. 방비엥에서 처음 저녁 식사를 할 때 눈에 띄었던 모습은 마찬가지로 식당에서 일하는 라오스 아이였다. 딱 학교에 들어갈 나이로 보였는데 이 더운 곳에서 숯불을 피워 꼬치를 굽고 음식을 나르며 하루 종일 서서 일하는 것 같아 이내 마음이 안 좋아졌다. 같은 식당에서 비슷한 또래의 백인 아이는 그 라오스 아이의 서빙을 받아 식사를 했다. 부모를 따라 일찍이 세상을 돌아보고 있는 아이다. 삶은 분명히 공평하게 시작하지 않는다. 누군가는 학교에 들어가기 전부터 식당에서 일을 하고, 세상 반대편의 다른 누군가는 어떤 이에게는 평생 없을지도 모를 세계 여행을 자신의 힘을 거의 들이지 않고 경험하기도 한다. 누구의 잘못이 아니라 세상이 그냥 그렇다.

물론 이들이 살아가는 방식을 나의 잣대로 함부로 재단할 수 없기에 안타까운 마음마저도 다시 생각해 봐야 할 여지는 있다. 타인의 삶을 마음대로 비교하고 안타까워하는 것도 웃긴 일이다. 또한 '과연 한국의 아이들이 라오스 아이들보다 행복한가.'라는 질문에도 쉽게 답을 내릴 수는 없다. 다만, 아이들에게는 스스로 삶을 선택할 수 있을 만큼의 교육과 기회가 주어지는 것이 옳다. 한인 식당에서 들은 바로는 종업원으로 일하는 아이들도 학교를 다니긴 한다고 하지만 이곳에서 얼마나, 어떻게 교육을 받고 있는지는 알 수 없다. 그리고 학교를 다닌다고 해서 그 생활이 고되지 않을 리도 없다. 하물며 라오스에는 방비엥보다 더욱 후미진 곳도 많다. 아침부터 밤늦게까지 일하는 엄마의 옆에서 수줍게 베이컨을 굽는 이 아이도 삶이 무한한 가능성을 가진 것임을 느낄 수 있는 기회가 있었으면 좋겠다. 뜨거운 라오스의 햇빛 아래 숯불을 피우고 하루 종일 꼬치를 굽는 아이는 자신이 무엇이든 될 수 있다는 희망을 가지고 있을까. 부디 그러기를 바란다.

이 평화로운 자연 마을에서 자전거를 타고 강물에 뛰어들어 노는 라오스 아이들이, 자신의 선택과 상관없이 입시에 매몰되어 가는 한국의 학생들보다 행복해 보이는 순간도 있었다. 하지만 그 짧은 순간만이 이들의 삶은 아니며 내가 보았던 행복은 단순히 여행자의 시각일 뿐일지도 모른다. 내가 짧게나마 강단에 서 봤을 때 느낀 바로는 한국의 학생들이 겪고 있는 문제도 여전히 해결되지 않고 있기에 우리의 상황이 무조건 우월하다고 말할 수는 없다. 그러나 적어도 한국은 빈곤이 생의 모든 것을 결정하지는 않는 나라다. 나는 라오스가 무척이나 좋은 곳이라고 생각하면서도 한국에서 태어나 자란 것에 감사함을 느낄 수밖에 없었다. 여행은 내 주변의 삶이 생각보다 당연하지 않다는 것을 깨우치는 과정이 되기도 한다.

라오스에서 태국까지 육로 여행

- Laos to Thailand -

비엔티안에서 육로를 통해 방콕까지 가는 방법

1) 저자가 이동한 방식

비엔티안의 여행사 폰 트래블을 통해서 방콕까지 가는 표를 미리 구매했다.

	비엔티안 to 방콕 슬리핑 기차 옵션 요금(폰 트래블)	
좌석	[AIRCON]	[FIRST CLASS]
1층	350,000깁(한화 약 47,000원)	500,000깁(한화 약 67,000원)
2층	330,000깁(한화 약 44,500원)	450,000깁(한화 약 60,000원)

* 저자는 2등석인 에어컨 옵션(침대)을 이용했다.
* 폰 트래블에서 판매하는 슬리핑 기차 옵션에는 라오스 국경의 타나렝(Thanaleng) 검문소까지 가는 툭툭이(트럭) 요금과 두 장의 기차표, 타나렝에서 태국 국경인 농카이(Nong Khai)역까지 가는 표와 농카이에서 방콕(Bangkok)까지 가는 슬리핑 기차의 표가 포함되어 있다. 툭툭이 요금과 여행사 수수료 등이 포함되므로 국제 버스를 이용하는 방법보다는 상대적으로 비싸다.

절차 및 이동 경로

❶ 여행사에서 트럭 탑승 & 타나렝 검문소로 이동(약 40분 소요)

❷ 타나렝역 하차(라오스 출국 수속)

❸ 기차 탑승 & 농카이역으로 이동(약 15분 소요)

❹ 태국 농카이역 하차(태국 입국 수속)

❺ 슬리핑 기차 탑승 & 방콕으로 이동(약 12시간 소요)

2) 여행사를 통하지 않고 이동하는 방법

❶ 직접 택시나 트럭을 잡아타고 타나렝을 거쳐 기차나 메콩강을 건너는 국경 버스를 타고 태국으로 간 다음, 농카이역에서 슬리핑 기차표를 구매해서 방콕으로 갈 수도 있다. 다만, 당일에 슬리핑 기차표를 구매하려는 경우 매진되어 불가능할 가능성이 있다. 농카이역에서 판매하는 방콕행 슬리핑 기차표의 가격은 조금씩 변동이 있는데, 일반적으로 약 650~800밧(한화 약 22,000~27,000원) 수준이다. 여행사를 이용하는 것과 비교해 큰 이점이 없는 방법이므로 이보다는 아래 ②의 국제 버스를 이용하는 것이 좋다.

❷ 비엔티안에서 국제 버스를 이용해서 농카이, 혹은 그보다 큰 도시인 우돈타니(Udon Thani)로 갈 수도 있다. 국제 버스를 이용해 농카이역으로 간 다음 역에서 표를 직접 구매할 수 있다면 여행사를 통하는 것보다 총비용 측면에서 조금 유리하다. 그보다 더 아래쪽에 위치한 도시 우돈타니로 가는 경우 기차보다 약 3시간 정도 절약이 가능한 버스를 이용할 수도 있다. 또한, 공항이 있으므로 방콕 수완나폼 공항까지 비행기로 이동하는 것도 가능한데 이 경우 태국 국내선이므로 비엔티안에서 방콕으로 가는 것에 비해 비행기 표 값이 저렴해진다.

비엔티안 국제 버스

쿠아 딘 버스 터미널(Khua Din Bus Station)에서 이용할 수 있다.

Add. Khua Din Bus Station, Nongbone Road, Vientiane

Price. to 농카이 15,000킵(한화 약 2,000원) / 우돈타니 22,000~24,000킵(한화 약 3,000~3,200원)
(여행자에게 바가지를 씌워 요금이 올라가는 경우도 있다고 한다.)

방비엥에서 농카이역까지

여행자의 피로를
씻어 내는 것은

라오스 여행의 마지막 날, 부지런히 일어나 방비엥의 아침을 맞았다. 게으른 내가 아침잠을 이겨 내는 경우는 드물지만 이곳을 떠나기 전에 방비엥을 마지막으로 한 번 걷고 싶었다. 누군가는 아침 일찍 일터로 나와 장사를 시작하고 부지런한 여행자들은 아침 식사 메뉴를 고민하며 두리번거린다. 오전 8시가 조금 넘은 시간이라 아직까지는 거리에 사람이 많지 않다. 자연의 고요함 속에 느긋하게 하루를 시작하는 방비엥이다.

라오스를 떠나 태국으로

동남아 여행 13일 차, 오늘은 이번 여행 중 두 번째로 긴 구간을 이동하는 날이다. 방비엥에서 다음 목적지인 방콕까지 육로로 이동하는 것을 선택했기 때문이다. 방비엥에서 비엔티안까지는 버스로, 비엔티안에서 라오스 국경까지는 트럭으로, 라오스 국경에서 태국 국경까지는 기차로, 태국 국경에서 방콕까지는 다시 야간열차인 슬리핑 기차로 이동해야 한다. 방콕 도착 예정 시간은 다음 날 오전 7시. 이는 힘들긴 해도 비행기보다 훨씬 저렴한 이동 방법이었으며, 나는 비용도 비용이지만 기차를 타고 국경을 넘으며 여행하는 경험을 꼭 해 보고 싶었다. 그리고 밤새 달리는 열차 안에서 하루를 보낸다는 것이 꽤 매력적으로 느껴지기도 했다.

금방 땀을 흘리게 될 것이 뻔했지만 아침부터 샤워를 했다. 지금 출발하면 언제 또 씻을 수 있을지 모르는 일이었다. 비엔티안행 버스 시간에 맞춰 이곳 한인 게스트 하우스 식구들의 마중을 뒤로하고 숙소를 나섰다. 문 앞에서 픽업을 기다리고 있으니 먼 길 가는데 물은 있냐며 매니저가 생수 한 병을 챙겨 주었다. 부담 없이 받아 든 이 물 하나가 후에 나의 생명수 역할을 했다. 동남아에서 장기간 이동을 할 때는 시기를 불문하고 가방에 물 한 병 정도는 반드시 챙겨 두는 것이 좋다.

비엔티안으로 돌아가는 방법 역시 방비엥으로 올 때와 크게 다르지 않았다. 따로 매표소를 찾아가지 않아도 게스트 하우스에서 표를 구매할 수 있었고, 미리 말해 둔 날짜의 아침이 되니 트럭이 시간에 맞추어 숙소로 찾아왔다. 내가 탄 트럭은 방비엥의 숙소 몇 곳을 돌아다니며 비엔티안으로 가는 티켓을 소지한 사람들을 태운 다음, 마을 입구에 있는 정류장으로 이동했고 그곳에서 모두가 비엔티안까지 가는 대형 버스로 갈아탔다. 내가 지내는 동안 경험한 라오스 내에서의 이동은 대부분 이런 방식이었다.

방비엥에서 비엔티안까지는 버스로 4시간을 가야 했는데 무려 1시간이나 출발이 늦어졌다. 정해진 출발 시간이었던 9시에 버스에 오른 나는 도대체 무슨 이유로 10시까지 차량이 출발하지 않는 것인지 알 방법이 없었다. 동남아에서 이동 수단의 출발 시간이 늦어지는 것은 흔한 일이지만 비엔티안에서 2시간밖에 여유가 없었기에 점점 속이 탔다. 비엔티안에 도착하면 라오스 국경의 타나렝으로 출발하기 전의 2시간 동안 점심 식사와 다음 날 아침까지의 이동 준비를 해야 하는데, 그 준비 시간의 절반이 날아가 버린 것이었다.

겨우 출발한 비엔티안행 버스에서는 방비엥을 나가는 동안 멀미로 잠시 고통을 겪어야 했다. 고속도로가 잘 깔려 있는 한국에서도 장시간 버스 이동을 힘들어하는 나에게 그보다 훨씬 구불구불한 라오스 도로 위의 4시간은 조금 더 큰 고통으로 다가왔다. 방비엥으로 들어갈 때는 처음 경험하는 라오스의 운치와 목적지에 대한 기대 등이 있었기에 훨씬 괜찮았지만 온 길을 다시 돌아가는 여정은 그 설렘도 덜하기에 더 힘들 수밖에 없었다. 반복된 길 위에서 여행의 피로를 이겨 내는 가장 큰 원동력이 조금 약해진 것이다. 하지만 여행이 주는 설렘은 쉽게 꺾이지 않고 금방 되살아나기에 여행자들은 고된 여정을 끝내 이겨 내곤 한다.

비엔티안에 돌아오자 반가운 마음이 들었지만 그것도 잠시, 조금 걷기 시작하자 땀이 흐르기 시작했다. 라오스의 1월은 그나마 가장 여행하기 좋은 날씨지만, 낮에는 한국의 한여름과 비슷한 정도로 덥다. 짐을 메고 태양빛을 고스란히 받으며 걸으니 여간 덥지 않을 수가 없었다. 이곳이 목적지였다면 4시간의 이동으로 쌓인 피로와 약간의 더위는 문제 될 게 없었지만, 잠깐의 휴식 뒤에 방콕으로 가는 열차를 타기 위해 다시 트럭에 올라야 했다. 그 사이 전에 들렀던 비엔티안의 여행사 폰 트래블에서 노트북의 안전을 확인한 후 짐을 맡겨 두고 간단한 식사라도 하고자 밖으로 나왔다. 시간이 촉박하여 새로운 음식점을 찾을 여유가 없었으므로 일전에 방문했던 도가니 국숫집을 찾았다.

그런데 도가니 국수 가게는 벌써 육수가 떨어져서 식사가 불가능했다. 출발 시간이 다가오고 있었으므로 고민할 필요 없이 같은 루헹본(Rue Hengboun)의 훈제 오리 국수 가게로 향했다. 'Sa La Van Restaurant'이라는 이름의 로컬 식당으로 오리 요리와 국수를 포함해서 볶음밥이나 팟타이 등의 동남아 음식도 판매하는, 라오스치고는 상당히 깔끔한 식당이었다. 도가니 국수를 먹지 못하게 되어 꿩 대신 닭이라는 심정으로 선택했지만, 다행히 그 훈제 오리 국수는 고기가 적절히 올라가 있어서 라오스에서의 든든한 마지막 한 끼가 되어 주었다. 또한 도가니 국수만큼이나 얼큰한 국물에 대한 갈증을 풀기에도 좋았다. 라오스가 식도락 여행지로 흔히 꼽히는 나라는 아니지만, 지난 며칠간 지내 본 바로는 대체로 음식들이 한국인의 입맛에 잘 맞는 편이었다.

Sa La Van Restaurant

Add. Sa la van restaurant, Rue Hengboun, Vientiane **Time.** 매일 09:00~21:00

여행사로 돌아가 조금 기다리니 이번에는 정확한 시간에 파란 트럭이 한 대 와서 늦지 않게 출발할 수 있었다. 툭툭이로 차량이 가득한 도로 위를 달리는 것은 군 복무 시절을 연상케 했다. 훈련을 멀리 나갈 때면 항상 이런 식으로 이동을 하곤 했는데 군장과 비슷한 무게의 짐과 약간의 긴장감에서도 비슷한 면이 있었다. 그렇게 비엔티안을 떠나 라오스 끝자락의 타나렝 국경 검문소(Thanaleng Border Crossing)로 이동했다. 뻥 뚫린 짐칸에는 승객이 네 명뿐이라 적응이 될수록 방비엥을 오가던 버스보다 더 편안했다. 동남아 여행의 상징이기도 한 툭툭이를 타고 시원한 바람을 맞으며 라오스 시내를 달리니 다시 새로운 곳으로의 여행이 시작되는구나 하는 설렘과 긴장이 뒤섞인 여행 출발의 특유한 감정이 일었다.

비엔티안에서 워낙 바쁘게 움직이다 보니 뭔가 짐을 제대로 못 챙긴 것 같은 느낌이 들기도 했지만 이제 휴대폰, 노트북, 지갑, 여권 같은 주요 물건들만 무사하면 무엇이 없어지든 별 상관없다는 생각이 들어 개의치 않았다. 아니 오히려 마음이 편안해졌다. 31일간 다섯 개 국가를 여행하고 열 번이나 거처를 옮겨야 하는데 돌아가는 날까지 아무것도 잃어버리지 않는 게 더 이상하지 않은가. 내가 애초에 그렇게 꼼꼼한 사람이 못 된다면서 슬쩍 합리화를 하고 나니 마음이 홀가분했다.

유유히 흐르는 강과 자유롭게 거리를 휘젓는 소와 개들, 그리고 풀 뜯는 염소의 모습 같은 장면이 반복해서 스쳐 지나가는 동안 금세 40분이 지나 타나렝역에 도착했다. 여기서 다시 태국 국경의 농카이까지 가는 기차를 타기 위해 1시간 반을 기다려야 했다. 육로로 국경을 넘는 것이 처음이라 입출국 심사를 언제 어디서 해야 하는지를 잘 몰라서 한때 당황하기도 했다. 타나렝역은 출입국 심사를 하는 곳이라는 생각이 안 들 만큼 낡고 자그마했다. 작은 마트 하나 없이, 시골길 같은 자연 말고는 별다른 시설도 없는 역을 구경하고 있는 도중에 비어 있던 역내의 사무실에서 한 직원이 모습을 드러냈다. 그 직원을 보는 순간 '지금인가.' 하는 촉이 왔다. 가장 먼저 현지인들이 움직이기 시작하더니 낯선 소수의 외국인 여행자들도 슬금슬금 눈치를 보며 줄을 서기 시작했다. 나 역시 그 줄을 따라 출국 심사를 무사히 마쳤다. 수속 담당자치고는 유난히 친절했던 현지 직원 덕분에 외국에서 입출국 수속을 할 때마다 느꼈던 긴장이 조금은 덜했다. 낯선 곳에서 친절한 사람들을 만나는 것은 항상 큰 힘이 된다.

• 라오스 여행의 마지막 장소였던 타나렝 기차역

라오스 출국 수속을 마치고 나니 몸이 굉장히 찝찝했다. 하루 종일 땀을 흘리고 트럭에서 먼지를 뒤집어쓴 탓이었다. 그러나 방콕까지는 샤워를 할 수 있는 시설도, 혹 있더라도 시간이 없었다. 타나렝역에서 손발이라도 씻으려 했지만 화장실을 이용하려면 돈을 내야 했다. 결국 농카이역까지 참고 가기로 했다. 큰돈은 아니지만 가진 킵이 거의 없었고 어차피 금방 다시 더러워질 손발이었으므로 마지막 슬리핑 기차를 타기 전에 화장실을 이용하면서 한 번에 최대한 씻을 셈이었다.

역에서 가만히 출발 시간을 기다리는데 자꾸만 흐르는 땀과 함께 피로가 더해 갔다. 더위 속에서의 휴식은 쉬는 게 아닌 듯하다. 평소에 더위를 많이 타지 않아 땀을 잘 흘리지 않는 체질인데도 비엔티안과 타나렝은 유독 더웠다. 주변엔 아무런 상점도 없어서 가방에 생수가 한 병 있었던 것은 천만다행이었다. 지금보다 더운 시기에 동남아를 여행하는 사람들이 존경스럽다는 생각이 들 때쯤 열차가 굉음을 내며 출발을 준비했다. 라오스를 떠날 시간을 알리는 알람이라도 되는 듯한 우렁찬 소리였다. 타나렝과 농카이를 오가는 열차는 자그마했는데 직접 버튼을 눌러 문을 열고 타야 했고 영화에서나 본 옛날 열차같이 승객이 창문을 열고 몸을 내밀 수 있었다. 내부는 밖에서 보이는 모습보다 상당히 낡아 있었는데 직접 탑승해 본 적은 없지만 새마을호의 초기 모델 정도가 이 열차와 비슷한 모습이 아니었을까 싶다.

타나렝역을 떠나는데 온몸이 꼬질꼬질한 데다가 물 하나 살 수 없는 곳에 있으니 새삼 잘 발달된 도시가 그리워졌다. 라오스의 자연이 그렇게 좋았는데 조금 지친다고 도시가 그리워지다니 참 신기할 노릇이다. 인류는 이런 불편함을 해결하기 위해 낭만을 포기하며 발전을 거듭한 것인지도 모르겠다. 아니, 사실은 지나온 시대에는 지금은 사라져 버린 낭만이 존재했을 것이라는 생각 자체가 오류일 수도 있다. 영화

미드나잇 인 파리(Midnight in Paris)가 주는 교훈처럼. 공연한 생각에 잠겨 가만히 창밖을 내다보았다.

라오스에서의 마지막 노을이 진하게 열차 안을 비춘다. 모두가 무언가에 홀린 듯 창밖을 바라본다. 시야에 담기는 모든 것이 붉은빛을 발할 만큼 강렬한 낙조다. 방금 도시가 그립다고 한 말이 무색하게, 아름다운 메콩강과 열차 안의 장면들에 또 한순간 노곤함을 잊는다. 역시나 여행자의 피로를 씻어 내는 것은 여행지의 낭만적인 광경이다. 붉게 물든 국경의 시골길을 달리며 이곳에는 우리가 잃어버린 무언가가 여전히 남아 있는 것은 아닐까 하는 생각과 함께 태국으로 향한다. 지금이 아무리 불편해도 라오스가 참 많이 그리울 것이라는 사실은 변함이 없다.

농카이역에서 후알람퐁역까지

여행은 쉽게 멈추는 법이 없다

라오스 국경의 타나렝에서 태국의 입구인 농카이역까지는 기차로 15분이면 충분했다. 아니, 국경의 운치를 즐기기엔 조금 부족할 만큼 짧은 시간이었다. 15분간의 이동을 위해 1시간 반을 기다려야 했던 것이 조금 아이러니하지만, 그럼에도 기차가 반은 비어 있을 만큼 수요가 적은 곳이니 이해는 된다. 농카이역에서 입국 수속을 기다리며 바라본 메콩강 국경에 지는 석양은 라오스에서나 태국에서나 변함없이 아름다웠다.

• 석양이 아름다운 농카이역 국경 검문소

국경의 철도역에서 시작하는 여행

한국에서는 육로로 국경을 넘는다는 개념이 없으니 열차로 메콩강의 우정의 다리(Thai–Lao Friendship Bridge)를 건너 태국에 닿았다는 사실이 새롭게 다가왔다. 탈냉전 시기에 지어진 태국과 라오스를 연결하는 우정의 다리는 '두 국가의 화해'라는 상징적인 의미를 담고 있다고 한다. 기차로 타국을 여행할 수 있다는 점이 새삼 부러웠다. 육지를 맞대고 철도가 이어지니 마치 '이웃 나라' 같은 친근함이 있는 것 같다. 우리의 이웃은 조금 다르다는 사실이, 그리고 우리가 우정의 다리 대신 함부로 넘지 못할 선을 가지고 있다는 사실이 조금 안타까웠다. 통일에 대한 생각은 누구나 다르다고 하더라도, 우리의 역사가 살아 숨 쉬는 국토를 일생 동안 절반밖에 볼 수 없을지도 모른다는 사실은 충분히 안타까워할 만하지 않을까?

이제 다시 태국 여행을 준비해야 했다. 방콕 후알람퐁역으로 가는 12시간 여정의 야간열차를 타기까지는 다시 1시간 반의 여유가 있었다. 새로운 여행지에서 가장 먼저 하는 일은 보통 심 카드 구매와 환전이다. 낯선 곳에서도 휴대폰 하나만 있으면 무슨 정보든 얻어낼 수 있는 세상인 만큼 인터넷이 될 때와 안 될 때의 여행 난이도는 하늘과 땅 차이이다. 동남아 여행 중에는 간혹 심 카드가 먹통이 되기도 하는데, 낯선 곳에서 휴대폰이 무용지물이 되었던 순간들 중에서도 태국이 가장 힘들었다. 아마 처음으로 육로를 통해 입국한 나라였기 때문일 것이다.

비행기보다 기차로 이동하는 것이 불편한 이유를 하나 꼽자면 도심의 국제공항과 외딴 국경 철도역의 인프라 차이가 크다는 것이다. 공항에서는 여행자에게 필요한 환전과 심 카드 구매 등의 문제를 손쉽게 해결할 수 있다. 반면에 국경의 철도역은 가야 할 길도 먼데 그 여정에 필수적인 환전을 할 수 없거나, 없을 때 상당히 불편해지는 심 카드를 구할 수 없는 경우가 있다. 나도 심 카드를 구입하기 위해 태국 농카이역을 한 바퀴 돌아보고 역무원에게 물어보기도 했으나 역사 내에 심 카드를 구입할 수 있는 곳은 역시 없었다. 결국 역 밖으로 나와 툭툭이를 타고 가장 가까운 세븐일레븐(7-Eleven) 편의점까지 가야 했는데, 농카이역 앞에 대기 중인 툭툭이 기사들은 이런 상황이 익숙한 듯 그 길에 대한 안내가 매우 자연스러웠다.

그런데 문제가 생겼다. 편의점에서 카드 결제를 해 주지 않는다는 것이다. 근처에 환전소가 없는 이곳에서 카드 결제도 불가하고 달러도 받지 않는다 하니 결제를 할 방법이 없었다. 심 카드뿐만 아니라 하루 동안 기차에서 먹을 저녁과 간식거리도 사야 했는데 낭패였다. 은행은 이미 문을 닫을 시간이었고 어딘가에 있을 환전소를 묻고 물어서 다녀오기에는 출발까지 시간이 넉넉지 않았다. 막막했다. 편의점 밖에서는 왕복 여정이 끝나고 요금을 받기로 한 툭툭이 기사가 공항으로 돌아가기 위해 기다리고 있어서 초조한 마음이 들었다. 태국어를 못하는 내가 영어를 못하는 현지인들과 의사소통을 할 방법도 없었고 가까운 환전소를 검색할 수도 없었다. 최악의 경우 그냥 슬리핑 기차로 돌아가 내일까지 굶어야 할 상황이었지만 하루 종일 국수 한 그릇 말고는 먹은 게 없었기에 그러고 싶지 않았다.

하루에 한 대 있는 슬리핑 기차를 놓치면 끝장이지만 아직 시간이 조금은 있었다. 툭툭이로 돌아가 혹시 근처에 환전할 수 있는 장소가 없느냐고 물었다. 물론 서로 말이 안 통했기에 달러를 들고 '교환'을 최대한 몸짓으로 표현해야 했다. 다행히 의사표시가 되었는데 기사는 나를 최대한 돕기로 결심한 것처럼 보였다. 그는 다시 툭툭이에 타라고 하더니 곧 한 마트로 데려다주었고, 마트 아주머니와 현지어로 몇 차례 대화를 주고받았다. 처음엔 아주머니가 환전하려면 은행을 가라고 단호하게 말하는 것으로 보였다. 곧 마트 앞에서 여러 사람이 태국어로 대화를 주고받는데 시간만 흘러갈 뿐, 아무래도 진전이 없는 듯했다. 다급해진 나는 10달러만이라도 환전해 달라는 뜻을 전했다. 그러자 마트에서도 그 정도는 괜찮다는 듯 달러를 가져가더니 곧 300밧(태국 화폐, 한화 약 10,500원)을 내주었다. 라오스에서 심 카드가 작동할 때 환율을 미리 검색해 놓는다는 걸 깜빡해서 돈을 적게 내준 것은 아닌지 조금 걱정이 되었다. 나중에 알아본 결과, 다행히 시장 환율과 큰 차이는 없는 수준이었다. 동남아는 국가마다 화폐가 다르므로 새로운 여행지로 넘어갈 때는 심 카드의 모바일 데이터가 끊어지기 전에 다음 국가의 환율을 알아 두면 유용한 정보가 된다.

내가 돈을 받자 툭툭이 기사는 차에 올라타라고 몸짓했다. 그리고는 이전의 편의점이 못 미덥다고 생각했는지 근처의 다른 편의점으로 차를 몰았다. 그의 원래 임무는 첫 편의점까지 데려다주고 다시 공항으로 와 주기만 하면 끝이었는데 나 때문에 훨씬 더 많은 시간을 쓰고 있었다. 내 환전이나 굶주림까지는 전혀 신경 쓸 의무가 없었는데도 불쾌한 기색 없이 이곳저곳을 다니며 의사소통을 도와주었다. 방비엥의 버기카 가이드에 이어 뭔가 든든한 아군 같은 느낌을 주는 현지인이었다. 지칠 대로 지친 상황에서 예상치 못한 문제들이 발생할 때 도움을 받을 수 있었던 것은 크나큰 행운이었다.

두 번째 편의점에서 심 카드와 과자 한 봉지, 음료 한 병을 살 수 있었다. 심 카드가 너무 저렴해서 이게 제대로 사용이 가능한 건가 하는 생각에 재차 직원에게 물었지만 '오케이'라는 간결한 대답뿐이었다. 시간이 많지 않았고 밧도 얼마 없었기에 편의점 직원이 건네주는 심 카드를 사 들고 일단 역으로 돌아왔다. 툭툭이 기사에게는

＊ 심(Sim) 카드란?

보유하고 있는 스마트폰 등의 단말기로 와이파이(wi-fi) 없이 현지의 통신망을 이용하기 위해 해당 국가의 심 카드가 필요하다. 한국 전화번호를 그대로 쓰려면 해외 로밍(roaming)을 이용하는 방법도 있지만 일반적으로 훨씬 많은 비용이 든다. 현지에서 스마트폰으로 인터넷을 이용하기 위한 다른 대안으로는 포켓 와이파이가 있다.

처음에 약정된 금액보다 달러를 조금 더 지불했다. 달리 요구는 없었지만 시간이 훨씬 지체되고 거리도 늘어난 데다가 도움까지 받았으니 나도 소량의 감사 표시는 하는 게 도리에 맞는 듯싶었다.

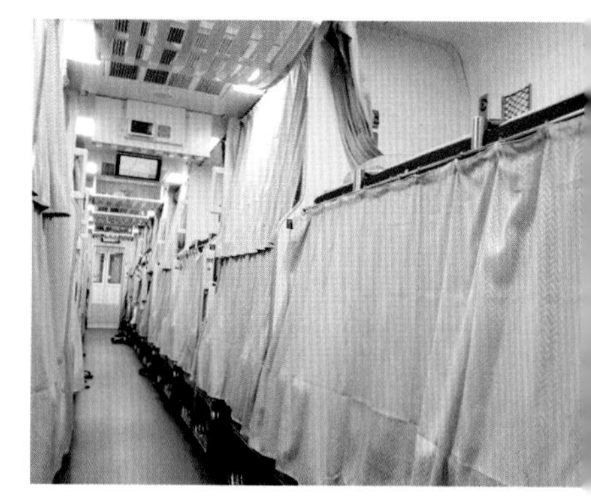

• 슬리핑 기차의 밤

슬리핑 기차에서 세면이 가능한지의 여부를 몰랐기에 농카이역의 화장실에서 씻을 계획이었는데, 편의점에 다녀오는 사이 출발이 가까워졌다. 나는 곧바로 열차에 올라야 했다.

한국 여행자들에게 '슬리핑 기차'로 불리는 이 이동 수단의 상태는 기대보다 훨씬 더 쾌적했다. 동남아에서 이런 여행을 한다면 아무래도 큰 불편을 감수해야 할 것 같은 느낌이 들지만 꼭 그런 것은 아니다. 배정된 좌석 밑의 넓은 공간에 짐을 풀고 앉자 마음이 진정되었고, 곧 승무원이 좌석을 침대로 만들어 주어 꽤 널찍한 공간이 생겼다. 맞은편에는 우연히도 라오스에서 같이 트럭 화물칸을 타고 타나렝역으로 왔던 유럽인 둘이 앉아 있었다. 눈이 마주침과 동시에 서로를 알아보고 짧게 '하이'라는 인사를 건넸다. 바로 옆자리에 나와 같이 낯설고도 먼 여정 길에 오른 사람이 또 있다는 사실이 조금이나마 힘이 되어 주었다. 열차의 많은 자리가 비어 있었지만 이렇게 여행을 하는 사람들이 꽤 있다는 사실과 무난히 방콕으로 가는 마지막 열차에 탑승했다는 사실에 안도감이 들었다.

하지만 안타깝게도 그 안도감은 오래가지 못했다. 나 역시 겪고 말았던 그런 좋지 않은 일들은 종종 여행자들을 습격하곤 한다.

돈을 잃어버리다

슬리핑 기차에 대한 기대가 컸지만 도저히 야간열차 여행을 즐길 기분이 나질 않았다. 농카이역에서 생각보다 급박하게 열차를 타 준비가 덜 된 것도 문제였지만 그보다는 짐을 정리하던 중 남은 달러가 심하게 부족하다는 것을 알아차렸기 때문이었다. 첫 여행지인 베트남을 지나면서 나는 현금 분실에 대한 긴장이 많이 느슨해져 있었다. 가는 숙소마다 누군가가 내 돈을 훔쳐갈 것이라는 생각이 전혀 안 들 만큼 친절한 분위기였고, 실제로도 그런 일이 많지는 않을 것이다. 하지만 나는 '여행지에서 현금 관리를 결코 안일하게 해서는 안 된다'는 교훈을 몸소 배우고 말았다. 동남아뿐만이 아니라 낯선 여행지에서 숙소에 현금이나 귀중품을 두고 외출하는 것은 정말로 안이한 생각이다.

베트남에서의 마지막 여행지였던 호이안에서부터, 숙소를 옮기기에 앞서 가방 깊숙이 숨겨 놓은 현금의 잔액이 정확하게 맞는지 정산해 보는 과정을 생략하고 있었다. 호이안과 라오스 여행을 마칠 때까지 환전에 필요한 달러만 꺼내 이곳저곳 정신없이 다녔다. 시간으로 치면 일주일이 넘었기에 정확히 달러가 얼마나 없어졌는지 알아채기도 힘들었다. 다만 그 기간 동안 얼마를 썼든 간에 한 장씩 세어 보면 턱없이 부족하다는 것을 한 번에 알아차릴 수 있을 만큼 부족한 현금만이 남아 있었다. 100, 50, 20달러 등 다양하게 골고루도 없어져 환전을 위해 필요한 만큼만 빼서 쓸 때는 눈치채지 못했던 것이다. 가끔 숙소의 좀도둑들이 돈이 없어진 사실을 바로 알 수 없도록 현금의 전부가 아니라 일부만 훔쳐 가고 그대로 넣어 두는 경우가 있다는 이야기를 얼핏 들은 것 같았다. 철없는 아이들이 부모님의 지갑에서 티 안 나게 천 원짜리 한 장을 꺼내가는 것처럼 말이다. 후에 열차에 내려서 알아본 결과로는 같은 피해를 입은 여행자들이 꽤 있었다.

기억을 더듬어 남아 있어야 할 달러를 계산하는 일은 생각보다 어렵지 않았다. 현금을 쓸 일이야 많았지만 환전을 했던 날은 정해져 있었기에 그 달러만 기억해 내면 됐다. 남아 있어야 할 달러의 거의 절반이 없어졌다. 여행은 아직 절반도 지나지 않았는데. 몇 차례고 모든 가방을 샅샅이 찾아봤지만 잃어버린 게 확실했다. 가방 속에 꽁꽁 숨겨 두고 꺼내지도 않았던 돈이 어디서 없어진 것일까. 숙소에 돈을 두고 나온 경우는 별로 없었기에 심증이 가는 곳이 한 군데 있었다. 하지만 이미 떠나온 지 며칠이 지났고 심지어 나는 다른 국가로 와 있으니 그 돈을 되찾을 확률은 희박했다.

지푸라기라도 잡는 심정으로 대화를 자주 나눴던 숙소의 매니저에게 정성스레 메일을 보내려 휴대폰을 들었지만 이번엔 심 카드가 먹통이었다. 현지인에게 부탁해서 알아보니, 농카이의 편의점에서 구매한 심 카드는 '충전용'이라 통신사로 전화를 걸어 결제를 해야 데이터를 쓸 수 있다는 것이었다. 하지만 태국어로 그런 일을 할 수 있을 리가 없지 않은가. 이로써 당분간 휴대폰도 무용지물이 됐다.

당장 인터넷도 안 되는 데다가 확신 없이 애먼 사람을 도둑으로 몰 수도 있는 상황이라 섣불리 행동할 수는 없었다. 애초에 그 숙소가 맞다 해도 수많은 직원들(청소부, 벨맨, 경비원, 그리고 매니저까지) 중에 도대체 누가 범인인지 알 수는 없는 노릇이다. 돈이 언제 없어졌는지도 확신하지 못하는 내 잘못이 컸다. 물론 주인의 부주의가 도둑질을 정당화하는 이유가 되어선 안 된다. 범죄의 원인을 피해자에게서 찾으려는 시도는 심각한 문제를 일으킨다. 그런 생각이 드니 더욱 화가 나기도 했지만 역시나 지금은 달리 방법이 없었다. 아직 여행이 한참 남았는데 현금을 절반이나 잃어버렸다니 마음이 무척이나 안 좋아졌다. 힘들게 떠나 온 여행인 만큼 좋은 기억만 만들고 싶은데 돈이 부족해서 여행을 망치는 게 아닌가 하는 생각까지 들었다.

기차에 탑승한 시간은 저녁 7시쯤이었다. 현금을 계산하고 짐을 뒤지며 현실을 부정하기를 3시간 동안 반복하다보니 10시가 되었다. 원래 느긋하게 음식을 먹고 책을 읽으며 슬리핑 기차에서의 밤을 보낼 생각이었지만 도저히 그럴 기분이 아니었다. 배는 고팠지만 입맛도 없었다. 잃어버린 돈 생각에 지쳐서인지, 혹은 하루 종일 이동한 여파 때문인지는 모르겠지만 달리는 열차임에도 평소보다 이른 시간에 잠이 들었다. 물론 편안한 밤은 아니었다. 밤새 잠들었다 깨기를 반복했다. 불편함은 열차의 흔들림이 아니라 마음의 흔들림에서 왔다.

잠자리에 누워서도, 밤사이 몇 번을 깨면서도 허탈한 마음이 들었다. 내가 이번 여행을 위해서 열심히 번 돈의 일부가 그냥 사라져 버렸다는 사실보다, 앞으로의 여행 동안 돈이 없어서 포기해야 할 부분이 많이 생길 것 같은 기분이 나를 가장 힘들게 했다. 부족함 없이 즐기고 싶은 여행이었다. 절반이나 잃어버리다니, 생각만 해도 숨이 탁 막혔다. 집에 도움을 요청하고 돈을 조금 받을까 하는 생각도 잠시 들었다. 사정을 설명하면 가족 중 누구라도 당장에 돈을 보내줄지도 모른다. 하지만 내 힘으로 완주하고 싶은 여행이기도 했다.

다행히 통장에 남겨 둔 돈이 조금 있었다. 동남아는 아직 카드로 결제할 수 없는 곳이 많지만 찾아다니면 또 어떻게든 될 것이다. 그리고 내 여행지가 저렴하게 다니려면 정말 한없이 절약이 가능한 동남아란 것은 또 얼마나 다행인가. 여행에서 무언가를 잃어버리거나 도둑맞는 일은 흔하다. 긍정적으로 생각할 필요가 있었다. 어차피 잃어버린 돈은 돌아오지 않고 그 사실로 마음이 상해 여행의 소중한 시간을 낭비하는 것은 너무나 어리석은 짓이다.

'에이. 앞으로의 내 인생에서 얼마나 되는 돈이라고. 그 돈보다 다시없을 여행이 훨씬 소중하니까 좋게 생각하자. 계좌에 남아 있는 돈까지 전부 합치면 어떻게든 될 거야. 잔고를 전부 써서라도 잃어버린 돈이 여행에 영향을 미치는 일은 최소화해야지. 돌아가서의 생활은 그때 다시 생각하자.'

그렇게 생각하니 조금 마음이 잡혔다. 다음 일정을 위해 빨리 털어내야 했고, 다행히 나는 조금씩 괜찮아지고 있었다. 돈을 잃어버렸다는 사실은 돈이 한푼도 없어서 밥도 못 먹는 지경이 되지 않는 한 여행을 멈출 수는 없을 것이다. 현금을 절반이나 잃어버린 여파는 앞으로의 여행에 영향을 미치지 않을 리가 없지만, 그마저도 긍정적인 마음으로 즐기는 것만이 내가 선택할 수 있는 유일한 방법이다. 택시를 줄이고 걷는 거리가 늘어날수록 더 많은 것을 볼 수 있다고 생각해 본다.

여행이 주는 에너지는 정말로 강해서 다시 여행에 집중하는 것은 돈을 잃어버린 사실을 알았을 때의 충격에 비해서는 쉬운 일이었다. 여행 중에는 다양한 문제들에 부딪히기 마련이지만, 여행은 쉽게 멈추는 법이 없다. 그렇게 밤새 생각하고 잠들기를 반복하다 아침이 왔다. 후알람퐁역은 아침과 함께 코앞까지 와 있었다. 고요했던 열차에서 폭풍 같았던 하루를 보내고 다시 새로운 곳에 도착했다. 몸도 마음도 많이 지쳤지만 아직은 쉬어갈 수 있는 시간이 아니었다. 나는 열차 밖으로, 다시 새로운 여행지로 걷기 시작했다.

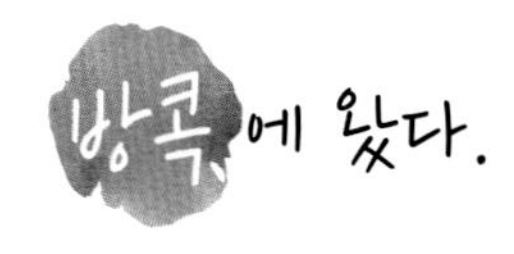

• 방콕 후알람퐁 기차역

몹시 이른 아침, 슬리핑 기차에서의
13시간이 지나고 방콕에 도착했다.
잠을 설쳐 몹시 피곤했지만
우선 무거운 짐부터 숙소에 맡겨야 했다.

방콕까지 오면서 예상 밖의 문제들로 비틀거린 여행은
다시 안정적인 궤도로 돌아오고 있었다.

태국

Thailand

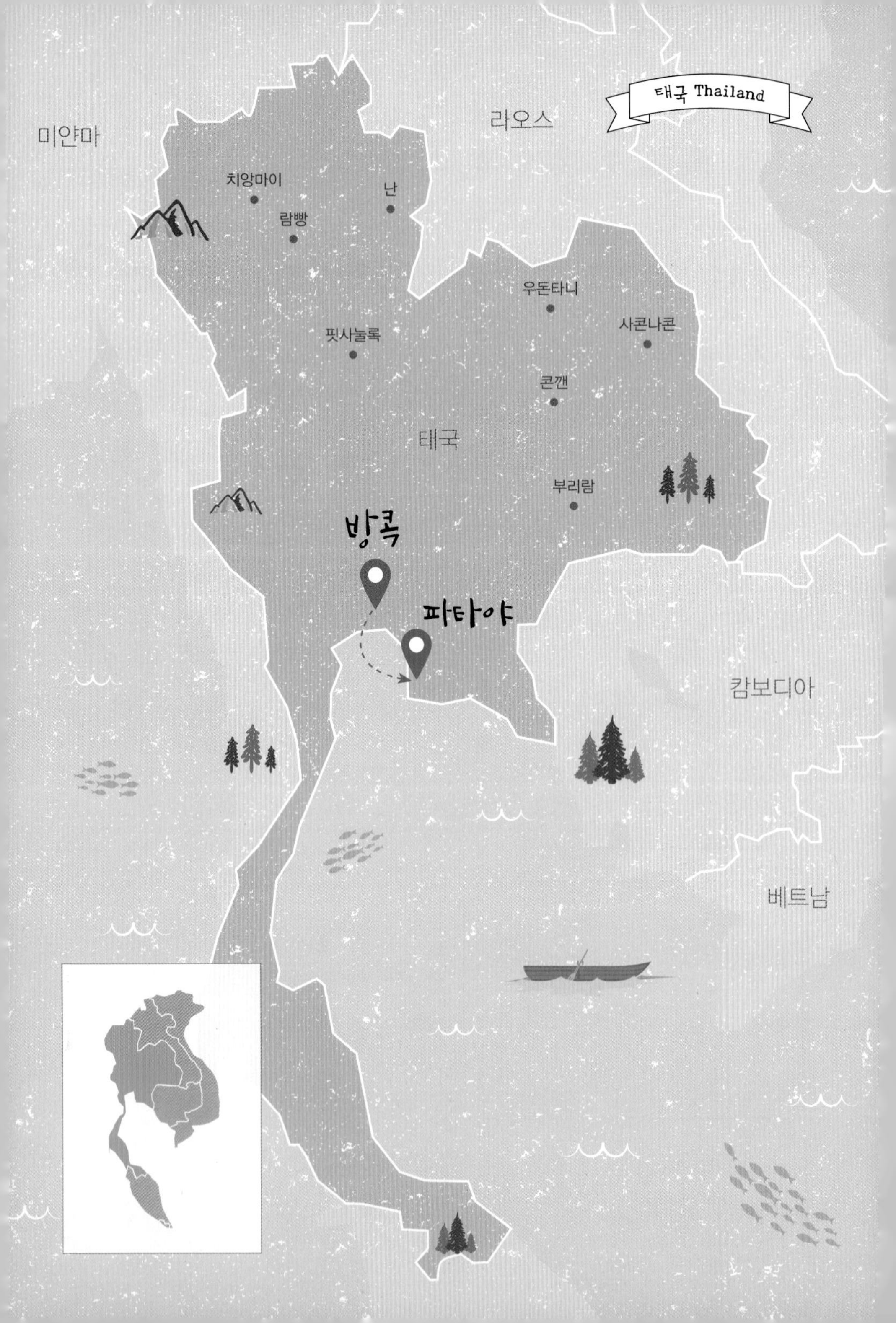

태국 Thailand
미얀마
라오스
치앙마이
난
람빵
우돈타니
사콘나콘
핏사눌록
콘깬
태국
부리람
방콕
파타야
캄보디아
베트남

· Basic Information ·

❶ **국가명** : 타이 왕국

❷ **수도** : 방콕

❸ **인구** : 약 6,900만 명

❹ **언어** : 타이어(공용어), 중국어, 말레이어

❺ **면적** : 약 51.3만 ㎢

❻ **시차** : 2시간 느림(한국 시간 －2)

❼ **비자** : 무비자 90일

❽ **기후** : 1년 내내 한국의 여름처럼 더운 날씨지만
그나마 12~1월은 밤이 되면 선선한 편이다.

태국의 주요 도시들은 오래전부터 관광 산업이 잘 발달해 있다 보니
그야말로 먹고 놀기에 좋다. 특히 방콕의 카오산 로드는 식도락 여행의 천국,
값싼 길거리 음식마저 모두 맛있다.
여행자들의 활기로 가득 찬 방콕은 세계 각지의 다양한 사람들을 만날 수 있는 곳이며,
큰 바다를 끼고 있는 파타야는 자연이 아름답지만 다소 난잡한 면도 있는 휴양지다.
두 도시 모두 지내기에 쾌적하기만 한 환경은 아니지만
여행을 즐기기에 크게 불편한 점은 없다.
태국의 슬리핑 기차를 이용하려는 경우
연착을 유의해서 넉넉히 일정을 짜도록 하자.
또 다른 유명 도시 치앙마이와 푸껫은 각각 태국 북부와 남부에 위치해 있는데,
방콕에서 거리가 꽤 있으므로 저렴한 국내선 항공사를 통해 이동하는 경우가 많다.

· Story ·

01

방콕

Bangkok

1. 방콕, 그리고 카오산 로드

2. 운하 버스와 시암 스퀘어

방콕, 그리고 카오산 로드

매일이 축제인 거리

'여기가 어디지.'

멍한 채로 잠에서 깼다. 낯선 여행지에서 눈을 뜰 때면 가끔 어디에 와 있는 건지 곧바로 기억이 안 날 때가 있다. 시계를 보니 오후 2시였다. 일분일초가 소중한 여행이라고 하기에는 많이 지쳐 있었고, 시간이 아깝다는 생각보다는 푹 잤다는 사실에 기분이 좋아졌다. 아침과 달리 몸이 가벼워져 다시 걷고 싶은 마음이 일었다. 숙소에서 5분 거리에 그 유명한 카오산 로드(Khaosan Road)가 기다리고 있으니 나가고 싶은 마음이 들지 않을 리가 있나.

지친 몸을 이끌고 카오산 로드로

몹시 이른 아침, 슬리핑 기차에서의 13시간이 지나고 방콕의 후알람퐁 기차역에 도착했다. 잠을 설쳐 몹시 피곤했지만 편히 쉬려면 우선 무거운 짐부터 숙소에 맡겨야 했다. 그런데 휴대폰은 먹통에 현지 화폐도 없어서 일단 무언가 나올 때까지 걸어야 했다. 오전 8시가 채 되기 전이라 문을 연 환전소나 은행이 없었다. 지친 몸을 이끌고 후알람퐁역 근처에서 1시간 가까이를 헤매다 다행히 심 카드를 구매할 수 있는 여행자 쉼터를 발견했고, 곧 그랩 택시(Grab Taxi)를 이용해서 카오산 로드까지 갈 수 있었다.

카오산 로드(Khaosan Road)

Add. Khaosan Road, Khwaeng Talat Yot, Khet Phra Nakhon, Krung Thep Maha Nakhon 10200 Tailand

게스트 하우스에 도착한 시간은 아침 9시였다. 방비엥 숙소를 나온 지 정확히 24시간 만이었다. 체크인 시간까지는 무려 5시간이 남아 있었다. 몹시 피곤해서 방으로 들어가고 싶은 마음이 굴뚝같았지만 어쩔 수 없이 짐만 맡기고 근처의 카페에서 쉴 생각이었다. 그런데 전날 아침에 라오스 방비엥에서 출발해서 이제야 도착했다는 말을 들은 게스트 하우스 매니저는 나를 방으로 안내했다. 5시간이나 일찍 체크인을 시켜 주는 숙소를 만난 것도, 마침 내가 예약한 방이 전날 비어 있었다는 것도 운이 좋았다. 침대가 거의 모든 공간을 차지하고 있는 자그마한 방에 짐을 풀고 따듯한 물에 샤워를 한 뒤 죽은 듯 잠을 잤다. 어쩌다 잠이 들었는지 기억이 나지 않을 만큼 순식간이었다.

방콕에서 지낸 숙소 나콘 호스텔(Nacorn Hostel)은 다소 아기자기한 느낌의 게스트 하우스다. 다인실 도미토리가 일반적인데 나는 일행과 함께 1층 별도의 공간에 위치한 2인실에 묵었다. 일단 가격이 저렴했고 전체적으로 무난한 환경이 썩 만족스러웠는데, 그중에서도 중간층에 조성되어 있는 깔끔한 휴게실이 가장 마음에 들었다. 유일한 단점은 방의 벽면에 난 구멍에서 작은 개미가 몇 마리씩 나온다는 점이었는데, 지내는 동안 그곳에 몇 번씩 벌레 퇴치제를 뿌려야 했다. 동남아도 이제는 여행지로 꼽히는 도시라면 대부분 숙소가 잘 갖춰져 있어서 방에서 큰 벌레가 나오는 경우는 드물었다. 나콘 호스텔에서도 다행히 몇 마리의 개미 외에 다른 생물체는 발견되지 않았다. 카오산 로드에서 도보로 10분 정도 떨어져 있어서 밤이면 한적해지는 이 호스텔은 잘 갖춰진 휴게실에서 나름대로 즐거운 밤을 보낼 수 있었다. 나는 여기서 지내는 동안 저녁 샤워를 마치면 중간층에서 태국 간식을 먹으며 책을 읽거나 글을 썼고, 다른 여행자들과 이야기를 나누며 추억을 쌓기도 했다. 아침엔 휴게실에서 토스트로 조식을 먹는 여행자들의 자잘한 소음으로 하루를 시작하는 나콘 호스텔이었다.

나콘 호스텔(Nacorn Hostel)

Add. Nacorn Hostel, 365/20 Phra Sumen Rd, Wat Bowonnitwet, phanakorn, Krung Thep Maha Nakhon 10200 **Fee.** 1인 8,000~

오후 2시가 될 때까지 실컷 잠을 자고 일어났더니 한결 좋아졌다. 정신을 차리니 제대로 된 식사를 한 지 하루가 지났다는 걸 알려 주는 듯, 공복으로 인한 통증이 찾아왔다. 무언가 먹고 싶다는 생각이 든다는 것은 컨디션이 회복됐다는 증거다. 숙소를 나가서 5분만 걸으면 카오산 로드가 나오고, 여행자들이 넘쳐 나는 곳이니 분명 환전이나 식사도 쉽게 해결할 수 있을 것이었다. 방콕까지 오면서, 현금 분실을 포함한 예상 밖의 문제들로 비틀거린 여행은 다시 안정적인 궤도로 돌아오고 있었다.

맛있는 음식과 구경거리가 늘어선 세계인의 놀이터

흐린 날씨였지만 배낭여행자들의 천국이라 불리는 카오산 로드는 그 명성에 걸맞게 엄청난 인파로 들끓고 있었다. 수많은 길거리 음식은 군침을 돌게 만들었고 그중에서도 타란툴라와 각종 벌레 튀김들은 호기심을 자극했지만 공복을 해결하고 싶은 방법은 아니었다. 나는 우선 프랜차이즈 햄버거 가게로 갔다. 슬리핑 기차에서부터 하루 가까이 식사를 못했더니 현지 음식에 도전하기에 앞서 익숙한 음식으로 배를 채우는 게 나을 것 같았다. 카오산 로드는 워낙에 여행지로서 인기 있는 곳이라 맥도날드와 버거킹, 스타벅스같이 글로벌한 프랜차이즈 가게들을 어렵지 않게 찾을 수 있다. 동남아에서는 프랜차이즈의 메뉴들 또한 평균적인 가격이 한국보다 저렴하며, 앞서 말했듯 국내에는 출시되지 않는 새로운 메뉴를 먹어볼 수 있다는 장점 또한 있으므로 나는 이번 해외여행 중에 맥도날드나 버거킹을 꽤 애용했다. 카오산 로드의 맥도날드에는 'I ♡ KHAOSAN'이라고 적힌 입간판이 서 있는 포토존이 있어서 일부러 찾아가는 여행자들도 있다.

배를 채우고 밖으로 나와 다시 카오산 로드를 천천히 걸었다. 이곳이 왜 그렇게 여행자들에게 좋은 곳이라는 건지 그 이유가 궁금했는데 일단 거리 자체의 활기부터가 대단했다. 카오산 로드 입구 부근의 회전 교차로를 지나면 바로 보이기 시작하는 노점들, 열대 과일을 쌓아 놓고 연신 얼음을 갈고 있는 음료 가게와 그 옆에 위치한 저렴한 가격에 다양한 현지 음식을 맛볼 수 있는 거리 위의 식당들은 모든 여행자들이 한 번쯤은 들리는 곳이었다. 조금 더 걷자 세계 각국의 사람들로 바글바글한 카페에서 라이브 공연이 펼쳐지는 모습도 보였다. 새빨간 계단식 펍으로 유명한 카오산 로드 중심부의 술집은 대낮부터 음주를 즐기는 사람들로 가득 차 있었다.

1 카오산 로드의 맥도날드 **2** 카오산 로드 표지판

• 카오산 로드의 한 생과일주스 가게와 땡모반(수박주스)

마사지, 기념품, 술, 다양한 길거리 음식, 라이브 카페, 클럽, 그리고 세계 어디서나 흔히 볼 수 있는 프랜차이즈들까지. 카오산 로드 안쪽으로는 뭐가 있는가를 설명하는 일보다 여기 없는 게 무엇인지 설명하는 일이 더 간단할 정도다. 무엇보다 가게들이 독특한 만큼 이곳이 처음인 여행자들에게는 신기한 광경이 많은 곳이었다. 다들 무얼 하면서 그렇게 바쁘게 거리를 쏘다니고 있는지, 정말 다양한 국가의 여행자들이 신이 나서 카오산 로드를 누비고 있었다. 이곳의 분위기는 그냥 그렇게 절로 흥이 났다. 한마디로 '먹고 놀기 좋은 곳'이다. 그것만으로 여행지로서의 매력은 충분해 보였다. 생과일주스가 유명한 동남아에서도 알아준다는 태국의 수박주스인 35밧(한화 약 1,200원)짜리 '땡모반'을 하나 사 들고 카오산 로드 구석구석에서 벌어지는 다양한 풍경들을 구경하며 빙글빙글 돌았다. 태국 밧의 경우 어림잡아 계산할 때는 '10밧 = 350원 / 100밧 = 3,500원 / 300밧 = 10,500원'을 기억해 두면 편리하다. 물론 해당 시기의 환율에 따른 차이는 조금씩 있다.

S.P.
JEWELLERY
Chang
NEW
BOSTON
LADIES & GENTS
CUSTOM TAILORS
TAXI
EXCHANGE

그렇게 정처 없이 걷다가 카오산 로드 부근에 위치하고 있는 왓 차나 송크람(Wat Chana Songkhram)이라는 사원과 마주했다. 방콕에서 손에 꼽을 정도로 유명한 사원은 아닌데도 안으로 들어가 보니 금빛의 장식이 아주 화려했다. 불교가 융성한 태국, 그리고 그 수도인 방콕에서는 불교 문화를 집중적으로 느낄 수 있는 '사원 투어' 패키지가 따로 판매되기도 한다. 태국 사원은 단정한 복장을 요구하며 왓 차나 송크람도 마찬가지라서 반바지와 슬리퍼 차림으로는 안쪽으로 들어갈 수가 없었다. 방콕 왕궁도 민소매나 짧은 반바지, 슬리퍼 등의 복장으로 방문하면 입장이 불가하다는 사실은 여행자들 사이에서 익히 알려져 있다. 나는 이곳에서는 그냥 화려한 외관을 보는 것으로 만족했지만 복장을 갖추고 와서 안으로 들어가는 여행자들도 꽤 있는 듯 보였다. 별도의 입장료가 없으며 번화가에서 멀지 않으므로 카오산 로드를 여행하는 중에 번잡함을 피해 잠시 쉬어갈 수 있는 작은 쉼터 같은 곳, 왓 차나 송크람이다.

왓 차나 송크람
(Wat Chana Songkhram)

Add. Wat Chana Songkhram, Chakrabongse Rd, Khwaeng Chana Songkhram, Khet Phra Nakhon, Krung Thep Maha Nakhon 10200

• 왓 차나 송크람 사원의 후문에 위치한 화려한 종탑

왓 차나 송크람의 건너편 거리에는 스타벅스가 하나 있는데 흔히 보던 것들과는 외관이 사뭇 달랐다. 온통 파란색으로 칠해진 그 건물이 워낙 독특한 분위기를 풍겨서 나도 모르게 발걸음이 그곳으로 향했다. 직선으로 늘어선 늘씬한 기둥들과 그 사이의 바닥에 깔려 있는 태국풍의 타일들이 눈에 띄었다. 스타벅스 고유의 이미지에 방콕 카오산 로드의 느낌이 잘 조화되어 있는 곳이다. 냉커피를 한 잔 마시며 방콕 오후의 무더위를 잠시 피해 본다.

스타벅스 카오산 로드
(Starbucks Khaosan Road)
Add. Starbucks Khaosan Road, Chakrabongse Rd, Khwaeng Talat Yot, Khet Phra Nakhon, Krung Thep Maha Nakhon 10200
Time. 매일 06:30~23:00

방콕의 더운 날씨 때문일까? 어둠이 깔릴수록 거리는 한층 더 시끌벅적해졌다. 여행자는 점점 넘쳐 났으며 볼거리와 먹거리도 더욱 많아졌다. 나는 카오산 로드의 밤을 걷다가 거리 중심부에 있는 한 숯불 꼬치 노천상의 단골이 되었다. 보통 꼬치들은 종류를 불문하고 한 번 구워진 상태로 전시되어 있다가 판매 전에 다시 데워 주기 마련이다. 그런데 이곳은 특이하게도 초벌조차 되지 않은 날고기의 상태로 꼬치들이 전시되어 있었다. 상온에 날고기를 보관하는 것이 위생상 별로 좋지 않다는 사실은 알지만 즉석에서 숯불에 구워 주는 10밧(한화 약 350원)짜리 소고기 꼬치가 너무 맛있어서 같은 걸 세 차례나 사 먹었다. 카오산 로드의 거리에는 밤이 되면 닭, 소, 그

리고 돼지 따위로 만든 꼬치를 파는 노점이 급속도로 많아지는데 대부분 개당 가격이 10~20밧(한화 약 350~700원) 수준이다. 이곳이 배낭여행자의 천국이라 불리는 중요한 이유 중 한 가지가 저렴하고 맛있는 음식이 많기 때문인 것은 분명했다.

1 먹거리가 넘쳐 나는 카오산 로드의 노점들
2 밤에 본 카오산 로드의 거리
3 개당 10밧이었던 카오산 로드의 길거리 꼬치

물론 식사를 노점에서 파는 꼬치로 항상 해결한 것은 아니었다. 맛있는 음식이 그렇게 많다는 방콕에 머무는 동안 자주 이용한 태국 음식점은 카오산 로드에 위치한 'Tam Kin Kan'이라는 곳이었다. 카오산 로드 입구의 회전 교차로를 지나 조금만 걸으면 나오는데, 가게가 그리 크지 않고 거리 위에 테이블과 일부 음식, 주방이 있어서 식당이 아니라 노천상 같은 느낌도 드는 곳이다. 하지만 구글 지도에 'Tam Kin Kan'이라는 이름을 검색하면 위치가 나오고 리뷰도 몇십 편이 등록되어 있을 만큼, 이곳에서는 그런대로 유명한 카오산 로드의 맛집이다. 기본적으로 일반적인 태국 요리들을 판매하는데 팟타이나 똠얌꿍, 볶음밥이 대표적이고 닭이나 새우를 튀긴 요리들도 판매한다. 대부분의 메뉴가 100밧(한화 약 3,400원) 이하로 저렴하며 자극적인 향신료 맛이 나지 않아서 한국인의 입맛에 잘 맞는다. 카오산 로드 입구라는 편리한 위치와 맥주와 함께 저녁 식사를 해도 1인당 만 원이 안 되는 수준의 가격, 준수한 맛과 청결한 조리 환경까지 갖춰서 두 번 이상 방문하지 않을 수 없었던 곳이다. 테이크아웃도 가능해서 카오산 로드 구경을 마치고 숙소로 돌아가는 길에 이곳에서 팟타이를 포장하고 입구의 세븐일레븐에서 맥주를 하나 사서 돌아오면 어김없이 즐거운 밤이 되곤 했다. 개인적인 베스트 메뉴는 80밧(한화 약 2,700원)의 새우 볶음밥이었다.

Tam Kin Kan

Add. Tam Kin Kan, 333 Soi Ram Butri, Khwaeng Talat Yot, Khet Phra Nakhon, Krung Thep Maha Nakhon 10200

Time. 매일 12:00~23:00

• Tam Kin Kan의 새우 팟타이와 새우 볶음밥

이 거리의 밤은 매일이 축제다. 카오산 로드에서는 많은 이들이 먹고 마시고, 음악에 맞춰 춤을 추며 즐거운 밤을 보낸다. 마치 전 세계인의 놀이터 같은 느낌도 준다. 잘은 몰라도 방콕을 여행하는 사람 중 절반은 밤이 되면 카오산 로드로 향할 것이다.

베트남과 라오스를 거치며 동남아가 많이 익숙해진 상황에서, 전형적인 동남아 번화가 분위기를 띄는 카오산 로드가 주는 감명은 방콕이 첫 여행지였을 경우와 비교해서 덜했을 수도 있다. 나 역시 하노이와 방콕의 여행자 거리가 비슷하다는 생각을 했다. 그럼에도 나에게 카오산 로드가 만족스러운 여행지가 될 수 있었던 까닭은 맛있고 저렴한 음식들과 독특한 디자인의 건물 혹은 가게들의 개성 있는 모습, 그리고 여행자 중심의 활기라는 특징들이 만들어 내는 차이가 있었기 때문이었다.

망고밥 같이 먹을래요?

카오산 로드를 한참 돌아다니다 돌아온 태국 여행에서의 첫날 저녁, 나콘 호스텔의 휴게실에서 노트북을 두드리고 있는데 한 여자가 맞은편에 앉더니 말을 걸어왔다. 그녀는 웃으며 짧게 인사를 건네더니 대뜸 포장된 도시락을 테이블에 올리곤 비닐을 뜯으며 해맑게 함께 먹겠느냐고 물었다. 내용물을 모르는 내가 멈칫하는 사이 일회용 용기의 뚜껑이 열렸고 곧 해괴한 느낌을 물씬 풍기는 음식이 눈에 들어왔다. 표면이 아주 반들거리고 매끄러운 망고와 그 아래로 찰기가 가득한 흰밥이 깔려 있었다. 샛노란 망고와 찰밥, 그리고 연유의 만남. 망고와 연유를 흰밥과 함께 먹다니, 보통의 입맛을 가진 한국인들에게는 잘못된 만남이 분명했다. 선뜻 먹어 보겠다는 대답이 나오질 않는 순간이었다. 그러다 호기심에 한 입 먹어 봤지만 예상대로 기괴한 맛이었고, 그날 밤 다시는 숟가락을 들지 않게 되었다.

할 수 있는 이런 독특한 이동 수단은 여행자라면 한 번쯤 이용해 보는 것도 좋다. 물길로 방콕을 돌아본다는 경험 자체가 색다른 여행이 된다. 카오산 로드에서 판파(Phanfa) 다리까지 뜨거운 햇빛을 견디며 꽤 걸어야 했지만 가격도 저렴하고 교통 체증도 피할 수 있어서 결과적으로는 탁월한 선택이었다.

운하로 이동하는 방식 자체가 내게는 생소한 일이라 처음엔 제대로 가고 있는 건지 걱정이 되기도 했다. 그러다가 보트에 점점 속도가 붙고 적응이 되니 이내 이 또한 즐거운 경험이라는 생각이 들었다. 그제서야 주변을 둘러보았다. 보트가 옆으로 지나가든 말든 신경쓰지 않고 강 쪽으로 다리를 내놓고 담배를 피우는 청년들이 보였다. 운하 주변에 수상 가옥을 짓고 살아가는 현지인들이다. 보트를 타고 시암 스퀘어로 가는 동안 물가를 삶터로 잡고 살아가고 있는 방콕 사람들을 스치듯 꽤 많이 보았다. 가히 안락해 보이는 삶은 아니다. 보트를 타고 여행하는 것이야 물론 재밌었지만 물은 결코 청결하지 않았고 운하 주변부 역시 쾌적한 환경도 아니었기에, 삶을 영위하기 위해서라면 쾌적한 장소로 보이진 않았다. 흔히 낭만적으로 떠올리는 수상 가옥과 방콕 운하 주변부에 사는 태국 서민들의 삶은 조금 거리가 있어 보였다.

옆으로 다른 보트가 지나가면서 한차례 물이 튀었다. 배에 설치되어 있는 비닐 천막은 좌석을 완전히 가려주진 못했다. 수질이 좋지 않아서 썩 유쾌하지 않았던 그 순간만 빼면 다른 불편함 없이 시암 스퀘어가 가까운 후아 창(Hua Chang) 다리에 도착했다. 처음엔 반신반의하면서 선택한 운하 버스였지만 막상 타 보니 돌아갈 때도 이용해야겠다 싶을 만큼 괜찮은 이동 수단이었다.

• 운하 버스를 타고 카오산 로드에서 시암 스퀘어로

운하 버스(수상 버스) : 카오산 로드 to 시암 스퀘어

❶ 탑승 장소(판파 선착장) : Phanfa Bridge, Ban Bat, Pom Prap Sattru Phai, Bangkok 10100

❷ 하차 장소(후아 창 선착장) : Hua Chang, Wang Mai, Pathum Wan, Bangkok 10330

❸ 요금 : 10밧(한화 약 350원)

❹ 소요 시간 : 약 11분(4개 정류장)

방콕의 중심, 시암 스퀘어

후아 창 여객선 터미널에 내려서 시암 스퀘어를 찾기는 어렵지 않았다. 보트가 다니는 샌샙(Saen Saep) 운하를 벗어나 큰 길로 나가면 시암 스퀘어가 시작되는 사거리에 위치한 방콕 예술문화센터가 보인다. 그 건너편으로는 수많은 시암의 빌딩들이 늘어서 있다. 보트에서 내린 뒤 약 5분을 걸어서 도착한 시암 스퀘어의 첫인상은 약간 놀랄 정도로 잘 발달된 모습이었다. 조금 전 운하를 지나오면서 봤던 방콕 사람들의 삶과는 너무나 다른 장면이어서, 이 거대한 쇼핑몰에서 조금만 걸으면 운하를 따라 가난한 삶을 살고 있는 서민들이 있다는 사실에 괴리감을 느끼기도 했다.

• 시암 파라곤

방콕 시암 스퀘어에는 고급스럽고 깔끔한 복합 쇼핑몰들이 밀집해 있다. 시암 센터(Siam Center), 시암 디스커버리 센터(Siam Discovery Center), 마분콩 센터(MBK Center)가 대표적인 쇼핑몰이다. 시암 센터를 기준으로 디스커버리 센터에서는 보다 고가 브랜드의 상품을, 마분콩 센터에서는 보다 저가 브랜드의 상품과 잡화들을 판매한다고 알려져 있다. 쇼핑몰들 내부에는 의류와 잡화뿐만 아니라 푸드코트나 카페들도 들어서 있어서, 반드시 물건을 구매하지 않더라도 구경을 다니면서 식사를 하거나 커피를 마시며 시간을 보낼 수도 있다.

개인적으로 수많은 대형 복합 쇼핑몰들 중에서 가장 기억에 남은 곳은 시암 파라곤(Siam Paragon)이었다. 투명한 유리창으로 이루어진 원기둥 형태의 외관과 금색의 간판에서부터 고급스러운 분위기를 물씬 풍기는 이곳에는 아쿠아리움 시 라이프 방콕(Sea Life Bangkok)이나 고메 마켓(Gourmet Market)같이 여행자가 구경해 볼 만한 장소도 구비되어 있다. 앞으로 남은 여행에 필요한 경비를 감안해서 약 1,000밧(한화 약 34,000원)의 입장료가 요구되는 아쿠아리움은 입구만 구경하고 들어가지 않았는데, 알고 보니 시 라이프 방콕은 미리 여행사나 중개업체를 이용해서 구매하면 절반 이상 저렴하게 티켓을 구매할 수 있다고 한다. 나는 대신 고메 마켓을 구경하는 것으로 만족해야 했다. 아직 여행이 많이 남았기에 딱히 기념품을 살 순 없었지만 태국의 다양한 먹거리나 생필품들을 구경하는 재미가 있는 곳이었다. 여행자들 사이에서는 달리 치약(Darlie Toothpaste)과 코캐(Koh Kae)라는 고추냉이 과자, 건망고, 다양한 종류의 차(tea)와 각종 화장품을 구매할 수 있는 곳으로 꽤 유명한 곳이다.

이처럼 시암 스퀘어에는 여러 쇼핑몰에 많은 상점과 볼거리들이 있다. 단순한 구경이 아니라 쇼핑을 목적으로 방문하는 여행자라면 미리 구매 목록을 작성해 두는 것도 현명한 방법이 될 것이다. 쇼핑몰 밖의 거리에서는 밤이 되면 야시장이 열리기

도 하며, 방콕의 해산물 맛집으로 유명한 솜분 시푸드(Somboon Seafood)나 멋진 호수가 있는 룸피니 공원(Lumphini Park)도 시암 스퀘어에서 멀지 않은 곳에 있으므로 이런 요소들을 고려하여 일정을 짜는 것도 좋은 방법이다.

시암 스퀘어는 확실히 이전의 동남아 여행지들보다는 세련된 곳이었다. 쇼핑에 큰 관심이 없으면서도 여행 중에 이곳을 방문한 이유에는 시암 스퀘어가 그만큼 유명한 장소여서 무언가 있을 것이라는 기대도 있었고, 태국에서 가장 현대적인 장소를 직접 걸어 보고 싶은 마음도 있었다. '아시아 최대의 쇼핑몰'이라는 칭호가 백 퍼센트 사실인지는 모르겠으나 시암 스퀘어는 그런 수식어에 걸맞은 모습을 띠고 있어서 나의 기대는 적당히 충족되었다. 또한 방콕, 더 크게는 동남아라는 지역에 대해 기존에 가지고 있던 이미지가 다소 편협했을 수도 있다는 생각이 들게 만드는 곳이었다.

시암 스퀘어(Siam Square)

Add. Siam Square One, 979 Rama I Rd, Khwaeng Pathum Wan, Khet Pathum Wan, Krung Thep Maha Nakhon 10330 **Web.** siam-square.com

Time. 매일 10:00~22:00(쇼핑몰 내의 상점마다 차이는 있다.)

구경이 끝나니 더운 날씨에 감기까지 걸린 상태라 숙소 생각이 간절해졌다. 땡모반을 하나 사서 시원한 게스트 하우스 휴게실에서 쉬다가, 밤이 되면 다시 카오산 로드로 놀러 나가면 딱 좋겠다는 생각을 하며 보트가 내렸던 곳으로 운하 버스를 타러 갔다. 그런데 생각해 보니 보트를 타는 곳은 한 곳뿐이었다. 내가 알고 있는 버스의 개념은 돌아갈 때는 반대편에서 타야 하는 것인데. 나는 혼자서 추측을 시작했다.

'왜 반대편에는 승강장이 없지? 운하는 차선 개념이 없으니 여기서 양쪽으로 가는 걸 다 탈 수 있는 건가? 그러다 오는 보트랑 부딪히면 어쩌지? 그런데 내가 내려야 되는 역은 이름이 뭐더라….'

나의 혼란스러운 머릿속을 들여다본 듯 웬 현지인 한 사람이 나를 부르더니 어디로 가는지 물어 왔다. '카오산 로드'를 알아들은 남자는 알아듣기 힘든 언어로 뭔가 격렬하게 설명하기 시작했다. 아무리 들어 봐도 좋은 상황은 아닌 것 같아서 나는 그 주변에 붙어 있는 운하 버스 운행 정보가 고시된 표를 연구하기 시작했다. 이것저것 한참을 뒤지고 묻다가 올 때보다 요금이 몇 배는 더 비싸다는 정보와 시간이 한참 더 걸릴 것이라는 정보를 알 수 있었다.

그러다가 보트가 한 대 들어왔다. 확인을 위해 그 보트 위에서 구명조끼를 입고 서 있는 승무원에게 물어보니 그 정보대로 요금이 비싸지고 시간이 늘어난 게 맞았다. 카오산 로드로 돌아가려면 운하를 한 바퀴 돌아야 한다고 했다. 순환 버스와 비슷한 것 같긴 하지만 가는 방향도 맞고 세 정거장 뒤가 아침에 탔던 곳인데 왜 그런지 알 방법이 없었다. 아마 앞으로도 영영 모를 것 같다. 잠시 후 카오산 로드에 도착한 나는 택시에서 내리고 있었다.

방콕의 대조적인 두 가지 모습을 볼 수 있었던 하루였다. 시암 스퀘어의 화려함과 운하 버스를 타며 봤던 방콕 서민들의 삶. 방콕 운하를 따라 내려오면서 지켜본 가옥들은 그 주변의 청결 상태를 볼 때 위생적인 문제가 없을 리가 만무해 보였다. 시암 스퀘어의 화려함과는 완전히 딴판이다. 언젠가 태국인들의 '진짜 삶'을 알기 위해서는 방콕이 아닌 다른 곳을 여행해 봐야 한다는 말을 들은 적이 있다. 시암 스퀘어에서 쇼핑을 하고 방콕 중심부의 높은 아파트에서 사는 사람들의 삶이 가짜라는 것은 아니지만, 아마 많은 태국인들의 삶은 시암 스퀘어의 화려함보다는 운하 버스를 타고 내려오며 봤던 가난한 사람들의 모습에 가까울 것이다.

빈부 격차는 서울과 부산에도 있다. 나는 오늘과 같은 상황을 한국에서도 몇 번씩이나 봐 왔다. 그럼에도 방콕 운하 버스와 시암 스퀘어의 극심한 대비가 강렬하게 기억에 남은 이유는 확실히 모르겠다. 어쩌면 너무나 익숙해서 아무런 감정의 일렁임 없이 지나치던 일상의 조각들을 예상치 못한 순간에 낯선 타지에서 새로이 발견하고, 본래의 그 무감각을 넘어 삶에서 작은 미동이라도 일도록 하는 것이 여행의 한 기능일 수도 있겠다.

• 시암 센터 4층에는 아기자기한 인테리어의 무민 카페가 있다

· Story ·

02

파타야

Pattaya

3. 뜨거운 태양과 바다, 파타야

4. 밤의 파타야 비치

5. 더 스카이 갤러리

뜨거운 태양과 바다, 파타야

파타야의 휴일

도시마다 그 특색에 맞게 여행의 콘셉트가 대강은 있는 법이다. 내 파타야 여행의 콘셉트는 '휴일'이었다. 앞으로의 3박은 이번 여행 중 가장 좋은 숙소에 머무르는 기간이다. 커다란 풀장이 딸린 숙소에서 느긋하게 쉬면서 태양이 뜨거운 해변 도시를 천천히 즐기는 사흘이 될 것이다. 여행의 중반부에 딱 맞춰 직접 마련한 자체 주말 정도가 되겠다. 주말 없이 한 달을 어찌 버티겠는가. 여행에서도 마찬가지다.

방콕을 떠나 파타야로

동남아에 도착한 지 16일 차, 오늘은 방콕에서의 마지막 날이자 파타야로 가는 날이다. 카오산을 떠나려니 금세 정이 많이 들었는지 아쉬움이 밀려와서 아침 일찍 숙소에서 조식을 먹고 밖으로 나왔다. 말레이시아로 가기 위한 기차표를 구매하기 위해 카오산 로드의 한인 여행사를 찾아가면서 마지막으로 그 주변을 한 바퀴 걸었다. 머무르는 내내 변함없이 거리에는 활기가 가득하다.

여행사에서 슬리핑 기차 티켓을 받는데 생각보다 시간이 오래 지체됐고, 아예 점심 식사까지 마친 뒤에 오후 4시가 다 돼서야 방콕의 시외버스 터미널(에까마이)에 도착했다. 방콕과 파타야는 버스로 2시간 거리이고 에까마이 터미널에는 30분마다 파타야행 버스가 한 대씩 들어온다. 방금 한 대가 출발했는지 나는 4시 30분 티켓을 받았고 조금 기다리다 버스에 탈 수 있었다. 좌석 맨 뒤에 화장실이 있는 버스였는데, 동남아에서는 그런 가끔 그런 버스가 있다. 차량에 따라 있을 수도 있고 없을 수도 있다. 호기심은 생겼지만 급한 일이 없었기에 버스의 화장실을 굳이 이용해 보진 않았다. 버스가 파타야로 출발하자마자 1시간 정도 잠이 들었고, 나머지 1시간 정도를 멍하니 앉아 있다가 도착했다. 기차에서 보내는 여행길과 달리 버스로의 이동은 유독 힘들다. 자유롭게 움직일 수 없다는 점과 멀미가 주된 이유다. 한국인 여행자들은 방콕에서 파타야까지 택시로 이동하는 경우도 많은데 그 경우 일반적으로 1,500밧(한화 약 51,000원) 이상의 요금이 요구된다.

방콕 동부 시외버스 터미널(Eastern Bus Terminal Bangkok Ekkamai, 에까마이 터미널)

Add. Eastern Bus Terminal Bangkok Ekkamai, 928 Sukhumvit Rd, Khwaeng Phra Khanong, Khet Khlong Toei, Krung Thep Maha Nakhon 10110 **Fee.** 방콕–파타야 기준 108밧(한화 약 3,700원)
방콕 에까마이 터미널에서 파타야 버스 터미널까지 현지 버스로 2시간이 조금 넘게 걸린다.
연착이 잦다는 것을 유의하고 일정을 짜는 것을 추천한다.

파타야에 도착하니 해는 이미 서쪽으로 뉘엿뉘엿 기울고 있었다. 북부 터미널에서 느낀 파타야의 첫인상은 좀 의외였다. 그저 화려한 관광지인 줄로만 알았는데 생각보다 소소했다. 오래된 시골 마을 느낌도 나는 곳이었다. 구글 지도를 이용해서 알아

보니 터미널에서 숙소까지는 3km 정도 떨어져 있었다. 새 여행지를 구경하며 걸으면 어쩌면 그리 멀지 않을 수도 있는 거리지만, 일단 짐이 있으니 터미널에서 적극적으로 호객 행위를 하고 있던 툭툭이(삼륜 트럭 택시)를 이용하기로 했다.

• 동남아시아를 여행하면 한 번은 타게 되는 툭툭이

그런데 짐칸에 올라 아무리 기다려도 트럭은 출발할 생각을 하지 않았다. 차는 언제 움직이느냐고 물어보니 가격을 두 배로 주면 당장 출발할 수 있지만 그런 게 아니라면 트럭이 찰 때까지 기다리라는 답이 돌아왔다. 대기 중인 차량이 굉장히 많았으므로 30분마다 터미널에 도착하는 버스로 그 수요가 충족돼서 출발한다는 확신은 없었다. 만약에 다음 버스에서 내리는 사람들이 이 트럭을 선택하지 않으면 또 30분을 기다려야 할 것 같았다.

걸으며 여행하는 일에는 자신이 있었기에 냉큼 트럭에서 내렸다. 사실 아무 설명도 없이 무작정 기다리게 했다가 돈을 두 배로 달라는 그 말에 기분이 상하기도 했다. 터미널을 나와 지도를 보며 천천히 걷기 시작했다. 파타야 거리의 다양한 식당들을 보면서 배고픔을 참았다. 역시나 새로운 여행지에서 도시의 분위기는 어떻고 거리엔 무엇이 있나 하며 구경을 곁들여 걷는 일은 꽤나 즐거웠다. 그러나 그 일도 30분이 넘어가자 슬슬 피로가 몰려왔다. 무거운 짐을 들고 30분이 아니라 1시간을 걸어야 하게 될 줄 진작 알았더라면, 아마 그 트럭에서 계속 기다렸을지도 모르겠다. 지도에는 파타야 터미널(북부)에서 해변까지 3.2km라고 표시되어 있었지만, 나는 무거운 짐 때문인지 40분으로 표시된 지도 앱의 예상 도보 이동 시간을 훌쩍 넘겼다. 그나마 다행인 점은 터미널에서 파타야 중심부까지는 지도를 보며 큰 길만 따라 걸으면 될 만큼 길을 잃을 염려가 없이 단순하다는 것이었다.

파타야 비치가 인접한 도시 중심부가 가까워질수록 눈에 띄게 사람들이 많아졌다. 숙소가 보이면서 안도감이 들자마자 발 앞의 하수구에서 꼬리가 긴 쥐가 '툭' 하고 튀어 나왔다.

"으악!"

'갑툭튀'는 이럴 때 쓰는 말임이 분명했다. 살면서 본 쥐 중에 가장 덩치가 큰 놈이었다. 휘황찬란한 파타야 시내 한복판에서 시원하게 한차례의 비명을 지르고 숙소에 도착했다. 그리 비싸지 않은 4성급 호텔인 그랜드 벨라 호텔(Grand Bella Hotel)은 크고 화려했으며 쥐가 나온 거리와는 상당히 대비되게 깔끔했다. 이 멋진 곳에서 세 번의 밤을 보낼 생각을 하니 또 마음이 들뜨기 시작했다. 아직 감기 기운이 조금 남아 있지만 파타야의 낮 시간은 굉장히 더우므로 내일은 호텔에서 아침 수영을 할 수 있을 것이다.

시간이 꽤 늦었지만 배가 많이 고팠기에 다시 숙소를 나섰다. 대부분의 식당이 문을 닫을 시간이라 편의점에 갈 생각이었다. 방콕에서부터 종종 편의점에 들려서 즉석식품들을 사 먹었는데 태국의 편의점 음식은 대부분 저렴한 가격에 비해 맛과 양이 모두 훌륭했다.

파타야 시내로 나오니 방콕의 카오산 로드와 비슷한 듯하면서도 사뭇 다른 분위기의 밤이 펼쳐졌다. 한번은 코앞에서 속옷 비슷한 차림을 한 여자가 갑자기 주차된 차에 올라가 춤을 추기도 했다. 한눈에 봐도 심상치 않은 클럽과 술집들이 즐비한 듯한 파타야의 번화가다. 시끄럽고 퇴폐적인 분위기의 클럽과 술집, 상대적으로 조용한 가게와 카페들, 열대 과일을 잔뜩 진열해 놓은 실내 시장 등으로 채워진 파타야의 밤거리를 걷다가 커다란 편의점 하나를 발견했다. 이번 여행 중 휴식지로 정한 파타야인 만큼 바쁘게 돌아다니기보단 편안히 쉬면서 지내고 싶었다. 파타야에서의 일정은 아직 여유가 있었으므로 태국의 세븐일레븐에서 볼 수 있는 '팟 카파오 무 삽(태국식 돼지고기 덮밥)' 도시락 등의 다양한 편의점 음식들을 잔뜩 사서 숙소로 돌아왔다.

파타야 북부 버스 터미널 to 센트럴 파타야 로드(Central Pattaya Road, 파타야 중심부)

파타야 북부 터미널에서 시내 중심부까지 가기 위해서는 툭툭이, 오토바이, 택시를 이용하거나 숙소에서 제공하는 경우 픽업을 받는 방법이 있다. 도보 이동을 선택한다면 약 3.2km를 걸어야 하며 40~50분가량이 소요된다. 2018년 10월에 태국의 유명 쇼핑몰인 터미널 21(Terminal 21 Pattaya)이 파타야에 오픈했는데, 터미널에서 중심부로 가는 길 사이에 있으므로 혹시 걸어간다면 이곳에 들리는 것도 한 방법이다.

휴일의 시작 - 그랜드 벨라 호텔, 파타야 비치, 워킹 스트리트

이미 어두워진 시간에 도착한 첫날, 방에서 내려다본 수영장이 너무나 멋져서 나

는 이튿날 눈을 뜨자마자 커튼을 걷었다. 이토록 화창한 날씨라니, 아무리 감기에 걸렸다 한들 눈앞에 있는 풀장에 뛰어들지 않고는 못 배길 기분이었다.

'이런 게 주말이지.'

그것도 아주 멋진 주말. 아침 수영으로 시작하는 파타야의 휴일을 그려 보며 활기에 가득 찬 걸음으로 방을 나서서 수영장으로 내려갔다. 그런데 원체 이런 고급 숙소에 머물러 본 적이 없는 나는 부적절한 옷차림으로 물에 뛰어들었다가 즉각 안전 요원에게 제지를 당했다. 수모를 쓴 사람이 없었기에 복장에 제한이 없는 줄 알았다. 살짝 부끄러웠지만 짐짓 쿨한 척을 하며 수영장을 나와 옷을 갈아입으러 다시 방으로 올라갔다. 다행히 풀장에서 착용할 수 있을 만한 스포츠 웨어가 한 벌 있었고, 마음껏 헤엄을 치고 미끄럼틀을 타며 1시간 정도 물놀이를 즐길 수 있었다.

그랜드 벨라 호텔(Grand Bella Hotel Pattaya)
Add. Grand Bella Hotel Pattaya, 336/20 M, 9 Pattaya Klang Road **Fee.** 약 45,000원~

여유로운 휴일은 계속됐다. 따듯한 물에 샤워를 하고 느지막이 호텔을 나와 근처의 인도 식당에서 점심 식사를 했다. 파타야에는 인도인 단체 관광객들이 굉장히 많아서 식당은 고향의 맛을 찾아서 들어온 인도 여행자들로 북적거렸다. 이곳에서 거의 유일하게 인도인이 아니었던 나는 인도 음식을 주문하지도 않았다. 식당의 수많은 사람들 중에서 유일하게 '태국 파타야의 인도 식당에서 이탈리아식 파스타를 먹는 한국인'이 바로 나였다. 다소 우스운 상황이었지만 다행히 봉골레 파스타의 맛은 끝내주게 훌륭했다.

식사를 마치고는 미리 봐둔 숙소 앞의 자그마한 카페로 갔다. 그랜드 벨라 호텔 입구 부근에 위치한 'Malamute Coffee'라는 이름의 카페다. 일 년 내내 뜨거운 태양이 내리는 도시에서 '맬러뮤트'라는 알래스카 썰매견 품종의 이름을 붙인 그 작은 카페는, 시끌벅적한 파타야 번화가와 멀지 않으면서도 단절된 듯 몹시 한적했다. 맛있는 수제 샌드위치, 블랙커피와 함께 파타야 오후의 여유를 만끽할 수 있는 곳이다. 카페의 다른 테이블이나 바깥쪽 테라스에는 나이가 지긋한 백인 노인들이 있었는데, 당시에는 파타야에 유독 백인 노인 관광객이 많은 이유를 짐작하지 못했다.

• 파타야 비치 근처의 거리와 상가들

• 해 질 무렵의 파타야 비치

여유로운 하루의 마무리는 파타야 비치 산책으로 계획했다. 느지막이 일어나 수영을 하고 밥을 먹고 커피를 마셨지만 아직도 해가 완전히 지지 않은 시간이었다. 바다를 따라 해수욕이나 해상 레저를 즐기는 사람들이 꽤 보였다. 끝이 보이지 않게 뻗은 파타야의 해변가를 걸으며 타이만(Gulf of Thailand)의 푸른 바다를 바라보았다. 여느 바다와 특출나게 다른 점은 없었지만 역시나 바다이기에 가만히 바라보기만 해도 좋을 수밖에 없었다. 여행지에서 만나는 바다는 별다른 구석이 없어도 쉽게 감상에 젖게 만들곤 한다.

파타야 비치 바깥쪽으로는 유명 관광지답게 많은 인파가 모여 있으며 다양한 식당과 술집들이 늘어서 있다. 경치가 좋아서 그런지 오픈형 바(bar)가 주를 이룬다. 노을이 지는 시간이 되니 날씨가 선선해지며 시원한 바람이 불었다. 느긋하게 즐기는 오후의 바닷가 산책으로는 제격인 날씨였다. 이대로 조금만 더 걸으면 워킹 스트리트(Walking Street)가 나올 길이어서 겸사겸사 다녀오기로 했다. 워킹 스트리트는 파타야 비치 로드에서 이어지는 거리에 조성된 유흥지로, 파타야 여행자 거리로 불리기도 한다. 해변을 따라 걷다가 백사장이 끝날 때쯤 그곳에 도착했다. 오는 길에 검색을 하면서 태국에 오면 꼭 먹어보고 싶었던 뿌 팟퐁 커리(Pu Phat Phong Curry)를 아주 맛있게 하는 가게가 워킹 스트리트에 있다는 정보를 입수했다. 파타야의 명소에서 저녁 식사까지 하고 숙소로 돌아오면 만족스럽게 하루가 마무리될 것이다.

그런데 애초에 가고자 했던 식당은 폐점한 상태여서 워킹 스트리트를 배회하게 되었다. 파타야 비치 로드에서 일자로 이어지는 이 여행자 거리에는 식당은 물론 나이트클럽이나 술집 등이 셀 수도 없이 많았다. 나는 간판은 없지만 대신 바다 위로 쭉 뻗어 있는 테라스를 가진 식당에 들어가서 고대하던 뿌 팟퐁 커리를 맛볼 수 있었다. 맥주와 볶음밥까지 시켜서 800밧(한화 약 27,500원)이 나왔다. 워킹 스트리트에는 해산물 레스토랑이 많이 있는데, 가게마다 가격에 편차가 있는 편이어서 밖에서 미리 메뉴판을 보고 적당한 곳에 들어간 것이었다. 대표적인 태국 요리로 저녁 식사를 하고 나오니 이제는 해도 저문 시간, 맛있는 음식과 여유로움이 가득했던 파타야의 휴일 중 첫날은 그렇게 끝날 것만 같았다.

하지만 하루의 감상은 그것으로 끝이 아니었다. 파타야의 퇴폐한 문화에 대해서는 들어보기도 했고 도착하자마자 짐작한 바도 있었지만, 가까이서 직접 접해 보니 생각했던 것보다 훨씬 노골적이었고 차원이 다른 수준이었다. 어떤 경우에는 '문화'라는 단어를 쓰는 것조차 적절하지 않을 수도 있겠다. 겨우 1시간 남짓한 시간이었지만, 파타야 여행과 관련된 이야기 중에서 워킹 스트리트를 지나 밤의 파타야 비치를 걸었던 그 순간을 뺄 순 없을 것이다.

파타야 워킹 스트리트(Pattya Walking Street)

Add. Walking St, Muang Pattaya, Amphoe Bang Lamung, Chang Wat Chon Buri 20150

밤의 파타야 비치

해변가의 소녀들

여행을 떠나오기 전, 각 나라와 도시에 관해 궁금한 내용을 바탕으로 '질문 리스트'를 작성했었다. 라오스의 '낭만'이 궁금했던 것처럼, 태국에 대해서는 이곳이 인접 국가에 비해 유독 일찍 인기 있는 여행지로 떠올라 지금까지도 관광지로서의 위상을 유지하고 있는 이유가 무엇인지 궁금했다. 아마 거기에는 파타야의 공(功)을 빼놓을 수 없을 것이다.

파타야에 머무르는 동안 유독 백인 노인들이 많다는 생각이 들 만큼 이 도시에서 그들의 비중은 컸다. 처음엔 그 사실이 별로 대수롭게 보이지 않았고 크게 관심을 두지도 않았다. 그런데 워킹 스트리트를 걷다가, 한 백발 노인이 자신과는 나이대가 굉장히 다른 여자 두 명을 양 팔에 한 명씩 껴안고 걸어 다니는 모습을 보았다.

'아내랑 딸인가?'

여행 중에 피부색이 다른 커플은 꾸준히 봐 왔기에 유럽인과 동양인 남녀가 팔짱을 끼고 걸어간다고 한들 딱히 다르게 보일 이유가 없었다. 그런데 파타야는 유독 그런 커플들의 나이 차가 심했고, 밤이 될수록 그 수가 급격히 늘어났다. 워킹 스트리트의 술집들은 대부분 밖에서 내부를 볼 수 있는 오픈형 구조라 나는 그 안을 구경하며 걸어 다녔다. 그 화려한 가게들 안에는 수많은 노인과 젊은 현지 여성의 '짝'들이 함께 앉아 있었다. 아무리 사랑에 나이와 국경이 없다 한들 누가 봐도 자연스러운 풍경은 아니었다.

이 수많은 '짝'들이 애정에 기반을 둔 커플 같은 게 아니라 모종의 거래에 의해 탄생한 계약 관계임을 확신하게 되는 데는 그리 오랜 시간이 걸리지 않았다. 어두워진 시간의 파타야 비치를 지나 집으로 돌아오는 동안 봤던 광경들은 한적했던 오후의 바다 풍경과는 완전히 다른 것이었다.

오후에 워킹 스트리트로 가는 동안 해변에서 도시락을 먹거나 화장을 하고 있는 여자들이 조금 부자연스러울 정도로 많다는 생각을 했었다. 숙소로 돌아가기 위해 다시 그 길을 걸을 때, 아까의 그 여자들은 여전히 해변에 머무르고 있는 듯 그대로 보였다. 처음엔 해변에 홀로 서 있는 여자들이 무얼 하는지 별 관심이 없었다. 그냥 밤늦게까지 해변을 즐기는 여행자들과 현지인들이겠거니 싶었다. 그런데 지나치다 싶을 정도로 반복적으로 작은 가방을 메고 노출이 심한 옷을 입은 채 홀로 서 있는 여자들의 모습이 보인다는 사실을 알아차렸다. 그녀들은 딱히 하는 일도 없이 계속해서 지나가는 사람들을 쳐다보기만 하다가 이따금씩 지나가는 남자들에게 유혹의 눈길을 보냈다. 그것은 일종의 판촉 행위였다. 해변을 따라 일정한 간격을 둔 한 자리 한 자리가 그녀들의 일터였고, 밤의 파타야 비치에는 스스로를 상품화한 '인간 노점'이 줄지어 서 있는 셈이었다. 그 노골적인 거리는 해변이 끝날 때까지 계속될 만큼 길었다. 그중에는 노출이 심한 옷을 입고 적극적으로 고객을 찾는 여자도 있었고, 평범한 옷을 입은 채 별다른 행동을 취하지 않고 가만히 서 있는 어린 소녀도 보였다.

해변을 가로질러 숙소로 가는 동안 몇 차례 '거래'의 현장을 목격하기도 했다. 한 번은 나이가 지긋한 백발 노인이 내 또래 정도 돼 보이는 여성과 잠시 이야기를 하다가 함께 해변을 떠났다. 슈가 대디(Sugar Daddy)라 불리기도 하는 남자들이다. 조금 뒤에선 내 또래의 까무잡잡한 남자가 나보다 일고여덟쯤 어려 보이는, 기껏해야 고등학생 정도 된 듯 보이는 아이를 데리고 갔다. 그 뒤로는 아마 내가 워킹 스트리트에서 수없이 봤던 것처럼, 그 남자들은 돈을 주고 데려온 여자와 술을 마시든가 혹은 은밀한 장소로 향하든가 할 것이다.

홍등가(紅燈街)는 어디에나 있다. 성의 상품화는 어제오늘의 문제가 아니다. 하지만 이렇게 유명 관광지의 아름다운 해변가에 늘어선 매춘 진열대가 준 충격은 꽤 컸다. 애초에 파타야가 관광지로 인기를 끄는 데 성공한 비결에는 '성 산업'이 있었을 것이다. 그 지분이 얼마나 되는지는 잘 모르겠지만, 지금껏 봤던 수많은 노인 관광객들이 파타야를 찾은 이유 중 하나가 활발하고 노골적인 성매매에 있는 것은 분명했다. 내가 이곳에 오기 전에 품고 있었던 질문이 자연스레 떠올랐다. 왠지 씁쓸했다.

지금까지 사창가의 삶에 대해 깊이 생각해 본 적이 없었다. 하지만 이곳에서 그런 삶을 살아가고 있는 여자들을 너무 많이 보게 되었다. 그녀들은 얼핏 보기에 그저 나와 같은 평범한 청춘들의 모습이었다. 그리고 그보다 더 어린 소녀들은 '혹시 부모님은 아실까.' 하는 생각이 들 정도로 앳된 얼굴로 그곳에 서 있었다. 심지어 어떤 포주(抱主)의 통제하에 있는 것도 아니라 그저 본인 스스로를 하나의 가게이자 상품으로 만든 채로.

파타야 비치의 수많은 여성들이 전부 그런 인생을 원했을 것 같지는 않다. 어떤 삶을 살지 선택하는 것은 오롯이 본인의 몫이지만, 그 이유를 들어 힐난할 마음은 선뜻 생기지 않았다. 세상은 너무나 복잡하고 그 누구도 자신이 태어난 환경에서 자유로울 수 없다. 개천에서 용도 가끔 나긴 한다만 그렇다고 용이 되지 못하고 개천에 남아 헤엄치는 이무기들이 비난받을 일은 아니다. 만약 그녀들이 조금만 더 부유한 나라에서 태어났다면 해변의 반대편에 서 있는 여행자 중에 한 명이 되었을 수도 있다. 섣부른 비판과 비난 이전에 무엇이 그녀들을 이 해변에서 자신을 판매하며 밤을 보내도록 만들었는지를 봐야 하지 않을까?

성 매도자(당연히 매수자를 포함해서)의 범법 행위 자체를 옹호하려는 것은 아니다. 생계가 이유인 경우조차도 사회적 약속에 어긋난다면 다른 방법을 찾아야 한다. 또한 바람직한 공동체라면 힘겨워하는 누구에게나 다른 방법을 찾을 기회가 있어야 한다. 자칫 피상적일지 모르는 여행의 경험 하나로 이 복잡한 문제에 대해 재단하고 싶지는 않다. 나는 이곳에선 어디까지나 여행자고, 그들을 거의 모르는 채로 한 발짝 떨어져서 추측할 뿐이다. 결국 내가 하고 싶었던 말은 어떤 문제의 해법도 무조건적인 혐오나 비난에 있지는 않다는 것 하나뿐이었는지도 모르겠다.

파타야 비치와 워킹 스트리트에도 결코 성매매를 위해 이곳에 온 것 같지는 않은 수많은 가족과 단체 여행객이 있다. 이것은 그 퇴폐성이 파타야의 전부가 아니란 뜻이기도 하다. 하지만 해변가의 매춘이 파타야 경제의, 그리고 일부 여행자들의 핵심적인 요소임은 부정할 수 없을 것 같다. 여행을 떠나오기 전부터 그 비결이 궁금했던 '태국 여행의 인기'에 대한 한 가지 이유를 뼈저리게 느끼며 숙소로 돌아왔다.

성매매와 무관하게 태국이 좋은 여행지인 것은 분명하다. 하지만 태국의 현실에서 이 문제를 빼 버릴 수도 없다. 좋든 싫든 태국, 특히 파타야를 여행한다면 그 노골적인 매춘의 현장을 직접 보게 될 것이다. 철저하게 여행지에 대해 어떤 평이라도 내놓아야만 하는 입장으로서 말하자면, 여행의 목적 중 하나가 세상을 보는 시야를 넓히는 것이라면 이곳도 나쁜 여행지라고 생각하지는 않는다. 홍등가의 사람들이 관찰의 대상이라는 말은 아니다. 단지 모든 여행지에서 같은 태도를 취해 보는 것이다. 빛만 보고 싶다고 한들 어두운 면은 어디에든 항상 존재한다. 세상에는 이런 곳도 있고, 그것이 곧 삶인 사람들도 있다.

더 스카이 갤러리

바다에 노을을 더하면

파타야에서 바라보는 타이만이 얼마나 아름다운지 느낄 수 있었던 곳은 파타야의 중심에서 남쪽으로 조금 벗어난 곳에서였다. 파타야에서의 셋째 날, 이 휴일의 마지막 오후를 어디서 장식할지 알아보다가 경치가 끝내주는 카페가 있다는 사실을 알게 되었다. 검색으로 찾아봤을 땐 꽤나 고급스러워 보였지만 어지간해서는 가격을 걱정할 필요가 없는 동남아였기에 큰 고민 없이 택시를 탔다. 꽤 유명한 곳인지 그 가게의 이름만으로 기사님께 목적지를 전할 수 있었다. 파타야의 더 스카이 갤러리(The Sky Gallery). 이곳은 레스토랑과 카페를 겸한 식당이지만 라운지에서 바라보는 경치, 특히 노을이 질 때의 장관 덕분에 하나의 여행 명소가 되었다.

이곳에 들어서는 순간 '파타야의 절경이 여기 있었구나.' 하는 생각이 들었다. 바다를 바로 내려다볼 수 있는 넓은 라운지가 나를 반겼다. 아직은 내리쬐는 볕이 따갑게 느껴질 시간이라 그늘을 찾아 적당히 자리를 잡았다. 일단 배가 고프니 피자를 한 판 시켰다.

'이런 풍경을 두고 하는 식사라니, 오늘 참 팔자 좋네.'

• 바다 전망을 만끽할 수 있는
더 스카이 갤러리 파타야

뭐, 가끔은 지나치다 싶을 정도로 팔자 좋은 날도 있어야 살맛이 나지 않을까. 그대로 앉은 자리에서 페퍼로니 피자를 먹고 가만히 바다를 바라보며 있었다. 끝이 보이지 않는 드넓은 바다와 그 위에 고고히 떠 있는 섬들을 응시했다. 여전히 태양이 뜨겁고 날씨는 덥지만 시간이 흐르는 동안 점점 그 빛이 변해 가는 이곳의 바다를 보는 것도 즐거운 일이다. 몇 시간을 앉아 그렇게 가만히 파타야의 풍경을 보고만 있었다.

• 더 스카이 갤러리에서
주문한 커피와 페퍼로니 피자

그러다 뜨거운 햇빛이 점점 견딜 만한 햇빛으로 바뀔 때쯤, 나는 그늘이 없는 바닷가 바로 앞의 자리로 옮기며 커피를 한 잔 더 시켰다. 커피 한 잔을 아끼기엔 눈앞에 놓인 풍경이 아까웠다.

광활한 바다가 석양이 지는 방향으로 뻗어 있어 '개와 늑대의 시간'이 되면 노을로 붉게 물들어 장관을 이룬다는 것은 마치 화룡점정과 같다. 바다에 노을이 더해진 절경에 잠시도 눈을 뗄 수가 없었다. 그 따듯하고도 쓸쓸한 순간. 그렇게 더 스카이 갤러리의 포근한 자리에서 파타야 여행의 마지막 노을이 저물어 갔다.

'노을은 점점 자취를 감췄다.'

아마 이번 여행 중에서 가장 정적이고 고요했던 하루가 되겠지만, 가장 오래도록 기억에 남을 장면 중 하나를 남겼다. 오늘은 파타야에서의 마지막 날이지만 나는 밤이 다 되어서야 이곳을 떠났다. 여기저기 다니며 많은 것을 보는 여행도 물론 좋지만 가끔은 이렇게 오직 한 곳에 온종일 머무르고만 싶다. 내일이면 다시 먼 길을 떠나야 할 테니.

더 스카이 갤러리 파타야(The Sky Gallery Pattaya)

Add. The Sky Gallery Pattya, 400 Moo 12 road Rajchawaroon, Muang Pattaya, Amphoe Bang Lamung, Chang Wat Chon Buri 20150

Tel. +66 92 821 8588 **Web.** theskygallerypattaya.com **Time.** 매일 08:00~24:00

태국에서 말레이시아까지 육로 여행

- Thailand to Malaysia -

방콕에서 슬리핑 기차로 쿠알라룸푸르까지 가는 방법

방콕에서 말레이시아까지 육로로 이동하는 여행은 앞선 비엔티안-태국보다 많은 시간이 소요되며 그만큼 드문 방식이다. 특히나 쿠알라룸푸르까지는 말레이시아 국경에서도 8시간 이상을 이동해야 한다. 저자는 슬리핑 기차 좌석의 매진에 대비해서 카오산 로드의 한인 여행사를 방문해 출발일 전에 미리 기차표를 구매했다. 가격은 에어컨 옵션(2등석, 침대) 기준으로 1층 970밧(한화 약 33,000원), 2층 1,060밧(한화 약 36,000원)이었다. 후알람퐁역에서 직접 슬리핑 기차표를 구매하는 경우 2층 기준 약 800밧 언저리의 가격이므로 대략 200밧(한화 약 6,800원)가량 절약이 가능하다. 단, 슬리핑 기차의 2등석은 당일에 예매하려는 경우 표가 매진되어서 구할 수 없을 가능성이 있다.

파당베사르까지 가는 열차는 하루에 한 대뿐이므로 출발 며칠 전에 미리 표를 구매하고, 그날의 정확한 출발 시간을 직접 확인하기를 추천한다. 저자가 여행할 당시(2018년)의 출발 시간은 오후 3시 10분이었다.

절차 및 이동 경로

❶ 방콕 후알람퐁역으로 이동

- 여행사를 통해 티켓을 사전 구매하는 경우 해당 여행사에서 표를 받아 와야 한다.

❷ 슬리핑 기차로 파당베사르(Padang Besar)까지 이동(약 17시간 소요)

- 2019년 7월 기준으로 방콕-버터워스 구간 직행열차는 폐지된 상태다.

❸ 파당베사르에서 버터워스(Butterworth)로 이동

- 파당베사르 검문소에서 반드시 태국 출국 및 말레이시아 입국 수속을 각각 거쳐야 한다.
- 파당베사르에서 쿠알라룸푸르로 가는 직행열차도 있으나 표를 구하기가 쉽지 않고 가격도 비싼 편이다.
- 버터워스까지 전철로 이동하면 그곳에서 말레이시아 각지로 가는 버스를 이용할 수 있다.
- 파당베사르 to 버터워스 : 11.40링깃(말레이시아 화폐, 한화 약 3,000원, 약 2시간 소요)
- 말레이시아 표준시는 태국보다 1시간 빠르므로 바뀐 시차에 유의해야 한다.

❹ 버터워스에서 버스로 쿠알라룸푸르로 이동(약 5시간 30분 소요)

- 전철역과 인접해 있는 버스 터미널에서 약 50링깃(한화 약 14,000원)으로 표를 구매할 수 있다.

* 저자는 방콕, 파타야 순서로 여행했기에 말레이시아로 가는 당일 아침 파타야에서 후알람퐁역까지 간 다음 다시 위의 여정을 거쳤다. 조금 더 여유롭게 슬리핑 기차에 오르고 싶다면 먼저 파타야를 다녀온 다음에 방콕을 여행하는 일정을 짜는 것도 좋은 방법이 될 수 있다.

방콕 현지 한인 여행사 정보

(온라인 홈페이지를 통해 한국에서도 기차표 예매가 가능하다.)

❶ 카오산 동해 여행사

Add. DongHae, 48 Chakrabongse Rd, Chana Songkhram, Khet Phra Nakhon, Krung Thep Maha Nakhon 10200

Tel. +66 94 962 9320 **Web.** khaosandonghae.com **Time.** 매일 09:30~21:00

❷ 카오산 홍익 여행사

Add. Hongik travel, 10200 Bangkok, 49/4 Soi Rongmai Chaofa Rd Banglampoo

Tel. +66 2 282 4114 **Web.** hongiktravel.com

Time. 월~금 09:30~19:00, 토 09:30~14:00 / 일요일 휴무

쿠알라룸푸르까지 36시간-출발

여행曰
"네 계획 따윈 개나 줘"

오늘은 말레이시아행 '슬리핑 기차'를 타는 날이다. 다음 목적지인 쿠알라룸푸르로 가기 위해서다. 파타야에서 방콕으로 2시간을 이동한 뒤에 후알람퐁에서 말레이시아 국경의 파당베사르(Padang Besar)까지 가는 데만 기차에서 17시간을 보내야 한다. 파당베사르에서 다시 쿠알라룸푸르로 가는 버스를 탈 수 있는 버터워스(Butterworth)까지는 2시간, 버터워스에서 쿠알라룸푸르까지는 버스로 5시간을 넘게 가야 하는 일정이다. 이것저것 기다리는 시간과 국경에서의 입출국 수속까지 다 합치면 적어도 내일 저녁은 되어서야 다음 숙소에 도착할 수 있을 것이었다. 시간적 여유를 가지고 장시간의 이동을 준비하기 위해 아침 일찍 파타야의 숙소를 나섰다.

파타야를 떠나 방콕에 도착하면 우선 든든하게 점심 식사를 해 둔 다음 하루 동안의 먹을거리를 잔뜩 사서 기차에 오를 계획이었다. 이번에야말로 여유롭게 준비해서 슬리핑 기차에서의 하루를 제대로 즐겨 보고 싶었다. 태국의 맛있는 편의점 음식을 사서 타면 분명 만족스러운 기차 여행이 될 것이었다. 방콕에서 파당베사르로 가는 열차의 출발 시간은 오후 3시 10분이었고, 내가 파타야 숙소를 나설 때의 시간은 오전 10시였다. 파타야에서 방콕까지는 보통 2시간 정도가 걸리니 시간은 충분했다.

그런데 숙소에서 파타야 버스 터미널로 가는 셔틀버스가 조금 더뎠다. 10시 20분에 출발한 버스는 여기저기 멈춰 섰고 한번은 기사가 혼자 간식을 먹기도 하더니, 11시가 되어서야 터미널에 도착했다. 처음 파타야에 도착했을 때 숙소까지 걸어서 걸린 시간이 1시간이었음을 고려하면 이 셔틀버스가 얼마나 늑장을 부렸는지 알 수 있다. 그 덕분에 생각보다 조금 늦은 11시 30분에 방콕행 버스를 타게 됐지만 워낙 일찍 준비한 덕분에 큰 문제는 없었다. 파타야로 들어올 때처럼 2시간이 걸려 1시 30분에 도착한다 해도 후알람퐁역에서 3시 10분 열차를 타는 데는 아무 지장이 없었다.

방콕에 거의 도착했을 때쯤, 독서를 하다가 멀미가 나기 시작했다. 머리도 아프고 속도 안 좋으니 가만히 창밖의 방콕 시내를 지켜보며 언제 도착하나 기다리기로 했다. 그런데 방콕으로 들어선 순간부터 눈에 띄게 버스의 속도가 느려졌다. 시계를 보니 이제 1시였다. 교통 체증이 심해 보이긴 했지만 그래 봤자 에까마이 터미널은 그리 멀지 않은 곳에 있었다.

'아직 2시간이나 남았으니 꽤 여유롭게 방콕에 들어왔네. 역 근처에 든든하게 한 끼 먹을 곳이 있나 검색이나 해 봐야지.'

태국에서의 마지막 식사라 기억에 남을 만한 음식을 먹고 싶다는 생각으로 검색을 하던 중이었다. 순간적으로 이상한 느낌이 들어 창밖을 보니 건너편 도로에 웬 물이 흘러넘치고 있었다. 그쪽 도로에 있는 차량들의 바퀴가 반 이상 잠길 정도였다. 날씨가 워낙 화창했기에 위화감이 느껴지는 풍경이었다. 밤새 비라도 왔던 걸까? 아니면 방콕의 낡은 도시 하수도에 문제가 생긴 것일지도 모른다. 다만 지금 중요한 건 탐정놀이가 아니었다. 도로에 물이 가득 찬 것을 보니 분명 무슨 일이 난 것 같아 조금 불안해졌다.

움직일 생각이 없는 버스에서 순식간에 30분이 흘렀다. 방콕에 들어온 뒤로 걷기만 했어도 이것보다 서너 배는 멀리 왔을 것 같았다. 1시 30분이 넘어가자 아무것도 못 먹은 채로 기차에 타게 될까 봐 걱정이 되기 시작했다. 내일 아침은 되어야 말레이시아 국경에 도착하는 데다가 쿠알라룸푸르 숙소는 거기서도 차로 반나절을 더 달려야 도착할 것이었다. 굶은 채로 17시간짜리 기차를 타는 건 상상만 해도 끔찍한 일이다. 설상가상으로 여유롭게 기차에 오르기 위해 아침 식사도 거르고 출발한 상태였다.

'이러다 하루 종일 굶겠는데….'

할 수 있는 일이라고는 휴대폰을 통해 목적지까지 남은 예상 시간을 검색해 보는 것이 전부였다. 교통 체증이 있어도 20분이면 터미널에 도착한다는 희망적인 결과를 얻었다. 2시를 조금 넘겨서 도착하더라도 잠시 편의점이라도 들렀다 열차에 타기에 부족한 시간은 아니었다. 그나마 안심이 됐지만 여전히 도로는 꽉 막혀 있었다. 방콕의 교통 체증이 극심하다고 들었지만 이 상황은 정도가 심했고, 버스는 도무지 앞으로 나아갈 기미를 보이지 않았다. 옆 차선은 꽤 잘 나가는 것 같은데 내가 탄 버스는 같은 차선만 고수하고 있었다. 기사는 앞쪽에서 계속해서 뭐라고 안내 방송을 했지만 현지어로 된 안내를 알아들을 수는 없었다.

그리고 20분 후, 나는 여전히 같은 도로 위에 있었다. 방콕에 들어온 지 순식간에 1시간이 지나고 2시가 되자 나는 자리에 가만히 있을 수가 없었다. 버스 터미널에 내려서도 택시로 넉넉히 30분은 더 가야 기차를 탈 수 있는 후알람퐁역에 갈 수 있다. 이 꽉 막힌 도로를 뚫고 30분 내에 에까마이 터미널에 도착하지 않으면 국경으로 가는 기차를 놓칠 확률이 몹시 크다는 뜻이다. 이제 '든든한 식사'는 걱정할 거리도 되지 못했다.

후알람퐁과 파당베사르를 오가는 슬리핑 기차는 하루에 한 대뿐이다. 그 기차를 놓치면 많은 것이 꼬인다. 표 값도 문제였고 방콕에서 잘 곳도 없이 하루를 보내야 했으며, 이는 쿠알라룸푸르에서의 하루를 버리는 것과 마찬가지였다. 여러모로 돈과 시간을 크게 손해 볼 상황이었다. 하지만 버스는 여전히 느긋했다. 도대체 원인을 알 수 없는 극심한 정체에 답답해진 나는 도로 한복판에서라도 당장 내리고 싶은 심정이었다. 입에선 다양한 욕들이 절로 튀어나오고 있었다.

'아 젠장, 이틀을 굶어도 좋으니까 제발 기차만 놓치지 않게 해 줘.'

내 바람은 분 단위로 소박해져 갔다. '슬리핑 기차에서의 평화로운 하루'가 이렇게 힘든 것이었던가. 내 사정 따위는 안중에 없는 이 버스는 터미널로 가는 동안에도 방콕 시내에 몇 번 정차해서 승객을 내려 주는 것 같았다. 이대로는 답이 없다고 생각한 나는 기사에게 가서 이번에 내리겠다고 트렁크를 열어 달라고 말했다. 그러나 버스 기사는 트렁크를 열기 위해서는 에까마이까지 가야만 한다는 뜻으로 '에까마이'라고만 대답했다. 그때가 2시 20분을 넘긴 시간이었다. 말레이시아로 가는, 하루에 한 번 있는 열차는 출발을 50분 앞두고 있었다.

일분일초가 아까운 상황이었지만 버스는 너무나 느긋해서 화가 날 지경이었다. 도착 예정 시간을 1시간 넘게 넘겼는데도 조금도 빨리 갈 생각은 하지 않는 듯했다. 제일 앞좌석으로 옮긴 나는 발만 동동 구를 뿐이었다. 시간은 또다시 속절없이 흘러 2시 40분을 넘어가고 있었다. 이제는 이미 늦었을지도 모른다는 생각이 강하게 들었다. 후알람퐁에서 출발하는 파당베사르행 열차의 출발 시간은 3시 10분인데 버스는 결국 2시 50분이 되어서야 에까마이 터미널에 도착했다. 버스에서 뛰어내린 나는 직접 트렁크를 열려 했으나 다시 제지당했다. 약 2시간이면 오는 거리를 3시간 반이나 걸려서 도착했는데도 짐을 내리는 버스 기사는 남의 속도 모르고 어찌 그리 느긋한지!

짐을 들자마자 눈에 보이는 택시에 재빨리 올라 '후알람퐁 스테이션'을 외쳤다. 요금은 200밧(한화 약 6,800원)에 합의했다. 17시간의 이동을 버틸 간식을 살 마지막 밧이었지만 기차에 오를 수 있는 확률도 희박한 상황에서 간식이 중요한 게 아니었다. 그 택시 기사는 부담을 느꼈는지 가는 동안 아마 안 될 것 같다는 말을 반복했다. 나도 알고 있었다. 20분 안에 후알람퐁역까지 가는 게 무리라는 것을. 그러나 어찌되든 최대한 빨리 가 달라는 말밖에 할 수가 없었다. 끝까지 운도 따라 주지 않아 택시는 가는 길마다 신호에 걸렸고, 결국 도로 위에서 3시 10분을 맞이했다. 열차는 지금 떠났을 것이었다. 역에 도착하자마자 지푸라기라도 잡는 심정으로 '혹시 몇 분이라도 늦게 출발할 일이 생기지 않았을까.' 하는 근거 없는 희망을 품고 택시에서 내려 급히 승강장으로 달렸다. 그때가 3시 15분이었다.

급하게 뛰어온 나를 보고 역무원이 말을 걸었다. 내가 표를 보여 주자 어디론가 급하게 무전을 시작한 그녀의 행동을 보니 정말로 조금은 희망이 있는 것도 같았다. 이곳은 밥 먹듯 지연 출발이 발생하는 동남아시아 아니던가! 그녀가 잠시 후 따라오라는 제스처를 취하기에 혹시나 하며 뒤따라 걷기 시작했다. 그러나 바로 몇 초 후, 내 표를 다시 살펴본 그녀는 고개를 저으며 이미 떠난 열차라고 내게 말했다. 망연자실. 한숨만 나왔다. 5시간을 일찍 출발했는데 5분을 늦어서 하루에 한 대뿐인 기차를 놓쳤다는 사실이 미치도록 억울했다. 머리가 하얘지더니 곧 오만 생각이 스쳐 가기 시작했다.

'내일 출발하는 표를 새로 끊어야 하나? 전에 잃어버린 돈 때문에 달러 현금이 충분하지 않은데, 그러면 앞으로 남은 여행 경비는 다 어떡하지? 표를 끊어도 당장 오늘은 어디서 지내지? 내일로 예정된 쿠알라룸푸르 숙박은? 쿠알라룸푸르 여행은 하루가 줄어도 2박 3일로 충분할까? 아 돌아 버리겠네 정말. 여기서 좀 울어도 되나.'

무슨 방법을 떠올려도 상황은 똑같이 암울했다. 웬 이방인 사내가 텅 빈 철도를 바라보며 눈물을 흘리는 슬픈 사태는 발생하지 않았지만 심정만은 이미 눈물바다였다. 기차 안에서 하루 동안 느긋하게 커피를 마시며 책을 읽고, 밤이 되면 맛있는 음식을 먹으며 노트북으로 미리 준비해 둔 영화를 보기도 하고, 자연 경관이 끝내준다는 태국 남부를 지나며 창밖의 풍경에 빠져도 볼 것을 기대했던 말레이시아행 슬리핑 기차에 대한 계획은 시작부터 엉망이 됐다. 여행은 가끔 계획 따윈 개나 주라며 제멋대로 흘러간다. 속절없이 무너진 기대에 눈앞이 캄캄해졌다. 이렇게 국제 미아가 되는 건가. 도대체 지금 나는 무엇을 해야 할까.

그때, 망연자실한 나를 알아봤는지 한 남자가 나에게 다가왔다.

쿠알라룸푸르까지 36시간-추격

달려라 오토바이

내게 다가온 남자는 짤막하게 "바이크."라고 말했다. 이미 떠난 열차를 오토바이를 타고 따라잡아서 타라는 의미였다.

'그런 게 가능하다고?'

출발 후 시간이 꽤 흘렀을 뿐만 아니라 교통 체증이 극심한 상황에서 철도보다 빠른 길이 있을까 하는 의문이 들었다. 그러나 깊이 고민할 시간도, 달리 방법도 없었다. 이제는 일분일초마다 기차가 멀어지고 있었다. 그런데 또 하필 남은 태국 돈은 100밧뿐이었고 나머지는 전부 달러였다. 그 남자는 지금이 아니면 따라잡을 수 없다고 말하면서도 달러는 안 받는다고 냉정하게 말하며 근처의 현금인출기를 가리켰다. 나는 동남아에서 현금인출기를 써 본 적이 없는 데다가 상당히 조급한 상태였으므로 기기 앞에서 허둥댔다. 아무리 카드를 넣고 버튼들을 이리저리 눌러 봐도 화폐는 나오지 않았다. 다시 5분 정도가 흘렀다. 지금도 열차가 멀어지고 있을 생각을 하니 도무지 침착할 수가 없었다.

결국 밧 인출에 실패한 나는 현금인출기에서 거칠게 카드를 뽑은 다음 지갑에서 10달러 지폐를 보여 주며 "플리즈!"라고 외쳤다. 그러자 그는 갑자기 그걸 왜 이제야 보여 주느냐는 듯 "음? 잇츠 오케이!"라고 말했다. 조금 전에는 달러를 잘못 알아들었던 것이다. 일분일초를 다투어야 할 상황에서 정말 환장할 노릇이었다.

나는 그를 따라나서면서도 이 크고 작은 짐들을 어떻게 스쿠터에 전부 싣고 간다는 건지 상상이 안됐다. 그런데 신기하게도 어떻게 구겨 넣고 손에 드니까 또 그게 다 실어졌다. 기차가 역을 떠나고도 꽤 시간이 지났지만 그렇게 마지막 희망을 품고 오토바이에 올랐다.

그런데 출발한 지 조금 지나자 이번엔 갑자기 엄청나게 오른 비용이 제시됐다. 분명히 타기 전엔 10달러면 된다고 했는데 그 가격은 한 정거장당 가격이었고 지금은 최소한 30달러는 줘야 한다는 것이었다. 순간 말문이 막혔다. 출발을 하고 나서 가격을 세 배나 올리다니 이건 좀 심하다 싶었다. 이전에 잃어버린 달러도 있었기에 최대한 현금 지출을 줄여야 하는 상황이었다. 곧 달리는 도로 위에서의 물러설 수 없는 협상이 시작됐다.

신호에 걸릴 때마다 남자와 나는 협상을 계속했다. 나는 처음엔 10달러라고 하지 않았냐는 말을 반복했고 남자는 이 정도 거리는 10달러로는 턱없다는 말을 반복했다. 10달러로 해결하는 건 이미 물 건너갔음을 느꼈지만 몇 번 더 그것밖에 줄 수 없다고, 지금 현금이 너무 부족하다고 말했다. 아마 전에 달러를 크게 잃어버리지 않았으면 그렇게 간절하게 협상을 하지는 않았을 것이지만, 정말로 돈을 아껴야 하는 상황이었다. 천만다행으로 남자는 협상이 진전되지 않는 상황에서도 오토바이를 멈추는 등의 협박을 하지는 않았다.

후알람퐁역을 떠나오고 네 번째로 신호에 걸렸을 때, 결국 20달러에 타협을 성공했다. 나로서는 예상치 못한 지출이 2만 원 정도 생긴 것이지만 이는 기차를 놓쳤을 때 낭비될 시간 및 비용과는 비교도 되지 않는 수준이었다. 오토바이 기사가 최종적으로 제시한 20달러의 가격에 끝내 내가 '오케이'를 외치자 그는 갑자기 여태 안 쓰고 달렸던 헬멧을 건네주었다. 그때까지도 신호는 여전히 빨간 불이었다. 협상을 마치면서도 과연 이대로 기차를 따라잡을 수 있을까 싶은 불안감을 떨칠 수 없었다. 오토바이는 교통 체증을 피해 비교적 잘 달려왔지만 여전히 도로는 복잡했고, 기차가 떠난 지도 30분은 족히 넘은 것 같았다.

'도대체 어디까지 갔을까?'

협상이 끝난 뒤에야 헬멧을 건네준 이유는 신호가 바뀌자마자 알게 되었다. 이 드라이버는 이제야 좀 제대로 달려 볼 생각이 들었던 것이다. 길 잃은 여행자를 실은 오토바이는 미친 듯이 복잡한 차량들 사이를 질주하기 시작했고, 나는 놀라는 바람에 짐을 놓칠 뻔했다. 정신을 제대로 차려야겠다고 생각하면서 양손에 힘을 꽉 줬다. 지난 몇 시간 동안 내게는 숨 막히도록 답답했던 방콕 시내를 이제는 시원하게 빠른 속도로 돌파하고 있었다. 그 짜릿함에 뜬금없이 몹시 신이 났다. 오토바이는 순식간에 방콕 중심부를 벗어나고 있었고 그만큼 도로는 혼잡함이 점점 덜해졌다.

이제는 여기가 어딘지도 모르겠다는 생각이 들 때쯤 커다란 교량 하나가 나타났다. 오토바이가 망설임 없이 그 다리 위로 오르자 바람이 시원하게 불어왔다. 아래로는 푸른 강물이 햇빛을 받아 눈부시게 반짝이고 있었다. 때마침 날씨도 화창하니 가슴이 뻥 뚫리는 그 풍경이 너무 예뻐서 순간 근사한 드라이브를 즐기는 중이라는 착각이 들 정도였다. 달리면 달릴수록 도파민이 마구 분비되는 것 같았다. 극한 상황에서 맞이한 예상치 못한 질주에, 기차를 놓치면서 쌓였던 극심한 스트레스가 도로 사방으로 휘발하며 날아가고 있었다. 강을 건너 다시 신호에 걸렸을 때 남자는 "온리

바이크."라고 말하며 엄지손가락을 치켜세웠다. 이런 방식으로 기차를 따라잡을 수 있는 건 오토바이뿐이고 자동차는 절대 안 된다나 뭐라나. 가볍게 웃으며 고개만 끄덕였다.

그러고도 오토바이가 얼마나 더 달렸는지 정확히는 모르겠지만 그리 길지 않았던 것 같다. 곧 한 낡은 기차역에 도착했다. 방콕의 후알람퐁과 비교해서는 눈에 띄게 작은 곳이었다. 도착하자마자 다시 마음이 조마조마하며 간절해졌다.

'기차가 이미 여길 통과해 갔으면 어떡하지. 돈을 더 주고 조금만 더 가 달라고 해야 할까? 꼭 여기서 다 해결됐으면 좋겠다. 제발.'

오토바이 기사는 일단 짐을 챙기라며 자신이 확인을 해 보고 오겠다고 말했다. 기차를 탈 수 있건 없건 내려다 주고 돈만 받고 휑 가 버리면 어떡하나 싶었는데 다행이었다. 역무원과 잠시 대화를 나눈 남자는 뿌듯한 표정으로 돌아왔다. 그는 대략 10분 뒤에 이곳에 파당베사르행 열차가 들어올 것이니 잘 타면 된다는 말을 전하고는 다시 오토바이에 올랐다. 온몸에 힘이 풀렸다. 탑승이 가능하다는 말을 들었을 때 느낀 그 안도감을 무어라 표현할 수 있을까.

아직 배고픔이 느껴질 만큼 긴장이 풀리진 않았지만 급하게 기차역의 작은 마트로 뛰어갔다. 하루 종일 굶었기에 남은 밧으로 물이라도 한 병 사 놔야 했다. 그 마트에서 생수와 음료 한 병, 그리고 처음 보는 감자칩과 알 수 없는 종류의 빵을 하나 살 수 있었다. 직원이 계산을 하는 와중에도 그 사이에 기차가 들어올까 봐 발을 동동 굴렀다. 봉투에 물과 빵이 담기자마자 승강장으로 달려갔다. 곧 외관은 낡았지만 무척 반가운 노란 기차가 들어왔다. 이제 말레이시아로 갈 수 있다. 여행은 다시 정상 궤도로 돌아왔다.

기차에 오르고 생각해 보니 '2만 원짜리 액티비티'치곤 상당한 질주였다는 생각이 든다. 예상치 못한 지출은 아깝지만 뭐 어차피 잃어버린 금액이 약간 더 커졌다고 생각하면 된다. 여행은 가끔 지나친 긍정을 필요로 하고, 이 또한 평생 잊지 못할 여행길 위의 기억으로 남을 것임은 분명했다.

• 태국에서 말레이시아로 가는 기차

쿠알라룸푸르까지 36시간-말레이시아로

여행이 힘들어질 때

여행 중 힘에 부칠 때 "아, 좋아서 떠나온 여행인데 왜 이렇게 힘들어."라고 뱉는 말은 아무 도움이 안 된다. 그보다 여행은 충분히 힘들 수 있음을 인정하고 받아들이면 한결 마음이 편하다.

말레이시아의 국경, 파당베사르로 가는 열차 안에서

외관이 조금 낡아 보였지만 슬리핑 기차의 내부는 쾌적했다. 밤이 되면 침대로 바뀔 의자에 앉아서 잠시 멍하니, 아무것도 하지 않고 쉬었다. 추스를 시간이 필요했다. 그러다 문득 허기가 느껴졌다. 오후 4시가 넘도록 아무것도 먹지 못한 상태였다. 열차에 뭐가 있는지, 혹시라도 카드나 달러로 결제가 가능한 무언가가 있나 찾아보기 위해 열차의 처음부터 마지막 칸까지 한 바퀴를 돌았다. 농카이에서 방콕으로 넘어올 때 이용했던 기차에는 작은 식당까지 있었는데 이번엔 자판기 하나 없었다.

빈약한 식량 덕분에 이번에도 마냥 행복한 기차 여행이 되기는 좀 힘들 수도 있을 것 같지만, 그래도 일단은 무사히 말레이시아로 가고 있다는 사실만으로도 만족스럽다. 슬리핑 기차는 개별 공간이 넓고 쾌적했으며 창가로 비치는 풍경이 평화로워서 기차로 이동하기를 잘했다는 생각이 들었다. 태국을 떠나는 이 열차에 오르기 위해 했던 고생을 떠올리니 혼잣말이 흘러 나왔다.

"여행이 편하기만 할 수는 없지."

그래도 태국의 편의점 도시락 하나만 있었어도 완벽한 여정이 됐을 거라는 아쉬움이 자꾸만 들었다. 빵과 감자칩으로 버티기에는 허전했다. 일단 배고픔을 잊고자 책을 꺼냈다. 그런데 애써 독서에 몰입하기 시작할 때쯤 현지인 남성이 커다란 봉지를 들고 객석 사이를 지나갔다. 분명 음식을 판매하는 상인 같았다. 내 맞은편에 자리를 잡은 외국인이 그 상인에게 태국 지폐를 한 장 주고는 도시락을 건네받았다. 군침이 돌았다. 스티로폼 도시락에 약간의 고기와 계란뿐인 비주얼이었지만 그렇게 맛있어 보일 수가 없었다. 돈은 없지만 일단 상인을 붙잡고 가격을 물었다.

남자는 친절한 표정으로 검지와 중지를 펴 보였다. 20밧, 한국 돈으로 700원. 10밧짜리 동전 두 개만 있어도 밥을 먹을 수 있다. 나는 주머니와 가방을 뒤지기 시작했다. 노트북 가방의 작은 칸에 손을 넣었을 때, 손끝에 차가운 동전의 감촉이 느껴졌다. 10밧짜리 동전 하나였다. 제발 하나만 더 나오길 바라며 온 가방과 주머니를 다 뒤졌다. 하지만 그걸로 끝이었다. 그 사이 열차의 도시락 상인은 다른 객실로 이동하고 있었다. 다시 혼잣말이 나왔다.

"젠장."

다시 지갑을 들여다봤다. 나에게 작은 단위로 남아 있는 현금은 1달러 한 장이 전부였다. 몇백 원을 더 주는 꼴이지만 한 끼도 못 먹은 나에게 그 도시락의 가치는 700원보다도 7,000원에 가까웠다. 유일한 문제는 그 태국 상인이 과연 달러를 받아 주느냐 하는 것이었다. 그래도 시도는 해 봐야 한다. 다시 그 상인이 올 때 1달러로 협상을 해 보겠노라 다짐하며 마저 책을 읽으며 기다렸다. 하지만 좀처럼 그는 돌아오지 않았고 다른 칸에도 보이지 않았다. 혹시나 중간에 내려서 다른 열차로 가 버린 것은 아닐까 내심 걱정이 됐다.

마침내 1시간 정도가 지나 다시 그 도시락 상인이 나타났다. 이번엔 놓치지 않겠노라 굳게 다짐한 나는 1달러 지폐를 보여 주며 이게 태국 돈으로 치면 30밧이 넘는 가치라며 도시락 하나를 살 수 있냐고 물었다. 남자는 잠시 달러를 유심히 들여다보며 고민하는 표정을 지었다. 달러가 익숙하지는 않아 보였다. 그와 눈이 마주쳤을 때 괜히 사람 좋은 척을 하며 웃어 보였다. 남자는 뭔가 처지가 딱해 보이긴 했는지 "오케이." 하며 도시락을 하나 건넸다.

흰밥을 보자 저녁까지 참을 수가 없어서 그 자리에서 도시락을 뜯어 먹었다. 간이 잘 돼 있는 반찬도, 찰기가 있는 쌀밥도 아니었지만 정말로 맛있었다. 고된 여정으로 인해 반쯤 혼이 나가 있던 일행과 함께 700원짜리 도시락 하나를, 한 입씩 사이좋게 돌아가며, 바닥이 보이는 것을 아쉬워하며 싹싹 긁어 먹었다. 원래 식사가 만족스러운 이유는 둘 중 하나라 했다. 음식이 정말 맛있거나 배가 너무 고팠거나.

열차 안에서의 시간은 빠르게 흘렀다. 달리는 창밖으로 노을이 지고 어둠이 깔리기 시작하자 승무원들이 돌아다니며 좌석을 침대로 바꿔 주기 시작했다. 그때에 맞춰 열차 화장실에서 간단히 세수를 하고 손을 씻었다. 열차 안의 사람들은 서로 떠들거나 책이나 노트북을 보며 시간을 보냈다. 슬슬 커튼을 치는 객석도 많아졌다. 나도 자리로 돌아와서 맞은편에 앉은 외국인과 별다른 의미는 없는, 하지만 왠지 낯선 곳에서의 긴장을 완화해 주곤 하는 짧은 대화를 나눈 뒤 침대에 누웠다. 커튼을 치니 완전히 개인적인 공간이었다. 노트북에 미리 준비해 뒀던 영화를 한 편 봤는데 마치 자취방에서 보는 것 같은 착각이 들기도 했다. 달리는 기차 안이라 약간은 더 불편했지만 그만큼의 새로움이 있었다. 태국 남부의 밤하늘 아래에서, 머나먼 타지의 국

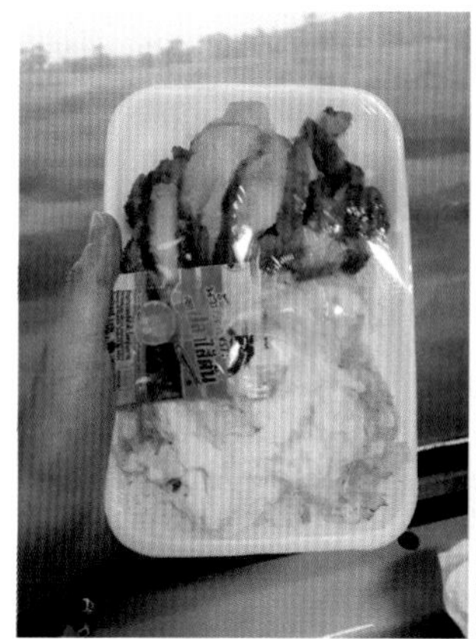

경을 향해 달리는 기차에서 밤을 보낸다는 사실만으로도 특별함은 충분했다. 영화를 보고, 책을 읽고, 창밖의 풍경을 바라보기도 하다 나도 모르게 잠이 들었다.

몇 시간이 지나 다시 눈을 떴을 때, 열차는 여전히 쉬지 않고 말레이시아를 향해 달리고 있었다. 햇살이 열차 안을 따스하게 비추기 시작하자 승무원들은 다시 돌아다니며 객석을 침대에서 의자로 바꿨다. 창밖으로 보이는 풍경으로는 이곳이 어디쯤인지 가늠할 수가 없었다. 열차의 안내 방송은 곧 핫야이(Hat Yai)에 정차함을 알리고 있었다. 핫야이는 태국 최남단의 도시가 아닌가. 그렇다면 이제 곧 말레이시아에 닿을 터였다. 열차의 세면대에서 간단하게 세안을 했다. 그동안 핫야이에 도착한 열차는 바쁘게 몸통을 뗐다 붙였다 했다.

그 후 1시간 정도 뒤에 파당베사르, 즉 말레이시아에 도착했다. 드디어 국경을 넘은 것이다.

멀다 멀어, 쿠알라룸푸르

육로 이동의 장점이 또 하나 있다면, 출입국 수속 시간이 오래 걸리지 않는다는 점이다. 파당베사르역도 마찬가지로 국제공항과는 비교할 수 없을 정도로 수속을 기다리는 줄이 짧았다. 그래 봐야 비행기보다 이동 시간이 압도적으로 오래 걸리긴 하지만.

파당베사르라는 도시가 정확히 태국과 말레이시아의 국경에 위치하고 있어서 그런지 두 국가의 입출국 수속이 한 건물에서 가능했다. 모든 절차를 마치고 제일 먼저 버터워스행 열차 티켓을 끊었다. 듣던 바와 달리 버터워스를 거치지 않고 파당베사르에서 쿠알라룸푸르로 직행하는 티켓도 있는 듯했지만 이미 매진이라 원래 계획대로 움직이기로 했다. 출발까지는 시간이 약간 있어서 출발하기 전에 배를 채우러 식당으로 갔다. 파당베사르 기차역 내의 식당엔 여기저기 새가 날아다녔다. 빵이나 과자에는 별로 눈길이 가지 않았다. 이제는 제대로 된 식사를 좀 하고 싶었는데 이곳에선 불가능했다. 이번에도 저렴한 도시락으로 끼니를 때웠다.

베트남, 라오스, 그리고 태국은 같은 시간을 쓰지만 말레이시아부터는 1시간의 시차가 있다. 이곳에서 차량을 갈아타다가 가끔 시차를 확인하지 못하고 차를 놓치는 경우가 있다고 하는데 다행히 내 스마트폰은 알아서 시간이 바뀌어 있었다. 출발 시간보다 여유 있게 승강장으로 올라갔다. 하늘에 떠 있는 수많은 구름들은 왠지 밑바닥이 아니라 옆에서 보는 것처럼 그 층이 보였다.

승강장에는 꽤 많은 사람들이 열차를 기다리고 있었는데 확실히 이전까지의 여행지들과는 느낌이 전혀 달랐다. 불교의 비중이 큰 인도차이나반도의 국가들과 달리 말레이시아는 종교의 자유를 보장하지만 국교를 이슬람교로 정해 놓은, 무슬림의 비중이 굉장히 높은 나라다. 수많은 여성들이 히잡(hijab)이나 니캅(niqab)을 쓰고 있는 것을 보니 이슬람 문화권으로 들어왔다는 사실이 실감 났다.

버터워스에서 말레이시아로 가는 열차는 지하철과 기차를 섞어 놓은 느낌이었다. 이 국경 부근의 열차는 수많은 여행객과 현지인이 섞여서 굉장히 혼잡하고 비좁았다. 사방에 무슬림 의상을 입은 여성들이 가득한 낯선 환경이었지만 나는 몹시 피곤한 나머지 금방 잠이 들었다. 자리가 편치 않아 자다 깨기를 2시간쯤 반복했다. 그러다 여기는 무슨 나무들이 이렇게 크고 멋지냐며 경치 삼매경에 빠져 슬슬 잠이 깰 때쯤 버터워스에 도착했다.

여행을 준비하면서 말레이시아가 사람들이 일반적으로 가진 생각보다 훨씬 현대적인 나라라는 말을 많이 들었었는데, 확실히 지금까지의 동남아 국가와는 느낌이 달랐다. 베트남부터 시작됐던 이전의 국가들은 주요 관광지에서 벗어나면 굉장히 전원적이거나 소박한 마을들이 나왔는데 말레이시아는 수도에서 한참 떨어진 버터워스부터 현대 도시의 향기가 물씬 풍겼다. 아, 그리고 미친 듯이 더웠다. 동남아시아라고 다 똑같은 수준으로 더운 것은 아니다. 연평균 기온은 베트남이 약 24℃, 태국이 약 28℃, 그리고 말레이시아가 약 32℃ 정도 된다. 그만큼 말레이시아에서는 이전의 국가들보다 열대 지방의 거대한 수목들이 두드러지게 많이 보였다.

• 버터워스 버스 터미널

이제는 정말로 식당을 좀 가고 싶었다. 그러나 또 출발 시간이 넉넉지 않았다. 쿠알라룸푸르까지 최소한 5시간은 가야 한다고 하니 하는 수 없이 터미널 내의 매점에서 다시 과자와 물을 샀다. 버터워스 버스 터미널의 매표 시스템은 특이하게 회사별로 직원들이 티켓을 들고 다니면서 판매했는데, 나는 매표원이 시간을 잘못 알려 주어서 하마터면 버스를 놓칠 뻔했다. 화장실을 다녀오니 버스는 시동까지 걸고 출발 직전이었던 것이다. 심장이 덜컹했다. 이제 무언가 놓치는 것은 생각만 해도 끔찍하다.

말레이시아의 시외버스는 한국과 크게 다를 바 없었다. 오후 3시, 그러니까 전날 숙소를 떠난 지 꼬박 29시간 만에 쿠알라룸푸르로 가는 마지막 이동 수단에 탑승했다. 말레이시아의 수도에서 다시 새로운 여행이 시작될 것을 생각하니 지친 몸과 마음에 위로가 되었다. 이미 많은 도시를 지나왔지만 새로운 목적지에 도달할 때는 항상 마음이 들뜬다. 아마 경험해 보지 못한 세계가 남아 있는 한 여행의 매력은 사라

• 쿠알라룸푸르로 가는 버스 안에서 바라본 노을

지지 않을 것이다.

쿠알라룸푸르로 가는 오랜 시간 동안 말레이시아의 자연 풍경이 좋은 길동무가 되어 주었다. 해 질 녘 저 멀리 보이는 붉은빛을 받은 새하얀 구름이 마치 물처럼 보였고 그 사이의 하늘은 땅의 조각들 같아서 저 멀리 보이는 무언가가 섬이 떠 있는 붉은 바다인지, 노을이 지는 하늘인지 헷갈리기도 했다. 이름 모를 멋진 절벽들도 간간이 보였다. 그렇게 풍경에 빠졌다가, 다시 책을 읽고, 잠이 들기도 하면서 쿠알라룸푸르로 가는 마지막 버스에서 몇 시간을 더 보냈다.

버터워스를 떠난 지 5시간이 지나 저녁 8시가 되자, 수도가 멀지 않았음을 나타내듯 거대한 건물들이 눈에 띄기 시작했다. 조금 더 가다 보니 쿠알라룸푸르의 랜드마크인 페트로나스 트윈 타워(Petronas Twin Towers, KLCC 타워라고 부르기도 한다.)도 얼핏 보였다. 그런데 알고 보니 쿠알라룸푸르에서 버스가 정차하는 곳이 총 두 군데였다. 나는 내려야 할 곳을 알 수가 없었으나, 다행히 건너편 좌석에 앉은 말레이시아 현지인의 도움으로 숙소에서 멀지 않은 쿠알라룸푸르 중심가의 터미널에 제대로 내릴 수 있었다. 또 하루가 저물어 밤 9시가 다 된 시간이었다.

쿠알라룸푸르로 오는 버스에서 만난 한 남자는 내릴 터미널을 모르는 여행자가 어리숙해 보였는지 숙소까지 함께 가 주겠다고 제안했다. 친절한 사람이었지만 낯선 여행지에서 경계를 늦출 순 없었다. 괜찮다고 사양했으나 그 남자는 내가 편의점에서 심 카드를 구매하는 데까지 따라왔다. 그는 개통이 잘 안되자 직접 직원과 대화를 나눈 다음 모바일 데이터 연결이 잘되는 것까지 확인을 한 다음에, 좋은 여행이 되길 바란다는 말을 마지막으로 지하철로 떠났다. 여행이 힘들 때마다 고마운 도움의 손길은 어디선가 나타나곤 했다.

쿠알라룸푸르 숙소에 도착해서 짐을 풀고 나니 이미 밤 10시였다. 이전의 파타야 숙소를 떠난 지 정확히 36시간이 지났다. 참으로 긴 여정이었다. 바로 숙소를 나와 근처의 치킨 가게로 갔다. 흰밥이 몹시 먹고 싶었지만 시간이 늦어 어쩔 수 없었다. 버스에서 내리기 전부터 두통과 메스꺼움이 조금씩 심해지고 있었는데 신기하게도 식사를 하니 두통이 점점 사라졌다. 이틀간 제대로 된 식사를 하지 못해서 뭔가 결핍이 생겼었나 보다. 속은 여전히 안 좋아서 겨우 치킨 몇 조각만을 씹어 삼켰다. 약간 과장하면 살기 위해 먹는 게 이런 건가 싶은 기분이었다. 곧 숙소로 돌아와서 샤워를 하고 기절하듯 침대에 누웠다.

늦은 시간에 도착해서 둘러보진 못했지만 쿠알라룸푸르는 지금까지와는 조금 다른 여행지가 될 것 같다는 느낌이 강하게 들었다. 유명한 건축물이 많고, 잘 발달된 도시라는 점과 이슬람 문화권이라는 사실이 가장 큰 차이였다. 여행의 설렘이 가득했지만, 금세 매우 깊은 잠에 빠져들었다. 누적된 피로가 상당하다 보니 설렘도 불면을 가져올 순 없었다.

36시간 동안의 여정은 정말 고되고 힘들었다. 특히나 예상 밖의 사건으로 아무런 준비도, 심지어 식사도 하지 못한 채 그 길에 오르게 된 것이 치명적이었다. 역시나 여행이 편하기만 할 수는 없다. 하지만 조금 힘들어도 목적지를 향해 꿋꿋하게 나아갔던 기억은 언젠가 분명 힘이 되어 줄 것이고, 또 힘들었던 순간일수록 돌이켜보면 오랫동안 잊지 못할 추억으로 남기도 한다. '힘들어도 설레고 즐거운' 일이라는 게 세상에 몇 가지라도 있다면, 분명 그 목록에는 여행이 포함되어 있을 것이다.

• 메르데카 광장의 말레이시아 국기

말레이시아는

마치 다른 분류의 동남아시아로

넘어온 것 같은 느낌이 있었다.

말레이시아를 여행 일정에 집어넣은 것.

이번 여행에 다양성과 풍미를

더해 준 '신의 한 수'가 아니었을까.

말레이시아

Malaysia

Story 1. 쿠알라룸푸르

Story 2. 믈라카

말레이시아 Malaysia

태국

숭가이 페타니

타이핑

페라크

말레이시아

쿠알라룸푸르

파항

믈라카

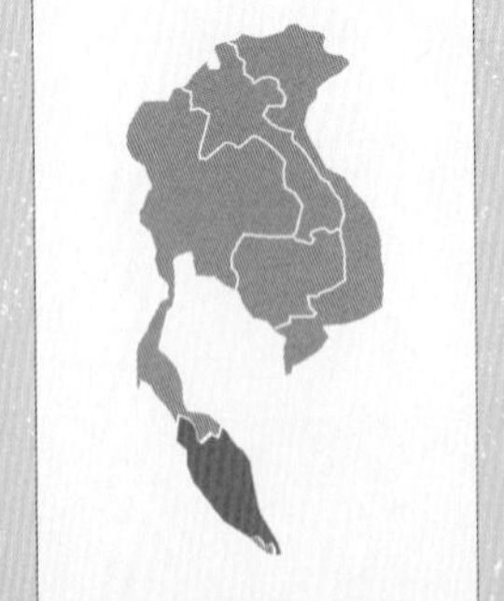

인도네시아

싱가포르

· Basic Information ·

❶ **국가명** : 말레이시아

❷ **수도** : 쿠알라룸푸르

❸ **인구** : 약 3,250만 명

❹ **언어** : 말레이어(공용어), 영어, 중국어

❺ **면적** : 약 33만 ㎢

❻ **시차** : 1시간 느림(한국 시간 －1)

❼ **비자** : 무비자 90일

❽ **기후** : 1년 내내 최저 23℃에서 최고 32℃ 정도의 더운 날씨를 보인다.

말레이시아는 동남아시아 국가 중에서는 전체적으로 편리하고 깔끔한 편이다.
이슬람교를 국교로 하여 무슬림 문화를 느낄 수 있는 곳인 동시에,
종교의 자유가 보장되는 만큼 여행자에게 폐쇄적이지 않고
치안도 좋은 편이어서 여행지로 매우 좋은 국가다.
무슬림들이 해가 뜬 시간 동안 금식을 하는 라마단 기간에는
현지 식당이 문을 닫거나 저녁에 인파가 몰리는 현상이 나타나지만,
관광지에서는 여행자가 상당한 불편을 느낄 만한 정도는 아니다.
쿠알라룸푸르는 번화한 현대 도시,
믈라카는 한적한 항구 도시라는 서로 다른 매력을 가지고 있다.
말레이시아의 또 다른 유명 휴양지 코타키나발루는
말레이시아 본토가 아닌 보르네오섬에 위치한다.
쿠알라룸푸르에서 국내선 항공편을 이용하여 비교적 저렴하게 갈 수 있다.
만약 내가 동남아에서 최고의 여행지를 몇 곳 선택해야 한다면,
적어도 믈라카를 빼놓지는 않을 것이다.

· Story ·

01

쿠알라룸푸르

Kuala Lumpur

1. 메르데카 광장과 클랑강을 따라

2. KLCC 파크와 페트로나스 트윈 타워

3. 국립 모스크와 메르데카 광장의 밤

메르데카 광장과 클랑강을 따라

네가 이렇게 예쁠 줄이야

베트남, 라오스, 태국이라는 여행 순서를 보면 왠지 다음은 캄보디아가 나올 것 같다. 사실 내 처음의 계획도 그랬다. 푸껫이나 핫야이 등 태국의 남부로 가지 않는 이상 주요 도시에서는 캄보디아가 훨씬 가깝다. 하지만 나는 방향을 돌려 아래로 내려가면 새로운 문화권으로 벗어나 볼 기회가 있음을 알게 됐다. 말레이시아를 여행하기로 결심한 이유는 조금 더 다양한 것을 경험하기 위해서였다. 한 번쯤 이슬람 문화권의 국가를 가 보고 싶었고, 말레이시아가 흔히 생각하는 것보다 훨씬 현대적이고 아름다운 나라라는 사실을 직접 확인해 보고 싶기도 했다.

지난 세 국가는 각각 고유의 특색이 있으면서도 같은 문화권에 속해 있다는 느낌을 지울 수 없었던 반면, 확실히 말레이시아는 다른 분류의 동남아시아로 넘어온 것 같은 느낌이 있었다. 태국의 수도인 방콕의 카오산 로드, 베트남의 수도인 하노이의 호안끼엠은 공통적으로 열정과 활기, 그리고 번잡함까지도 공유하지만 말레이시아의 수도 쿠알라룸푸르의 메르데카 공장과 페트로나스 트윈 타워 부근은 그 분위기가 사뭇 다르다. 캄보디아는 아쉽게도 다음을 기약하게 됐지만, 방콕에서 쿠알라룸푸르로 경로를 바꿔 말레이시아를 여행한 것이 이번 여행에 다양성과 풍미를 더해 준 '신의 한 수'가 아니었을까 싶다. 쿠알라룸푸르는 이슬람 건축의 예스러움과 현대 도시의 조형미가 공존하는 말레이시아의 수도다.

쿠알라룸푸르의 우아함은 메르데카 광장에

LRT 자멕 모스크역(LRT Masjid Jamek) 인근에 위치한 빅 엠 호텔(Big M Hotel)은 시설이 깔끔하고 가격이 합리적이라 선택한 숙소였는데 알고 보니 관광 명소와 접근성이 좋기로 유명한 곳이었다. 인근이 번화한 동네라 여러 프랜차이즈를 비롯해 식당이나 편의 시설도 쉽게 찾을 수 있고, 또 클랑강이나 카스투리 워크가 가까워서 쿠알라룸푸르의 다채로운 매력을 느끼며 머무를 수 있는 좋은 위치의 숙소였다.

빅 엠 호텔(Big M Hotel)

Add. Big M Hotel, 38, Jalan Tun Perak, City Centre, 50050 Kuala Lumpur, Wilayah Persekutuan Kuala Lumpur **Fee.** 약 25,000원~

• LRT 마스지드 자멕역 인근 거리

36시간 동안의 이동을 끝내고 깊은 잠에 들었던 그 다음 날 아침, 숙소에서 나올 때 다시 한번 이전의 도시들보다 훨씬 주변이 깔끔하고 정돈된 곳에 와 있음을 느낄 수 있었다. 호텔에서 10분 정도 거리에 쿠알라룸푸르 여행의 필수 방문지로 꼽히는 메르데카 광장(Merdeka Square)이 있어서 첫 번째 목적지는 고민할 필요가 없었다. 그런데 광장으로 가는 도중에 갑자기 나타난 강 위의 궁전 같은 건축물에 시선을 뺏겼다. 우아한 자태는 마치 동화 속에서나 봤던 것 같아서 나도 모르게 발길이 그 모스크(mosque)로 향했다. 모스크란 이슬람 예배당을 의미하는데 메르데카 광장으로 가는 길에 자리 잡은 모스크의 이름은 마스지드 자멕(Masjid Jamek)이었다. 마스지드(Masjid)란 이슬람 사원을 뜻하는 아랍어이므로 모스크와 동일어라고 생각해도 되겠다.

마침 예배 시간이 끝난 듯 자멕 사원에서는 사람들이 쏟아져 나왔다. 앞선 국가들에서 거의 불교 사원만 주야장천 보다가 새로운 건축 양식과 무슬림들의 예배 모습을 보니 색다른 기분이었지만, 건물 외관이나 복장을 제외하면 그들의 행동에 크게 다른 점이 있어 보이진 않았다. 이슬람이라고 하면 왠지 낯설고 좀 삭막한 느낌부터 들었었는데 직접 와서 보니 그것도 일종의 편견이 아닐까 싶다.

• 동화 속 궁전 같은 모습의 자멕 사원

• 메르데카 광장으로 가는 길의 평화로운 클랑강

이슬람 문화에서 가장 대표적인 건축물이 모스크인 만큼 말레이시아의 모스크들은 단순한 예배당이 아니라 하나의 작품이라고 부를 만한 외관을 지니고 있다. 쿠알라룸푸르에서 가장 오래된 이슬람 사원이라는 자멕 역시 건축된 지 100년이 넘은 모스크지만 현대 도시의 빌딩들 사이에서도 전혀 기죽지 않는 멋을 지닌 채 당당히 자리하고 있다. 클랑강(Klang River)이 두 개로 갈라지는 길 위에 자리 잡은 위치 선정도 일품이다. 아직은 따듯하게 느껴지는 오전의 햇살을 받으며 강가를 따라 걷다가, 아름다운 도시 풍경과 차분한 분위기에 매료되어 굳이 다른 명소를 찾아가야 하나 싶은 생각이 들었다. 그만큼 목적지를 잊고 계속 머무르고픈 곳이다. 숙소가 바로 앞이니 쿠알라룸푸르에 머무르는 동안 몇 번 더 찾아오면 될 것이라는 생각을 하며 발걸음을 옮겼다.

자멕 사원(Masjid Jamek)

Add. Masjid Jamek, Jalan Tun Perak, City Centre, 50050 Kuala Lumpur, Wilayah Persekutuan Kuala Lumpur

멀리 걸을 필요는 없었다. 사실 메르데카 광장과 마스지드 자멕은 같은 곳에 있다고 해도 될 만큼 가까운 거리에 있다. 직접 보는 것은 처음이었던 모스크에 대한 감상에서 채 빠져나오기도 전에 근대 건축 양식으로 가득한 거리가 나타났다. 메르데카 광장과 술탄 압둘 사마드 빌딩이 있는 이곳은 영국 식민 지배의 흔적이 깊게 남아 있는 곳으로, 그때 지어진 많은 건물들은 지금은 다른 역할을 하면서 그대로 남아 있다.

영국 식민지 시절 행정부 건물로 사용됐다는 술탄 압둘 사마드 빌딩(Sultan Abdul Samad Building)은 볼거리가 많은 메르데카에서도 가장 웅장하고 화려한 건축물이다. 광장 앞의 대로변을 따라 한눈에 담기에도 힘들 만큼 길게 이어진 빌딩의 늠름한 풍채와 함께 살구색의 벽돌과 그 위를 덮은 붉은색 지붕들, 그리고 높이 솟은 시계탑이 인상적이다. 1897년에 벽돌로 지어졌다는 이 건축물은 마스지드 자멕과 마찬가지로 그 뒤로 펼쳐지는 현대의 빌딩 숲을 배경으로 하고도 전혀 꿀리지 않는 자태를 뽐냈다. 다른 날 야경을 보러 다시 왔을 때 알게 된 것인데, 알고 보니 그 배경에는 쿠알라룸푸르의 랜드마크인 페트로나스 트윈 타워도 있었다.

빌딩 바로 앞의 큰 도로를 건너면 메르데카 광장이 있다. 메르데카는 독립이란 뜻인데, 이 광장에는 엄청나게 큰 국기 게양대가 있다. 내가 이곳을 방문했을 때도 높은 곳에서 거대한 말레이시아의 국기가 휘날리고 있었다. 메르데카 광장은 말레이시아 독립의 상징이자 역사가 담긴 곳으로, 영국의 식민 지배로부터 벗어난 1957년 8월 31일 제국주의의 깃발을 내리고 자국의 깃발을 게양한 곳이라 한다. 저 거대한 식민지 행정부의 건물 앞에서 영국 국기를 철거하고 말레이시아 국기를 게양했을 때 그들은 어떤 기분이었을지 문득 궁금해진다. 독립 기념일을 전후해서 이곳에서 장대한 기념행사가 열린다고 하는데 그때를 맞추어 다시 한번 와 보고 싶은 메르데카 광장이다.

• 술탄 압둘 사마드 빌딩

• 술탄 압둘 사마드 빌딩과 메르데카 광장

푸른 잔디의 드넓은 광장을 지나니 몇몇 사람들이 KL 시티 갤러리(Kuala Lumpur City Gallery) 건물 앞에 줄을 서 있는 모습이 보인다. 내부에서 작은 규모의 전시회가 열리는 곳인데, 사실 KL 시티 갤러리는 내부보다는 'I ♥ KL'이라는 진홍색의 조형물이 위치한 곳으로 더 유명하다. 그 하나만으로 인근에서 가장 인기 있는 촬영 장소가 된 것이다. 그 뒤편으로는 쿠알라룸푸르 공공 도서관(Perpustakaan Kuala Lumpur)이, 사거리 건너편에는 국립 섬유박물관(National Textile Museum)이 있는데 이들 역시나 오래된 듯하면서도 세련된 외관이 수려하여 잠시 그 앞에서 걸음을 멈추게 만들었다.

이처럼 메르데카 광장에는 오래된 우아함을 지닌 건물들이 많이 들어서 있다. 이들 덕분에 이곳의 분위기는 굉장히 고풍스럽다. 메르데카 광장과 클랑강 주변은 발 디딜 틈도 없이 북적거리고 활기찼던 여느 여행자 거리들보다 훨씬 정적이면서도 색다른 매력을 가지고 있었다. 역사의 자취가 남아 있는 건축물과 정갈한 도시를 벗 삼아 느긋한 산책을 즐기기에 제격인 곳이다.

마스지드 자멕과 메르데카 광장에서 느낀 쿠알라룸푸르의 첫인상은 기존에 '말레이시아'하면 떠오르던 이미지보다 훨씬 더 깔끔하고 번화한 곳이었다. '동남아는 싱가포르를 빼면 전부 후진국'이라는 생각을 가지고 있거나, 혹은 이슬람 문화권 자체에 대한 편견이 심한 사람이 있다면 쿠알라룸푸르를 보여 주고 싶다. 물론 메르데카 광장은 그 번화의 극히 일부분일 뿐이었고 또 반대로 말레이시아의 모든 사람들이 이런 곳에 사는 것도 아니겠지만, 그것은 어느 나라나 마찬가지일 테니.

메르데카 광장(Merdeka Square)

Add. Dataran Merdeka, Jalan Raja, Kuala Lumpur City Centre, 50050 Kuala Lumpur, Federal Territory of Kuala Lumpur

술탄 압둘 사마드 빌딩(Sultan Abdul Samad Building)

Add. Bangunan Sultan Abdul Samad Jalan Raja, City Centre, 50050 Kuala Lumpur, Wilayah Persekutuan Kuala Lumpur

KL 시티 갤러리(Kuala Lumpur City Gallery)

Add. Kuala Lumpur City Gallery, Dataran Merdeka, 27, Jalan Raja, City Centre, 50050 Kuala Lumpur, Wilayah Persekutuan Kuala Lumpur **Tel.** +60 3 2698 3333

Web. klcitygallery.com.my **Time.** 매일 09:00~18:30

클랑강을 따라 걸으면

메르데카 광장 부근의 예스러움과 차분한 분위기가 마음에 들어서 한참을 걸으며 둘러봤다. 그러다 다시 클랑강을 따라 아래로 내려왔다. 이 길 끝에 위치한 센트럴 마켓(Central Market, 파사르 세니라고도 한다.)에는 유명하다는 커피집이 있는데 그곳에서 잠시 더운 날씨를 피해 가기 위함이었다. 여행 기념품으로도 유명한 곳이니 햇빛이 조금 약해질 때까지 구경하기에도 좋을 것이었다.

센트럴 마켓의 하늘색 입구를 지나 1층에 있는 올드타운 화이트 커피(Old Town White Coffee)에서 땀을 식히며 커피를 한 잔 마셨다. 관광객들이 많이 찾는 카페다. 한국인 여행자들 사이에서 특히 인기가 많은데, 이곳만이 아니라 코타키나발루 등 말레이시아를 여행할 때 필수 코스로 꼽힐 정도로 인지도가 있다. 유명한 만큼 조금 기대를 했는데, 커피는 마시자마자 감탄사가 터질 정도는 아니었고, 무난하게 맛은 있었다. 특징이라고 하자면 단맛이 조금 진했다는 것 정도. 음료 외에도 여러 메뉴가 있는데 그중 카야 토스트가 꽤 유명하다.

1,2 센트럴 마켓
3 올드타운 화이트 커피 4 센트럴 마켓 2층 식당에서 먹은 볶음밥

커피를 마시고 나와 센트럴 마켓 1층을 둘러보다가 사고 싶은 물건들을 꽤 마주했다. 원래는 여행에서 기념품이야 사도 그만 안 사도 그만이라는 생각이었지만, 물가가 워낙 저렴하다 보니 자연스레 사고 싶은 마음이 생겼다. 1층을 한 바퀴 둘러보다가 결국 원화로 4천 원 정도 하는 에코백을 하나 샀다. 회색 배경에 까맣게 페트로나스 트윈 타워가 그려져 있는 디자인이 퍽 마음에 들었다. 가방 정도면 꽤 실용적인 기념품인 데다가 부피를 줄일 수 있는 에코백이면 남은 여행 기간 동안 들고 다니기에도 무리가 없다는 약간의 합리화가 충동구매를 부추겼다. 어쨌든 '잘 샀다'는 느낌이 들어서 기분은 좋았다.

그 외에도 센트럴 마켓에는 팔찌나 귀걸이 같은 값싼 액세서리와 향초, 액자, 입욕제, 파우치, 초콜릿이나 말린 과일 등 웬만한 동남아시아 기념품 가게에서 볼 수 있는 잡화들이 빠짐없이 늘어서 있었다. 구경하는 재미는 물론 적은 금액의 지출을 통한 기분 전환도 가능한 곳이다. 건물 2층에는 꽤 규모가 있는 푸드코트도 자리하고 있어서 말레이시아 음식을 포함한 다양한 먹거리를 먹을 수 있었다. 메르데카 광장에서도 멀지 않은 위치이므로 한 번쯤 들러 보기에 좋은 쇼핑몰 형태의 시장, 센트럴 마켓이다.

센트럴 마켓(Central Market)

Add. Central Market, Jalan Hang Kasturi, City Centre, 50050 Kuala Lumpur, Wilayah Persekutuan Kuala Lumpur **Tel.** +60 3 2031 0399 **Web.** centralmarket.com.my
Time. 매일 10:00~21:30

센트럴 마켓을 나오니 웬 노점들이 즐비하게 늘어선 거리가 나왔다. 카스투리 워크(Kasturi Walk)라는 이름으로 불리는 곳이었는데 센트럴 마켓 옆에 자연스럽게 형성된, 자그마한 노천상들의 거리였다. 이곳도 지금까지 동남아에서 만난 여행자 거리와 마찬가지로 다양한 음식으로 차 있었다. 나는 습관처럼 생과일이 들어간 주스를 한 잔 사 마셨다. 이제는 '동남아의 더운 날씨 + 저렴한 물가 = 생과일 음료를 마시자!'라는 공식을 만들어야 하는 게 아닌가 싶다. 대단한 거리는 아니었지만 의도치 않게 가까운 곳에서 만난 카스투리 워크는 쿠알라룸푸르 여행에 소소한 재미를 더했다. 계획에 없었던 장소를 우연히 발견하는 일은 역시나 여행의 빠질 수 없는 즐거움 중 하나다.

1 카스투리 워크 입구 2 카스투리 워크의 표지판 3 카스투리 워크 과일주스

카스투리 워크(Kasturi Walk)

Add. Jalan Hang Kasturi, City Centre, 50050 Kuala Lumpur, Wilayah Persekutuan Kuala Lumpur

숙소를 나와 클랑강을 따라 한 바퀴 걸었을 뿐인데 자멕 사원과 메르데카 광장, 술탄 압둘 사마드 빌딩을 비롯한 화려하고 우아한 건물들, 구경거리와 먹거리가 다양한 센트럴 마켓과 카스투리 워크 등 다양한 장소들을 만날 수 있었다. 숙소 위치가 이렇게 좋을 줄은, 주변이 이렇게 예쁠 줄은 몰랐는데. 여행지에서 명소들이 걸어서 둘러볼 수 있을 만큼 가까이 붙어 있다는 점은 항상 굉장한 장점이 된다. 그리고 그 하나하나가 다 특색 있고 즐거운 관광지라는 점은 이곳에서의 여행을 더할 나위 없이 매력적인 것으로 만들었다.

본격적인 말레이시아 여행의 첫날, 클랑강을 따라 걸은 그 반나절간의 여정은 무척 만족스러웠다. 쿠알라룸푸르를 떠나면 몇 번이고 다시 클랑강을 따라 걷고 싶어질 것이 분명했다.

KLCC 파크와 페트로나스 트윈 타워

화려한 도심과
쿠알라룸푸르의 랜드마크

태국을 떠나 쿠알라룸푸르로 들어오던 날 밤, 버스 차창 밖 멀리에 보이는 환한 쌍둥이 모양의 건물이 동그랗고 아기자기해서 귀엽다는 생각을 했었다. 그 쌍둥이는 바로 쿠알라룸푸르의 랜드마크인 페트로나스 트윈 타워였다. 그리고 하루가 지나 처음 그 타워 앞에 섰을 때, 내가 버스에서 봤던 것이 얼마나 아득한 거리에 있었는지 깨달았다. 이렇게 장대한 빌딩을 귀엽다고 생각하다니. 아래에서 올려다본 페트로나스 트윈 타워는 아기자기하기는커녕 경외심이 들 만큼 거대해서 가까이 다가서면 섬뜩한 느낌이 들기도 했다. 나란히 솟아 있는 뾰족한 첨탑 형태의 외관이 인상적인데, 한국과 일본이 쌍둥이 중 하나씩 건설을 맡아 시공 당시 '건설 할인권'이 열리기도 했다고 한다.

쿠알라룸푸르의 랜드마크

쿠알라룸푸르에서 가장 유명한 건축물인 88층짜리 쌍둥이 빌딩 페트로나스 트윈 타워가 있는 곳 일대는 동남아에서도 가장 화려한 도심 중 하나다. 쿠알라룸푸르 컨벤션 센터(Kuala Lumpur Convention Centre)나 수리아 KLCC(Suria KLCC) 같은 문화 시설 및 대형 복합 쇼핑몰, 그리고 고급 호텔들이 들어서 있다. 아쿠아리움(Aquaria KLCC)이나 규모가 큰 공원(KLCC Park)도 있어서 여행자들에게 인기 있는 쿠알라룸푸르 지역 중 하나다.

• 쿠알라룸푸르의 랜드마크 페트로나스 트윈 타워

• '쿠알라룸푸르 분수 쇼'가 열리는 KLCC 파크

KLCC 파크(KLCC Park)

Add. KLCC Park, Jalan Ampang, Kuala Lumpur City Centre, 50088 Kuala Lumpur, Wilayah Persekutuan Kuala Lumpur

KLCC 파크 분수 쇼(Symphony Lake Water Show)

Time. 20:00 & 21:00 & 22:00. 정각에 시작해서 15분간 펼쳐진다. 가끔 시간이 변동되는 경우도 있다.

분수 쇼를 관람하는 스탠드 바로 뒤편에는 수리아 KLCC가 있다. 8시에 시작한 쇼가 끝나고 나니 이미 늦은 시간이었기에, 저녁 식사도 하며 여행지의 랜드마크도 더 구경해 볼 겸 그 커다란 쇼핑몰로 들어갔다.

맛있는 음식이 너무나 많았던 태국에서는 한식당을 전혀 찾아가지 않았는데, 이후 일주일쯤 지나니 다시 슬슬 한국의 맛이 그리워지기 시작했다. 스마트폰으로 검색해 보니 다행히 이곳에 고려원(Ko-Ryo-Won)이라는 꽤 유명한 한식당이 있었다. 사실인지는 모르겠지만 북한 유명 인사가 말레이시아 유학 시절에 자주 찾던 식당이라는 이야기가 있다. 구워 먹는 고기와 육개장, 갈비탕, 떡볶이 등 다양한 범주의 한식을 판매하고 있는 곳이다.

식사를 마치고 조금 더 이곳에서 시간을 보냈지만 액세서리와 의류, 쇼케이스에 진열되어 있는 다양한 물품들, 그리고 항상 찾아 헤매게 되는 에스컬레이터와 바쁘게 쏘다니는 수많은 쇼핑객들까지, 어디에서나 비슷했던 거대 쇼핑몰에 대한 감상은 수리아 KLCC에서도 크게 다르지 않았다. 물론 그럼에도 분수 쇼를 포함한 쿠알라룸푸르 중심부의 볼거리들 덕분에 즐거웠던 페트로나스 트윈 타워와 KLCC 파크에서의 저녁이었다.

페트로나스 트윈 타워(Petronas Twin Towers)

Add. Petronas Twin Towers, Kuala Lumpur City Centre, 50088 Kuala Lumpur
Tel. +60 3 2331 8080 **Web.** petronastwintowers.com.my
Time. 화~일 09:00~21:00(금요일은 13:00~14:30 브레이크 타임) / 월요일 휴무

수리아 KLCC(Suria KLCC)

Add. Suria KLCC Sdn Bhd, Lot. No. 241, Level 2, Suria KLCC, Kuala Lumpur City Centre 50088 Kuala Lumpur **Tel.** +60 3 2382 2828 **Time.** 매일 10:00~22:00

배탈이 나다

KLCC 파크에 다녀온 쿠알라룸푸르의 두 번째 밤이었다. 대단히 불편한 느낌으로 한밤중에 잠에서 깼다. 속이 메스꺼웠다. 일단 화장실로 가는 게 좋을 것 같아서 침대에서 일어나 문을 열었는데, 변기가 보이자마자 구토가 나왔다. 단단히 속이 잘못됐는지 헛구역질이 멈출 때까지 꽤 오랜 시간이 걸렸고, 그 일이 완전히 끝나고도 방을 더럽힐까 걱정이 돼서 화장실에 주저앉아 몇십 분을 더 보냈다. 속이 안 좋을 땐 화장실이 제일 안전한 법이다.

이게 얼마 만일까. 조금 진정이 되자 뜬금없게도 그런 생각이 떠올랐다. 배탈이 나서 속을 게워 낸 게 얼마 만인가 하는 생각. 몸이 태생적으로 허약했는지 어렸을 때는 자주 탈이 났었고 밤새 고생을 하거나 학교를 조퇴했던 기억들도 듬성듬성 남아 있어서 몇몇 장면들이 스쳐 지나갔다. 그런데 언제부턴가 건강해졌는지 성인이 되고는 수년 동안 딱히 체하거나 속에 탈이 나서 힘들어 했던 기억이 없었다. 물론, 과음으로 얻은 탈은 빼고.

힘들긴 한가 보다. 오늘 '배탈'에 대한 기억에는 낯선 도시의 새벽이라는 장면도 추가되었다. 집 떠나서 아프면 서럽다고들 말하는 데는 이유가 있다. 화장실 바닥에 주저앉아 있으니 갑자기 힘들었던 기억, 정확하게는 그 순간순간의 감정이 떠올랐다. 돈을 잃어버렸을 때의 좌절과 막막함, 기차를 놓친 날 꽉 막힌 방콕 도로 위에서의 울분 같은 것들이었다. 집에 돌아가고 싶다는 생각이 들지는 않았지만 사나흘마다 짐을 싸서 옮겨 다니지 않아도 되는 생활이 조금 그리웠다.

누구는 몇 개월씩 오지(奧地)로도 잘만 다니던데 나는 여전히 허약한 걸까. 이제 3주가 지났을 뿐인데 엄살도 심하다. 이만하면 된 것 같아 일어나서 양치를 하려는데 한 번 더 헛구역질이 났다.

어째 여행이 점점 살아남기가 되는 것 같다. 그렇다면 잘 살아남아서 몸성히 돌아갈 수 있게 하자는 생각을 하며 2시간 만에 다시 침대에 누웠다. 여전히 속이 안 좋았지만 금방 다시 잠이 쏟아졌다. 파타야를 떠나 육로로 이동하면서 시작되었던 '이번 여행의 가장 힘든 코스'가 이제야 완전히 지나가는 듯하다. 잠시 아프긴 했지만 하루 만에 좋은 추억을 많이 쌓은 쿠알라룸푸르라 곧 여느 때처럼 기쁜 마음으로 기대와 함께 아침을 맞이할 것이다.

그렇게 눈을 감은 지 얼마나 지났을까. 정신이 들자 깜깜했던 새벽은 온데간데없이 따듯한 햇살이 방을 비추고 있었다. 몸은 어느덧 침대 밖으로 나왔다. 곧 커튼을 활짝 열어젖혔다.

"오늘은 또 어딜 가 볼까."

국립 모스크와 메르데카 광장의 밤

다채로운
매력을 가진 도시

지난 새벽의 여파로 늦잠을 잤다. 아침의 끝자락이 다 돼서야 숙소 밖으로 나와서인지 태양이 몹시 뜨겁게 느껴졌다. 쿠알라룸푸르에서의 셋째 날, 나는 나오자마자 자연스레 클랑강으로 향했다. 이미 더워질 대로 더워진 시간이었지만 이렇게 산책하기 좋은 곳을 그냥 지나칠 순 없었다. 어제와 같이 평화로운 강과 동화 같은 자멕 사원 사이를 거닐며 하루를 시작했다. 느긋하게 걷다 보면 '여기에 살고 싶다'는 마음까지 드는 곳이다.

말레이시아의 국립 모스크

오늘의 첫 번째 목적지는 말레이시아의 국립 모스크 마스지드 느가르(Masjid Negara)다. 지난밤의 여파로 몸이 안 좋았기에 식사 대신 카스투리 워크에서 과일 음료를 사 마시며 지도를 살펴보았다. 충분히 걸어서 갈 만한 거리로 보였다. 한국의 한여름과 맞먹는 날씨가 문제긴 하지만 이번에도 일단 걸어 보기로 했다. 정 힘들면 그때 가서 택시를 타도 되니까.

이곳에 온 후로 줄곧 느낀 점 중 하나는 유명 여행지이자 한 국가의 수도인 것치고는 조용하고 한적한 분위기를 풍기는 장소가 많다는 점이다. 이 넓은 도시를 다 둘러본 것은 아니지만 쿠알라룸푸르는 하노이나 방콕에 비해 전체적으로 차분한 편이었다. 국립 모스크로 가는 길도 마찬가지였다. 카스투리 워크를 벗어나 지도를 보며 헤매기를 20분여, 사람이 거의 없어서 스산한 느낌을 주던 공사 중인 도시 철도로 올라갔다. 미로 같은 느낌으로 마치 도시와 분리되어 존재하는 것만 같은 독특한 길이 이어졌다. 큰 길을 건너 다시 작은 공원을 지날 때는 커다란 나무 아래에서 잠시 햇빛을 피하기도 하며 천천히 국립 모스크를 향해 움직였다. 말레이시아에서는 어디에서나 곁에 있는 높다란 열대 수목 덕분에 한적한 거리를 걸어도 이국을 여행 중이라는 느낌이 물씬 풍기곤 했다.

쿠알라룸푸르 국립 모스크 주변에는 말레이시아 기업이나 정부 건물이 늘어서 있어서 메르데카 광장 못지않게 다양하고 화려한, 혹은 오래된 건축물을 만날 수 있다. 또한 모스크 뒤편으로는 식물원, 나비 공원, 새 공원, 천문대 등이 들어서 있는 엄청난 규모의 공원과 국립 박물관 등이 있어서 볼거리가 많다. 처음에 이곳에 왔을 때 나는 곧바로 시선을 강탈했던, 가장 거대하고 위엄 있게 서 있는 긴 사각형의 건물을 당연히 국립 모스크일 것이라 여기고 그곳으로 걸었다. 그런데 가까이 가보니 전혀 다른 곳이었다. 압도적인 자태를 뽐내는 그 건물은 말레이시아 철도청(Keretapi Tanah Melayu Berhad)이었는데, 오래된 갈색 계열의 웅장한 외관은 아래에 서면 왠지 압도당하는 기분을 느끼게 했다. 그리고 도로 건너편으로 다시 땀을 꽤나 흘리며 오르막을 오르면 나오는, 상대적으로 소박한 건물이 바로 국립 모스크였다.

• 장대한 나무와 건물들이 있었던 국립 모스크 가는 길

새하얗고 단아한 느낌의 마스지드 느가르는 무슬림이 아닌 방문자에게는 개방되는 시간이 정해져 있다. 오전엔 9시부터 12시까지 3시간 동안 입장이 가능했지만, 늦잠을 잔 나는 오후 3시부터 4시까지인 1시간짜리 개방 시간에 맞추어 이곳에 왔다. 국립 모스크는 내부 규모가 그리 크지 않으므로 1시간으로도 관람은 전혀 부족하지 않았지만, 아직 입장까지 30분이나 남아 있는데도 벌써 40명은 돼 보이는 다양한 국적의 여행자들이 길게 줄을 서 있었다. 뜨거운 태양을 견디며 대열의 일부가 되기를 포기하고 그늘진 길바닥에 드러누워 있는 자유로운 영혼들도 보였다. 나 역시 오랜 시간 가만히 줄을 서서 기다리는 건 질색이라 주변을 조금 더 둘러보고 오기로 했다.

개방 시간이 다가오자 히잡을 쓴 말레이시아 여성들이 바쁘게 움직이기 시작했다. 일찍이 줄을 섰던 사람들이 뭔가를 적고 방문객용 보라색 무슬림 예복을 받아 갔다. 예복을 입지 않은 사람은 옷을 대여하지 않고는 입장이 불가능한 것처럼 보였다. 햇살이 가장 뜨거울 오후 시간에 줄을 서서 기다리려니 슬슬 힘이 들었지만, 일처리가 느릴 것 같다는 나의 편견과 달리 그녀들은 입장 수속을 매우 신속하게 처리했고 순식간에 내 차례가 왔다. 몇 가지 개인 정보를 적고 보라색 천 옷을 받았다. 긴 카디건처럼 느껴지기도 하는 예복을 걸쳐 입으니 새로운 경험을 할 때와 같은 설레는 마음이 들었다. 제한 시간이 있으니 바삐 예배당으로 올라가 보려는데 나와 다른 색의 히잡을 쓴 여자가 손짓을 하더니 옷매무새를 바로잡아 주었다.

모스크 내부로 입장할 때는 반드시 신발을 벗어야 하는데 충분히 그래도 될 만큼 깨끗한 대리석 바닥이었다. 국립 모스크는 방문객들이 꽤 있음에도 시종일관 수선스럽지 않고 조용한 분위기를 유지했으며 몹시 깔끔하게 잘 관리되어 있었다. 그리고 바람이 잘 드는 구조와 대리석 덕분에 예복을 걸쳐 입었음에도 바깥보다 훨씬 시원했다. 나는 대리석 바닥에 양반다리를 하고 앉아서 쉬기도 하고 여기저기 사진도 찍으며 자유롭게 모스크 안쪽을 구경했다. 나 같은 사람들이 많았는데 하나같이 걸쳐 입은 보라색 옷은 동질감을 느끼게 만들었다. 개방 시간 동안의 국립 모스크는 그야말로 '보라돌이들의 사원'이다. 이슬람 예배당이라 왠지 여행자에 대한 행동 규제가 엄격할 것 같았는데 딱히 그렇게 느낄 만한 요소는 없었다. 다만, 무슬림이 기도를 드리는 방에는 입장이 불가했다.

처음엔 무슬림 사원에 들어간다는 사실만으로 긴장이 됐었지만 생각보다 훨씬 편안하게 국립 모스크를 샅샅이 살펴볼 수 있었다. 이슬람교로 인해 발생한 여러 문제들을 접하면서 '이슬람이라면 전부 그럴 것'이라며 복잡한 사회 현상에 대해 너무나 쉽게 편견을 형성하고 있었던 건 아닐까? 물론 종교 극단주의로 인한 문제가 심각한 곳도 있겠지만, 적어도 이곳에서 만난 말레이시아 무슬림들의 모습은 복장을 제외하면 다른 사람들과 다를 게 없었다. 그들은 그저 자신이 믿는 무언가를 향해 조용히 기도를 올리고 돌아갈 뿐이었다.

• 마스지드 느가라(국립 모스크)

국립 모스크(Masjid Negara, 마스지드 느가르)

Add. Masjid Negara, Jalan Perdana, Tasik Perdana, 50480 Kuala Lumpur, Wilayah Persekutuan Kuala Lumpur

Tel. +60 3 2693 7784 **Web.** masjidnegara.gov.my

Time. 토~목 09:00~12:00 & 15:00~16:00 & 17:30~18:30
금 15:00~16:00 & 17:30~18:30

부킷빈탕에서의 짧은 오후

쿠알라룸푸르는 시간으로는 저녁 8시가 가까워져야 해가 진다. 국립 모스크를 다 둘러보고 나오고도 해가 지기까지 4시간이나 남았기에 나는 택시를 타고 잠시 부킷빈탕(Bukit Bintang) 중심가에 다녀왔다. 쿠알라룸푸르 부킷빈탕은 각종 먹거리나 과일, 잡화들을 구매할 수 있는 잘란알로 야시장(Alor Street Food Night Market)이 있는 곳이다. 또한 유명 쇼핑몰인 파빌리온(Pavilion)과 온갖 먹거리가 진열되어 있는 자이언트 마켓(Giant Market)이 있는 지역이기도 한데, 각종 호텔과 술집이나 클럽 같은 유흥업소도 즐비해서 역시나 여행자들이 많이 방문하는 지역이다. 먹고 즐길 거리가 많아 이곳 부킷빈탕을 중심으로 쿠알라룸푸르를 여행하는 사람들도 많다.

번화가인 만큼 부킷빈탕은 인파도 들끓고 차도 많아서 다소 혼잡했다. 복잡한 시내를 돌아다니다 더위를 피해 자이언트 마켓이 있는 숭가이 왕 플라자(Sungei Wang Plaza)의 스타벅스에 들렀다. 예쁜 귀걸이를 하고 한껏 꾸민 여자가 분홍색 히잡을 쓰고 남자 친구와 도란도란 얘기를 나누는 게 보였다. 그 평범한 장면이 눈에 밟혔다. 이는 역시나 내가 '무슬림은 좀 다를 것'이라는 생각을 은연중에 가지고 있었기 때문일까? 혹은 히잡을 쓴 여성들은 행복하지 않을 것 같다는 얄팍한 편견을 가지고 있었을지도 모르겠다. 사랑하는 사람의 곁에서 환하게 웃는 그녀의 모습이 기억에 남은 까닭은, 분명 무언가 내가 가지고 있던 인식이 변화를 겪은 순간이기 때문일 것이다.

잘란알로 야시장(Alor Street Food Night Market)

Add. Jalan Alor Night Food Court, 21, Jalan Alor, Bukit Bintang, 50200 Kuala Lumpur, Wilayah Persekutuan Kuala Lumpur

숭가이 왕 플라자(Sungei Wang Plaza)

Add. Plaza Sungei Wang, Jalan Bukit Bintang, Bukit Bintang, 55100 Kuala Lumpur, Wilayah Persekutuan Kuala Lumpur **Time.** 매일 10:00~22:00

파빌리온 쿠알라룸푸르(Pavilion Kuala Lumpur)

Add. Pavilion Kuala Lumpur, 168, Jalan Bukit Bintang, Bukit Bintang, 55100 Kuala Lumpur, Wilayah Persekutuan Kuala Lumpur

쿠알라룸푸르에서의 마지막 밤

원래는 부킷빈탕에서 잘란알로 야시장까지 다녀올 계획이었지만 음식을 거의 먹지 못할 상태라 일찍 부킷빈탕 구경을 마치고 숙소로 돌아왔다. 그런데 또 저녁 8시쯤 되자 슬슬 배가 고파 왔다. 하루 종일 먹은 것은 음료와 소화제뿐이었는데 마침내 식사를 조금 해도 될 것 같은 느낌이 왔다. 호텔을 나와 자멕역 근처의 편의점에서 조그만 한국 컵라면을, 숙소 건너편의 KFC에서 치킨텐더 몇 조각을 사서 돌아왔다. 마침 숙소의 꼭대기 층에 공용 휴게실이 있어서 음식을 들고 올라갔다. 다양한 국적의 여행자들이 삼삼오오 모여 시간을 보내고 있다. 낯선 사람들이 함께 사용하는 숙소의 휴게실에서 시간을 보낼 때면 여행 중이라는 사실이 더욱더 또렷하게 느껴지곤 했다.

저녁 식사까지 마치고 호텔 침대에 누워 가만히 있자니 쿠알라룸푸르에서의 마지막 밤을 이렇게 끝내기가 무척 아쉬웠다. 다행히 숙소는 위치가 좋지 않은가. 다시 옷을 갈아입고 나가 메르데카 광장을 걸었다. 말레이시아의 긴 태양이 자취를 감춘 지 오래였지만 수많은 불빛들이 여전히 도시를 환하게 밝히고 있었다. 쿠알라룸푸르는 화려한 밤도 갖춘 도시다.

불을 밝힌 술탄 압둘 사마드 빌딩의 외관에 감탄하며 메르데카 광장의 잔디를 밟았다. 한 아이가 열심히 축구공을 차며 달려왔다. 뒤에서는 한 중년 남성이 흐뭇하게 아이를 바라본다. 많은 사람들이 잔디밭에 아무렇게나 자리를 잡고 앉아서 이야기를 나누고 있다. 나도 잠시 이곳에 앉았다 가고 싶어서 스탠드 쪽으로 걸었다. 이번엔 또 다른 아이가 장난감으로 비눗방울을 마구 불며 옆으로 뛰었다. 메르데카 광장은 여행자들만 찾는 안식처는 아니다.

KLCC를 배경으로 메르데카 광장과 빌딩의 사진을 찍으려는데 한쪽에서 웬 카메라 부대가 등장했다. 그중에는 머리카락이 한 올도 없는 중년 남성도 있었는데 그가 무리의 리더이자 선생 역할이었다. 대학생으로 보이는 청년들이 잔뜩 뒤따르는 것으로 보아 방송이나 사진 촬영과 관련된 학과의 야외 수업인 듯했다. 이 늦은 시간에 무슨 수업을 하나 싶지만, 이 시간이 되어야만 볼 수 있는 풍경이 바로 앞에 있기도 했다. 일자로 정렬된 삼각대와 카메라들 옆에서 나도 함께 셔터를 눌러 댔다. 교수의 빠른 말을 엿들으려 해도 말레이어를 알아들을 순 없었지만 술탄 압둘 사마드 빌딩을 대각선으로 바라보는 그 위치와 각도가 촬영의 명당이었을 것이다. 아마도.

"아쉽다."

떠나는 것은 항상 아쉽다. 오늘은 쿠알라룸푸르에서의 마지막 밤이다. 여행이 후반부로 갈수록 시간은 점점 빠르게 흐르는 것 같다. 언제 또 시원한 바람이 부는 이 드넓은 광장에서, 쿠알라룸푸르의 아름다운 야경을 보며 밤을 보낼 수 있을까. 비눗방울을 만들던 아이도, 사진 수업이 한창이던 사람들도 떠나고 시간이 조금 더 흘러 무거운 발걸음을 옮긴다. 이번에도 역시나 위로하는 역할은 다음 여행지에 대한 기대와 '언젠간 돌아올 날이 있지 않을까.' 하는 막연한 생각들이다.

• 메르데카 야경

말레이시아에서의 네 번째 아침이자 동남아시아 여행을 시작한 지 24일째 되던 날, 쿠알라룸푸르를 떠나기 위해 TBS 터미널(TBS Kuala Lumour)로 향했다. 이제 일주일 조금 넘게 남은 여행이지만 아직은 여행이 끝나 간다는 실감보다는 믈라카와 싱가포르에 대한 기대가 크다. 하지만 다음 여행지가 남아 있지 않을 때, 마지막 여행지가 될 싱가포르에서는 어떤 기분으로 창이 공항을 떠나게 될까? 그리고 그땐 무엇이 아쉬운 발걸음을 위로해 줄까? 쿠알라룸푸르를 떠나며 잠시 그런 생각이 들었지만 이내 머리를 흔들며 떨쳐 냈다. 여행이 끝남을 아쉬워하는 것은 남은 여행을 다 보내고 나서도 늦지 않을 테니.

다음 여행지는 말레이시아의 역사를 간직한 항구 도시 '믈라카'다.

· Story ·

02

믈라카

Melaka

항구 도시 믈라카

고즈넉이 아름다운 마을

마을을 관통해서 커다란 해협까지 흐르고 있는 믈라카강이 자아내는 이 작은 도시의 정취는 화려하진 않지만 환상적이다. 강 위의 어느 다리 중 하나, 혹은 그 강가의 어디에서든 잠시 걸음을 멈추고 이곳을 둘러보고 있자면 그 아름다움과 고즈넉한 분위기에 마음을 떼지 못해 망부석이 될 것만 같다.

믈라카(말라카라고 부르기도 한다.)는 말레이시아 최초의 국가인 믈라카 왕국이 세워졌던 곳으로, 말레이시아의 역사를 이해하는 데 중요한 도시다. 이슬람을 국교로 정한 왕국은 서양을 잇는 해상 무역을 기반으로 믈라카에서 번성했다. 그러나 믈라카 해협이 가지는 국제 무역에서의 지리적 이점 때문에 이곳은 계속해서 열강의 침략을 받았고, 포르투갈과 네덜란드, 영국이 차례로 근대까지 믈라카를 지배해 왔다. 믈라카에는 그 치열했던 역사의 흔적이 일부 남아 있다.

나는 믈라카에 머무르는 동안 유명한 역사의 현장들과 믈라카 해협을 직접 보러 다닐 계획이긴 하지만, 이곳은 해안 도시인만큼 역사적인 의미 이외에도 그만의 정취를 가지고 있을 것이다. 그렇다면 믈라카에서는 역사에 대한 탐구와 유유자적하는 마음이 조화를 이루는 여행이 된다면 가장 좋겠다. 과연 이곳에서는 또 어떤 시간을 보내게 될까? 믈라카로 향하는 발걸음에 벌써 들뜬 마음이 실려 있다.

쿠알라룸푸르 TBS 터미널(쿠알라룸푸르-믈라카 버스 이동)

Add. Terminal Bersepadu Selatan, Jalan Terminal Selatan, Bandar Tasek Selatan, 57100 Kuala Lumpur **Fee(쿠알라룸푸르-믈라카).** 14~15링깃(한화 약 4,000원, 버스 회사마다 조금씩 요금 차이가 있다. 시간은 약 2시간 30분이 소요된다.)

아기자기하고 고즈넉한 마을 믈라카

쿠알라룸푸르 TBS 터미널에서 버스로 2시간을 조금 넘게 달려 믈라카에 도착했다. 공항이라고 해도 될 정도로 크고 깔끔했던 쿠알라룸푸르의 버스 터미널과는 달리 믈라카의 터미널은 낡은 느낌이 있고 비교적 아담했지만 그 자체로 작다고 말할 만한 크기는 아니었다. 터미널 내부에는 노점상들이 워낙 많아서 어지러웠는데 밖으로 나오자 한적하기 그지없었다. 그곳에서 택시를 불러 믈라카 해안가보다 조금 안쪽에 위치한 숙소로 갔다. 믈라카를 여행하는 사람들이 일반적으로 묵는 지역으로 네덜란드 광장과 산티아고 요새, 존커 스트리트 등의 역사 유적과 관광지가 밀집해 있는 곳이었다.

믈라카에서는 2박 3일을 머무르는데 다행히 첫날부터 늦지 않은 시간에 도착해서 이곳저곳을 다녀올 시간이 충분했다. 역사 유적들이 유명한 믈라카는 하루짜리 투어로 다 둘러보는 패키지 상품이 판매될 만큼 그리 멀지 않은 거리에 많은 볼거리들이 몰려 있다. 물론 패키지를 이용하면 굉장히 고단한 하루가 되겠지만. 어쨌든 나는 그보다는 시간이 넉넉하니 첫날은 조금 더 여유롭고 자유롭게 걸어 보고자 한다.

• 믈라카 센트럴 터미널

믈라카에서 지내는 동안 묵은 숙소는 이비스 믈라카 호텔(Ibis Melaka Hotel)이었다. 이비스는 꽤나 유명한 숙박업 브랜드인데, 특히나 믈라카에 위치한 이비스 호텔은 평이 좋아서 이 지역의 여행자들에게 인기가 있는 숙소다. 적색 간판을 지나쳐 들어가면 나오는 로비부터 크고 깔끔한 인상을 풍겼다. 붉은 계열의 인테리어가 인상적인 이곳은 복도부터 방과 화장실까지 모든 곳이 청결해서 기분 좋게 머무를 수 있는 곳이었다. 네덜란드 광장이나 존커 스트리트도 도보로 10분이면 닿을 수 있으며 가격도 쾌적한 숙박 환경에 비해 비싸지 않다. 북적거리는 게스트 하우스에서와 같은 추억을 쌓을 순 없었지만 불편한 점을 꼽을 수 없을 만큼 편안한 숙소였다.

이비스 믈라카(Ibis Melaka)

Add. Ibis Melak, 249, Jalan Bendahara, Kampung Bukit China, 75100 Melaka
Tel. +60 6-222 8888 **Web.** accorhotels.com/ko/hotel-9101-ibis-melaka/index.shtml
Fee. 한화 약 34,000원~

우선 환전과 식사를 해결해야 하니 존커 스트리트(Jonker Street, 존커 워크라고 부르기도 한다.)로 목적지를 정했다. 당시에는 무엇을 하는 곳인지 잘 모르는 상태였지만, 이름에서부터 식당이나 기념품점, 환전소 같은 곳들이 모여 있는 믈라카의 여행자 거리 정도가 되겠다는 느낌이 강하게 왔다. 호텔에 짐을 풀고 나와 존커 스트리트 방면으로 조금 걷기 시작하자마자 나를 반겨 준 것은 비둘기 떼였다.

처음엔 어느 교차로에 조성된 화단 주변을 가득 메운 그 새까만 것들이 전부 조류일 것이라고는 생각도 못 했다. 아무 생각 없이 그 근처를 지나가던 나는 바닥을 가득 메운 비둘기에 한 번 기겁을 했고, 고개를 들었다가 머리 위 전깃줄을 가득 메운 비둘기 떼에 다시 한번 기겁을 했다. 그때 잔뜩 움츠러들어 뒷걸음질을 치는 내 옆으로 웬 남자가 모든 비둘기의 관심을 끌며 화단 사이로 성큼성큼 걸어갔다. 전깃줄에 올라 있던 새들도 그를 향해 돌진하니, 새 떼에 둘러싸인 남자가 걱정이 되어 무슨 일이 생기는 게 아닌가 하고 발걸음을 떼지 못하고 있었는데 알고 보니 모이를 주고 있었다. 저 수많은 비둘기들 사이에서 모이를 뿌리다니, 그 배짱이나 씀씀이가 감탄스러울 따름이었다. 그렇게 처음부터 심상치 않은 믈라카 여행이 시작되었다.

'비둘기 교차로'를 뒤로하고 다시 걷는데 아기자기한 다리가 하나 나왔다. 그 위에서 있자니, 강물이 흐르는 이 평화로운 마을이 얼마나 좋은 여행지가 될지 절로 기대가 되는 풍경이 눈에 들어왔다. 강물은 소리도 들리지 않을 만큼 잔잔히 흘렀고 바람은 강을 따라 나뭇잎을 조심스레 흔들며 지나갔다. 이 마을이 얼마나 고즈넉이 예쁜지 그제야 알았다. 비둘기 떼에 놀란 가슴에 순식간에 평화가 찾아오는 순간이었다. 그냥 목적지를 향해 걸어가다 만났을 뿐인데도 잠시라도 머무르지 않을 수 없는 곳이었다.

• 작은 배가 지나다니는 고즈넉한 분위기의 믈라카강

존커 스트리트와 네덜란드 광장

가까워 보였던 존커 스트리트는 한참을 걸어도 나오지 않았다. 걷는 시간이 늘어나자 날씨가 점점 덥게 느껴졌다. 마침내 그곳에 도착했을 때 알게 된 사실은, 지도 앱에 설정한 목적지가 존커 스트리트의 여러 입구 중 숙소에서 가장 먼 곳이라는 사실이었다. 나는 졸지에 바깥으로 빙 둘러서 다 지나쳤다가 끝점부터 돌아오면서 전부 구경하게 되었다. 그렇게 환전과 식사를 해결하러 간 곳들을 시작으로, 첫날부터 생각했던 것보다 믈라카의 많은 장소를 만날 수 있었다.

환전소를 찾기 위해 존커 스트리트를 꽤 오랫동안 돌아다녀야 했다. 이 인근을 믈라카의 차이나타운이라고 부르는 만큼 거리에 한자 표기나 중국풍의 건축들이 많이 보인다. 동남아시아는 세계적으로도 화교의 분포도가 높은 지역인데, 말레이시아 역시 화교의 비중이 큰 편이라 도시 곳곳에 그들이 거주하면서 생겨난 구역이 있다.(쿠알라룸푸르의 차이나타운이 대표적이다.) 현재는 믈라카 관광의 중심이 된 존커 스트리트 역시 처음에는 화교들이 모여 살면서 형성된 곳이라 한다.

• 존커 스트리트(존커 워크)의 입구에 있는 조형물

그런데 여행자들이 많이 찾는 곳답게 거리 가득 카페나 식당, 기념품점과 같은 다양한 가게들이 많았음에도 정작 환전소는 도무지 눈에 띄질 않았다. 믈라카는 정말 좋은 여행지였지만 여타 유명 관광지에 비해 여행자의 편의를 위한 인프라만큼은 비교적 덜 갖춰진 것처럼 보였다. 존커 스트리트의 여러 골목을 한참 헤매다 겨우 'Exchange'라고 적힌 작은 간판을 찾았는데 그곳은 사설 환전소가 아니라 과자와 음료를 파는 작은 구멍가게였다. 나는 환전을 하면서 한화 150원 정도 하는 아이스크림을 하나 샀다. 그 아름다운 믈라카 역시 오래 걷기 힘든 유일한 이유가 하나 있다면, 바로 무더운 날씨였다.

믈라카 환전 Tip

나중에 알게 된 사실이지만 믈라카의 환전소들은 오히려 존커 스트리트 바깥쪽에서 훨씬 찾기가 쉬웠다. 구글 지도에 '환전소'가 아니라 '믈라카 Exchange'라고 검색해야 더 많은 환전소의 위치를 확인할 수 있다. 참고로 네덜란드 광장에서 가장 가까운 환전소의 이름은 'Spak Sdn. Bhd'이다.(Spak Sdn. Bhd, 29, Jalan Laksamana, Bandar Hilir, 75000 Melaka)

발이 가는 대로 조금 더 걷다 보니 웬걸, 믈라카에 오면 꼭 가 봐야겠다고 생각하고 있던 네덜란드 광장이 나왔다. 심지어 그 네덜란드 광장은 내가 한참 전에 지나쳤던 '비둘기 교차로'에서 그리 멀지 않은 곳이었다. 존커 스트리트 입구와 네덜란드 광장이 만나는 이곳은 믈라카 여행이 시작되는 곳이라 부를 만하다. 애초에 이리로 찾아왔으면 훨씬 가깝게 유명 장소들을 보면서 왔을 텐데 땀을 뻘뻘 흘리며 1시간을 넘게 주변을 빙글 돈 것이다. 덕분에 오자마자 이 근방의 지리가 머릿속에 훤하게 들어왔다. 더운 날씨만 빼면, 걸으며 여행하기에 환상적인 곳이라 크게 불만스럽지는 않았다.

우연히 네덜란드 광장을 발견했을 때는 굉장히 반가웠으면서도 아껴 두려 했던 것을 예상치 못한 순간에 봐 버린 것 같은 애매한 기분도 들었다. 그런데 그런 일은 거기서 끝이 아니었다. 나는 걸은 김에 오늘 좀 더 움직여 보자며 그 길로 믈라카의 대표 역사 유적인 세인트폴 언덕(St. Paul's Hill)을 올라가 버렸다. 네덜란드 광장 바로 뒤에 그곳이 있을 줄은 오르는 중에도 몰랐고, 그 꼭대기에 도달하고 나서야 뭔가 범상치 않은 곳임을 깨달았다. 세인트폴 언덕에 관한 자세한 이야기는 다음 편에서, 산티아고 요새(Fort Santiago in Melaka)와 함께 하는 게 좋겠다.

언덕에서 내려온 나는 잠시 네덜란드 광장의 한 벤치에 앉았다. 사방이 온통 빨간 단색의 건물로 채워져 있었다. 이곳은 17세기 이후 포르투갈을 밀어낸 네덜란드가 믈라카를 통치하면서 조성된 곳으로, 대표적인 건축물인 크라이스트 교회를 비롯한 근세 네덜란드 양식의 고풍스러운 건축물들이 남아 있다. 마침 날씨가 기가 막히게 좋아서 푸른 하늘을 배경으로 붉은 크라이스트 교회를 바라볼 수 있었다. 그 풍경을 사진에 담아 보니 커다란 나무도 함께 나와서 새파란 하늘 아래 붉은 교회와 초록빛의 나뭇잎이 함께 담긴, 빛의 3원색이 다 모인 컷을 얻었다. 이곳은 뭐랄까, 다양한 색이 모여 있지만 화려하기보다는 단아한 느낌을 주는 곳이다. 네덜란드 건축 양식에 더해진 믈라카 특유의 분위기가 한몫했을 것이다.

• 빨간 단색의 역사적 건축과 초록빛의 자연이 조화로운 네덜란드 광장

자리에 앉은 뒤로 분수에서 물이 조금씩 튀기 시작했다. 이곳만 비어 있었던 이유를 즉시 알 수 있었지만 굳이 자리를 옮겨야겠다는 생각은 들지 않았다. 경치 좋고 날씨 좋은데 물 좀 맞는 게 어떻단 말인가. 분수 옆으로는 많은 사람들이 'I LOVE MELAKA'라고 쓰인 표지판 앞에서 '인증샷'을 찍기 위해 줄을 서 있었다. 쿠알라룸푸르에 있는 것과 마찬가지로 국적을 불문하고 여행자들에게 최고의 인기 장소였다. 유명 관광지의 인기 장소를 만들려면 'I LOVE + 지명'으로 조형물을 만들어서 세우면 되는 걸까? 그렇게 스쳐가는 여러 생각과 함께 이곳에 빠져드는 사이, 광장의 오래된 시계탑 위로 하늘이 점점 어두워지고 있었다.

분위기에 취해 시간 가는 줄 모르고 앉아 있던 네덜란드 광장에서 걸음을 옮기게 만든 것은 허기였다. 역시나 배고픔엔 장사가 없다. 광장 앞의 다리 하나만 건너면 있는 존커 스트리트에서는 이제 곧 야시장이 열릴 시간이다. 그리 넓지 않은 광장을 마지막으로 한 바퀴 돌아보고 그 다리를 건넜다. 역시나 믈라카강 위를 지나는 다리는 그냥 지나칠 수가 없다. 또 몇 분을 그곳에 가만히 서서 믈라카를 돌아보았다. 어디서든 잠시 걸음을 멈추고 이곳을 둘러보고 있자면 그 아름다움과 분위기에 마음을 떼지 못해 망부석이 될 것만 같다.

존커 스트리트의 야시장에는 저녁 식사를 하지 않고 이곳을 방문한 게 행운이었다 싶을 정도로 맛있는 길거리 음식이 굉장히 많았다. 언제나 그랬듯 과일주스부터 한 손에 들었다. 그러고는 종류가 다양한 꼬치들, 초밥과 김밥 등을 먹으며 거리를 누볐다. 낮에는 사람이 그렇게 많지 않은 존커 스트리트였는데 야시장이 열리자 늦은 시간까지 관광객들로 붐볐다. '금강산도 식후경'이란 말도 역시나 국적 불문의 원칙이 아닐까? 노점상들은 수요를 충족시키기 위해서 바쁘게 요리를 해 댔으며 여행자들은 마음껏 먹고 마시며 거리 한복판에서 노래를 부르기도 했다. 시간이 흐를수록 밤의 거리에는 여행의 흥취가 물씬 풍겼다. 후에 알게 된 사실이지만 존커 스트리트 야시

• 크라이스트 교회

장은 금요일과 주말 저녁에만 열린다. 야시장 개장 요일에 대한 정보 없이 믈라카에 도착했지만 마침 일요일이었다. 그것이 참 다행스러운 일이라 느껴질 만큼 존커 스트리트 야시장은 먹거리나 분위기가 마음에 쏙 드는 곳이었다.

아침부터 쿠알라룸푸르에서 넘어와 이후에 존커 스트리트를 헤매고 세인트폴 언덕을 오르면서 많은 에너지를 소비해서인지 밤이 늦도록 밖을 다닐 힘이 없었다. 그렇게 고즈넉한 풍경, 신비한 역사 유적, 맛있는 음식으로 기억에 남을 믈라카에서의 첫날을 마무리했다. 예상치 못하게 방문하려고 예정해 두었던 장소들을 하루 만에 대부분 보았음에도 내일이 더 기대되는 믈라카였다.

• 믈라카 벽화 거리

• 믈라카 UMNO(통일 말레이 국민 조직) 박물관

네덜란드 광장(Windmill Dutch Square Melaka)

Add. Windmill Dutch Square Melaka, Bandar Hilir, 75200 Melaka

존커 스트리트(Jonker Walk Melaka)

Add. Jonker Walk Melaka, Jalan Hang Jebat, 75200 Melaka

Time. 금~일 18:00~24:00(야시장)

세인트폴 언덕과 산티아고 요새

믈라카의 역사에 머무르며

믈라카는 말레이시아의 역사를 이해하는 데 가장 중요한 도시 중 하나다. 중세 이후 동양과 서양을 잇는 무역 중심지로 번성했던 믈라카 해협에 면한 이곳에 서기 1400년 무렵, 말레이시아 최초의 국가인 믈라카 왕국이 세워졌다. 이슬람을 국교로 삼은 그들은 어촌이었던 믈라카를 해상 무역의 중심지로 성장시키며 번성하기 시작했지만, 그 번영은 그리 오래가지 못하고 포르투갈에 의해 멸망한다. 이후에도 이곳은 끊임없는 침략에 의해 차례로 네덜란드, 영국의 지배를 받았다. 남중국해와 인도양 사이에 위치한 믈라카 해협이 지니는 지리적 중요성 때문에 열강들은 역사 속에서 계속해서 이곳을 차지하고자 했던 것이다. 지금은 싱가포르에 국제 허브항으로서의 역할을 넘겨주었지만, 그 치열했던 역사의 흔적은 여전히 믈라카에 남아 있다.

믈라카에서 가장 높은 언덕

믈라카에 온 첫날 멋모르고 믈라카에서 가장 높은 언덕을 올랐다. 네덜란드 광장 뒤편으로 걷다가 만난 이 언덕을 오를 때는 그 유명한 세인트폴 언덕(St. Paul's Hill)인지도 몰랐다. 그저 높은 곳으로 오를수록 두 발 아래 믈라카가 한눈에 들어온다는 것을 즐기며 천천히 걸음을 내디뎠다. 언덕 아래로 보이는, 마치 땅을 삼킬 것만 같은 장엄한 줄기를 가진 나무들에 감탄하기도 하고 귀여운 길고양이들과 먹이를 주는 사람들을 구경하면서 쏟아지는 태양을 견뎠다. 높지는 않지만 더운 날씨에 오르기가 편한 곳은 아니었다.

• 역사 유적과 믈라카의 경치를 함께 볼 수 있는 세인트폴 언덕

그런데 웬걸, 언덕 꼭대기에 오르자 상상치도 못한 역사 유적이 떡하니 서 있었다. 묘한 느낌에 단번에 심상치 않은 건물이란 것을 알 수 있었다. 언덕 위에는 관광객들이 꽤 많아서 붐볐음에도 그 오래된 성당은 호젓한 느낌이 강했다. 나는 곧장 몇몇 외국인들이 읽고 있는 안내문 앞으로 달려갔다. 알고 보니 이곳이 바로 세인트폴 언덕, 그리고 지금 눈앞에 있는 이 낡은 건물이 세인트폴 교회(St Paul's Church)였다.

1 세인트폴 언덕 2 세인트폴 교회 내부

안내문에 따르면, 동남아시아에서 가장 오래됐다는 이 교회는 1521년에 포르투갈의 한 선장이 항해를 무사히 마친 것에 대한 감사의 표시로 지은 예배당에서 시작됐다고 한다. 그 예배당의 이름은 세인트폴이 아니라 성모 마리아를 기리는 의미의 노사 세뇨라 두 몬테(Nossa Senhora do Monte)였다. 세인트폴이란 이름은 네덜란드가 포르투갈로부터 믈라카를 빼앗은 뒤에 이곳을 개조하고 붙인 이름이다. 네덜란드는 1753년에 언덕 아래 광장의 크라이스트 교회를 지으면서 세인트폴 교회는 폐쇄시켰다. 앞서 푸른 하늘과의 조화가 멋지다고 말했던, 네덜란드 광장의 붉은 건물이다. 그리고 다시 이곳의 주인이 영국으로 바뀐 이후, 폐쇄되었던 세인트폴 교회는 영국이 자바를 침공하는 동안 탄약 저장소로 사용되었다가 이후에는 또 한참 동안 방치되었다.

요약하자면, 세인트폴 언덕과 교회는 500년이 가까운 시간 동안 산전수전을 다 겪은 역사의 산증인인 셈이다. 복원 작업을 거쳐서 지금의 모습이 되었다고 하지만 왠지 낡은 벽면에서 수백 년간의 풍파가 느껴지는 듯하다. 교회 내부로 들어가니 섬뜩한 기분도 들었는데, 창문 역할이었는지 모르겠지만 벽돌로 쌓은 벽 곳곳에 커다란 구멍이 있고 천장은 하늘이 넓게 보이도록 완전히 열려 있었다.

오후의 햇빛이 무수히 내림에도 음산한 기운이 감도는 것은 이곳이 믈라카 역사의 시간에서 얼마나 오랫동안 여러 번의 침략과 식민 통치를 겪었는지를 기억하고 있기 때문일까? 결코 평화로운 시간을 보내 온 유적지가 아님이 전해지는 듯하다.

세인트폴 언덕은 지은 지 500년이 된 교회가 있는 곳이기도 하지만 믈라카에서 가장 높은 언덕이기도 하다. 고개를 돌려 뒤쪽을 보니 믈라카의 전경이 한눈에 들어왔다. 언덕 아래의 열대 수목이 이루어 내는 초록빛 물결도 역시나 일품이다. 저 멀리에는 푸른 바다도 보인다. 믈라카 해협에 해가 지는 동안 잠시 언덕 위의 한 곳에 가만히 앉아 생각에 잠긴다. 이 교회가 5세기 전의 것이라면, 그때의 사람들도 가끔 이곳에 앉아서 저 멀리 바다에 지는 석양을 바라보며 사색에 빠지곤 했을까? 이 언덕에서 바라보는 믈라카의 자연은 언제나 똑같이 아름다웠을까? 만약 그렇다면 나는 지금 몇 백 년 전의 사람들이 느꼈던 감정을 조금이나마 공유하고 있을지도 모른다. 역사적 이야기가 남아 있는 장소를 여행할 때, 그 지역에 살았던 사람들의 삶을 상상하면서, 역사적 장소로 남아 있는 바로 그 자리에서 느꼈을 감정을 따라가다 보면 어느새 어떤 울림을 마주하게 된다. 믈라카 특유의 고즈넉한 정취에 세인트폴 언덕의 호젓한 분위기가 더해지니 묘한 공기가 주변을 감쌌다.

• 세인트폴 교회 내부

세인트폴 언덕 & 세인트폴 교회(St Paul's Hill & Church)

Add. St Paul's Church, Jalan Kota, Bandar Hilir, 75000 Melaka

세인트폴 언덕은 네덜란드 광장 뒤편에 위치하고 있다. 커다란 언덕의 둘레를 따라 몇 군데씩 올라가는 입구가 있다.

• 세인트폴 언덕에서 보는 타밍 사리 타워

고대의 요새를 향해

우연히 세인트폴 언덕을 올랐던 다음 날 아침, 눈을 뜨자마자 산티아고 요새(Fort Santiago in Melaka)를 찾아 길을 나섰다. 믈라카 산티아고 요새는 구글 지도에는 에이 파모사(A Famosa)라는 이름으로 명기되어 있다. 지도를 살펴보니 어제 지나쳤던 곳에서 조금만 더 갔으면 볼 수도 있었던 위치다. 오늘도 비둘기가 가득한 교차로와 한가로운 네덜란드 광장을 지나니 목적지에 닿기도 전에 또 시선을 사로잡는 역사의 흔적들이 나타났다. 산티아고 요새와 세인트폴, 네덜란드 광장의 경계가 명확하지 않지만 그 주변은 확실히 볼거리가 많았다.

네덜란드 광장 입구를 지나자 옛 무역 허브로서의 믈라카를 추억하고 있는 흔적들이 보였다. 광장과 존커 스트리트 사이의 강가에 성문 모양의 벽돌 건축물이 세워져 있다. 그 앞에는 믈라카강과 항구에 대한 이야기와 예전 모습의 사진이 담긴 안내판이 서 있다. 믈라카 왕국과 포르투갈, 그리고 네덜란드의 통치 때까지 이 강과 항구가 얼마나 번성했는가 하는 이야기부터 지금은 페낭과 싱가포르에 그 역할을 넘겨주게 되었다는 이야기 등이다. 옆은 무역항을 보호하고자 했던 장치를 재현한 것으로 보이는 작은 요새와 대포 같은 것들로 꾸며져 있었다.

• 네덜란드 광장에서 산티아고 요새로 가는 길

산티아고 요새로 가는 길에 믈라카강과 항구의 역사를 살펴보면서 이곳과 싱가포르의 관계가 베트남의 다낭-호이안의 관계와 유사하다는 생각이 들었다. 현대로 오면서 국가의 중심 항구가 이동한 이유에는 대형선의 출현이라는 공통점이 있다. 안내문에 따르면, 믈라카강 역시 강어귀가 좁아 18세기 이후 등장한 대형선을 처리하기에 어려움이 있었고, 그로 인해 영국이 통치하던 시기에 페낭과 싱가포르항을 개발시키면서 방치되었다고 한다. 역사 속의 해상 무역 중심지가 연안 무역 정도를 담당하게 된 것은 경제적으로는 안타까운 일인지 모르겠지만, 그래도 나는 작은 항구도시로 남아 있는 믈라카가 참 마음에 들었다. 믈라카는 허브항으로서의 역할은 잃었지만 대신 아름다운 정취를 얻었다. 한산한 믈라카강을 따라 걸으며 유적들을 돌아보다가 산티아고 요새 방향으로 다시 걷기 시작하는데 이번엔 뜬금없이 열차가 등장했다. 철로가 짧아 어떤 목적지로도 갈 수 없는 그런 열차.

• 산티아고 요새로 가는 길에 있는 열차

"이건 역사 유적은 아닌 것 같은데?"

도대체 이 아기자기하고 귀여운 열차의 역할은 무엇일까. 사실 여행지로서의 멋을 더해 주는 그 외관만으로 역할을 다했다고 봐도 되겠지만 나는 굳이 열차 안으로 들어가 보았다. 내부엔 뜬금없이 갖은 잡동사니를 파는 상점이 차려져 있었다. 가게 주인과 눈이 마주쳐서 괜히 기념품을 둘러보는 척하다가 밖으로 나왔다. 당황스러운 마음을 추스르고 열차 위에서 폼을 잡으며 사진을 찍다가 밖으로 내려가려는 주인과 다시 마주쳤다. 한 번 더 머쓱한 상황을 만들고서야 열차에서 내려왔다. 아마 중세 시대에 만들어졌던 열차를 재현해 놓은 듯한데, 관광지로 인기를 끌면서 내부에 기념품 가게가 생긴 게 아닐까 추측했다. 그 뒤에는 모형 대포와 지하 벙커, 전투기 모형 등이 있는 공원이 있었는데 꼬마 아이와 엄마로 보이는 여자가 전쟁놀이를 하고 있었다. 산티아고 요새로 가는 길에 전쟁과 관련된 모형들을 아기자기하게 만들어 조성한 공원이 이곳의 분위기에 참 잘 어울렸다. 믈라카를 통치했던 나라들이 다른 강대국의 침략으로부터 항구를 지키기 위해 만들었던 요새의 상황을 일부 재현하고 있는 장소들로 보였다.

정오가 가까워 올수록 날씨는 점점 더워졌지만 다행히 그리 오래 걸을 필요는 없었다. 네덜란드 광장을 따라 쭉 이어진 아기자기하고 깔끔한 건물들과 예쁘게 조성된 공원 사이에, 여기저기 부서진 듯 보이는 낡고 오래된 성벽이 하나 서 있었다. 산티아고 요새, 1511년 포르투갈이 믈라카를 점령하고 이듬해 항구를 보호하기 위해 지은, 고대 믈라카 산성에서 유일하게 지금까지 남아 있는 부분이다. 산티아고 요새로 들어가는 네 가지 주요 관문 중 하나였다는 산티아고는 세인트폴 교회와 마찬가지로 이후 네덜란드와 영국의 손을 거쳤다. 네덜란드는 이곳을 개조하고 확장해서 다시 요새로 사용했고 영국인들은 폭파하려 했다. 그때 영국의 일부 고위 인사들이 반대하여 요새가 완전히 사라지지는 않았으나 살아남은 것은 이 산티아고 요새뿐이었다. 이 요새는 아시아에서 가장 오래된 유럽 건축물 중 하나라고 한다.

거친 벽면에서 그 오랜 세월 동안 겪었던 고난이 느껴지는 듯했다. 과거에는 믈라카의 산성을 이룰 만큼 거대했으나 이제는 몇 걸음만 걸으면 그 전부를 볼 수 있을 만큼 작아진 잔존물의 내부로 천천히 들어갔다. 왠지 위압감이 들었다. 경이로운 것들은 가끔 그런 위압감을 풍기기도 하는 법이다. 그런데 그 안에서는 예상치 못하게 기타를 치고 있는 노인이 나를 반기고 있었다. 낡은 고대 요새 속에서 울리는 기타 소리는 묘하게 어울렸다. 부조화 속의 조화란 이런 경우를 두고 하는 말일까? 문득 도대체 이곳에서는 실제로 얼마나 많은 일들이 있었을지 궁금해졌다. 같은 시기

• 믈라카의 대표적인 역사 유적 산티아고 요새

에 지어져 같은 역사를 거쳐 온 만큼, 세인트폴 교회와 산티아고 요새는 비슷한 분위기를 풍겼다. 오래된 역사 유적들은 그 자리에 직접 서 봐야만 느낄 수 있는 진한 울림이 있다.

믈라카 산티아고 요새(Fort Santiago in Melaka, A Famosa)

Add. A Famosa, Jalan Kota, Bandar Hilir, 75000 Melaka

나는 그저 믈라카에 대해 조금이라도 더 알아 가며 여행하고 싶다는 마음으로 고집스럽게 땡볕 아래에 서서 안내문들을 애써 해석하며 산티아고 요새와 세인트폴 언덕을 다녔다. 하지만, 텍스트를 꼼꼼히 살피든 스쳐 지나가든 그저 가만히 보고 느끼기만 해도 좋은 여행지임에는 어느 여행자였더라도 이견이 없었을 것이다. 여행에는 각자의 방식이 있을 뿐 정답은 없는 법이고, 믈라카는 어떤 시각으로 접근하든 그 분위기에 빠져들 수밖에 없는 곳이다.

해상 왕국이 들어선 15세기부터 영국으로부터 독립하기까지 바람 잘 날이 없었던 믈라카는 이제 매우 평화로운 여행지로 변모했다. 믈라카에 더 이상 해협을 차지하겠다고 대포를 쏘아 대는 이들은 없다. 아마 이 땅은 해상 무역 중심지로 소위 '잘 나가던' 시절보다 지금이 더 행복하지 않을까?

반다르 힐리르(Bandar Hilir)

Add. Bandar Hilir, Melaka

네덜란드 광장, 세인트폴 언덕, 산티아고 요새, 그리고 각종 박물관과 역사 유적들이 모여 있어서 믈라카 여행의 핵심이 되는 구역이다. 믈라카강을 지나는 다리 하나를 놓고 존커 스트리트와 이어진다.

해상 모스크와 네덜란드 광장의 밤

사랑하지 않을 수 없는
해안 도시

믈라카에는 해협에 위치한 해상 모스크(Melaka Straits Mosque)가 있다. 이미 쿠알라룸푸르에서 모스크를 두 군데 봤기에 크게 기대를 한 곳은 아니었지만 믈라카 해협을 가까이서 볼 수 있는 곳이라 마지막 오후의 여행지로 정했다. 별다른 기대를 하지 않아서일까? 바다와 해상 모스크에서의 오후가 진하게 마음에 남은 이유 말이다. 그리고 저녁 식사를 마치고 돌아오는 길에 잠시 들렀던 네덜란드 광장의 밤은 왜 떠나기도 전에 그리워질만큼 가슴에 깊이 스며들었을까? 내 마음인데도 그 이유를 쉽게 알아낼 수 없는 것은 또 무엇일까.

믈라카 해협의 해상 모스크

믈라카강의 작은 마을은 이틀 만에 잘 알던 동네처럼 몹시 친근해졌다. 나는 산티아고 요새를 다녀온 뒤에 다시 존커 스트리트로 갔다. 시기를 불문하고 오후 2시경 이곳의 날씨는 몹시 더우므로 카페에서 시간을 보내다 해상 모스크가 있는 믈라카 해협 쪽으로 이동할 계획이었다. 네덜란드 광장에서 존커 스트리트로 이어지는 다리가 있는 곳에는 믈라카강 바로 옆으로 좁은 골목이 나 있고 그 길을 따라 작은 가게들이 들어서 있다. 잔잔히 흐르는 강 위의, 햇빛을 받아 반짝이는 물결을 따라 걸었다. 믈라카에는 날씨가 아무리 더워도 포기할 수 없는 경치가 있다. 믈라카 리버 워크(Melaka River Walk)라 불리기도 하는 강가의 길을 한참을 다니다 네덜란드 광장 부근의 한 카페로 들어갔다. 'Halia Inc Cafe'라는 이름의 분위기 좋은 강가의 카페였

朵雲軒

는데, 크고 깔끔한 인테리어와 훌륭한 전망에 비해 사람이 적어서 여유롭게 커피를 즐기기에 안성맞춤인 곳이었다.

느긋하게 커피를 한 잔 마시고 나오는데 바로 옆에 여행 중인 서양인이 둘 보였다. 나보다 나이가 조금 많아 보이는 여자와 조그마한 꼬마 아이였는데, 여자가 비눗방울을 불어 주면 그 귀여운 꼬마가 방울을 잡으러 뛰어다녔다. 이제 겨우 발걸음을 뗀 것 같은 아이와 아직 엄마라고 하기엔 어려 보이는 여자, 그 모녀가 어떻게 이곳까지 여행을 오게 됐는지 사연을 알 길은 없지만 두 사람의 모습이 너무나 보기 좋아서 잠시 그들을 바라보고 있었다. 이렇게 더운 나라를 커다란 배낭을 메고 유모차까지 밀며 여행하는 것은 굉장히 고될 만도 한데 엄마는 한순간도 웃음을 잃지 않았고, 유모차를 주차해 두고 뛰어나온 아이는 천진난만할 뿐이었다. 씩씩한 두 여행자 덕분에 나도 덩달아 힘이 났다.

여행 중 먼 거리를 걷는 일에 대해서는 거부감이 없는지라 네덜란드 광장에서 해상 모스크가 있는 믈라카 해안까지 걸어가 볼까 하는 생각이 잠깐 들었지만, 열사병으로 객사할 위험을 감수할 필요는 없겠다는 이성적인 판단이 섰다. 네덜란드 광장에서 약 4km 떨어진 해상 모스크까지 택시를 타고 20여 분, 다리를 하나 건너 바다가 가까운 육지에 도착했다. 이곳도 믈라카에선 꽤 유명한 인기 장소로 알고 있었지만 사람이 많지는 않았다. 모스크를 몇 차례 방문했더니 이제는 단번에 우아함을 뽐내고 있는 이슬람 사원을 알아볼 수 있었다. 해상 모스크가 가까워지자 그 뒤로 펼쳐진 푸른 바다도 눈에 들어왔다.

• 네덜란드 광장 인근의 믈라카강 강가

기대를 안 하고 왔다니! 말레이시아에 온 뒤로 모스크에는 꽤 익숙해져서 별다른 감흥이 없을지도 모르겠다는 생각은 눈 녹듯이 사라졌다. 어느덧 구름이 잔뜩 끼어 희미하게 빛이 새는 하늘과 고요한 믈라카 바다 사이에 위치한 해상 모스크의 품위 있는 자태는 눈이 부셨다. 나는 바다 위로 뻗은 사원의 끝자락에 서 보고 싶어 서둘러 모스크 입구로 들어갔다. 이번에도 히잡을 쓴 여성이 친절히 건네는 예복을 받아서 입었다. 이슬람 예복을 두 번이나 입게 될 줄은 몰랐지만 바다에 어울리는 하늘색이 마음에 들었다.

• 마스지드 셀랏(믈라카 해상 모스크)

맨발로 모스크를 따라 둥글게 걸었다. 내부도 깔끔했지만 역시나 해상 모스크의 진풍경은 바다가 보이는 테라스를 따라 펼쳐졌다. 구름이 많이 끼어 화창한 날씨가 아니었지만 오히려 그 흐릿함이 깊은 정서를 자아냈다. 구름 사이로 조금씩 비추는 빛은 마치 하늘이 열릴 준비를 하는 것처럼 보여 웅장한 기운을 내뿜었다. 나는 이슬람 예배당이니 몹시 조심스럽게 행동해야 하지 않을까 하는 생각을 했지만, 이곳도 국립 모스크처럼 여행자들에게 복장 이외에는 별다른 제재를 하지 않았다. 그러므로 바다 위에 떠 있는 사원을 자유롭게 거닐며 피어오르는 감흥을 즐길 수 있었고, 내가 무얼 하든 딱히 신경 쓰는 사람은 없었다. 이슬람교라면 비무슬림의 예배당 방문에 배타적일 것이라는 생각도 내가 잘 몰라서 가지고 있던 고정 관념인 듯했다. 이들은 해상 모스크의 아름다움을 여행자와 기꺼이 공유하고 있었다.

모스크 밖으로 나오는 길에 예복을 벗으려는데 일본인으로 보이는 한 여성이 보라색 예복을 들고 조심스레 따라왔다. 나는 여자 탈의실은 반대편이라고 알려줘야 했다. 여행자들은 어디서든 어리바리할 수 있는데, 아마 그녀도 어서 바다 가까이에 서고 싶어서 마음이 급했던 것 같다. 파란 천 옷을 반납하고 밖으로 나온 나는 해안가에 위치한 나무 의자로 갔다. 일몰을 볼 수 있는 날씨는 아니었지만 그냥 해가 질 때까지 머무르고 싶은 곳이다. 가까운 바다를 떠다니던 배 한 척을 지켜보고 있었는데 갑자기 육지 가까이로 오더니 자동차로 변신하면서 유유히 옆을 지나갔다. 수륙양용차를 이용하는 믈라카 덕 투어(Duck Tours)였다.

AT MELAKA

믈라카 해상 모스크(Melaka Straits Mosque, 마스지드 셀랏)
Add. Melaka Straits Mosque, Jalan Pulau Melaka 8, 75000 Melaka

구름 사이로 빛은 명멸하기를 반복했다. 마침내 어둠이 내릴 때까지. 적도가 가까운 이 바다에서 노을을 보고 싶다는 생각이 들긴 했지만 역시나 흐린 날씨에 일몰은 볼 수 없었다. 그럼에도 아쉬움이 없는 풍경이다. 아니, 아쉬움은 이곳을 떠날 시간이 되었다는 것에서 진하게 찾아왔다. 해안가를 따라 자리를 옮겨 가며 한참을 머무르는 동안 믈라카에서의 마지막 해가 저물었다.

말레이시아 / 믈라카

믈라카에서의 마지막 밤, 그 진한 여운

해상 모스크에서 숙소로 돌아온 나는 저녁 식사를 위해 다시 밖으로 나왔다. 먹거리가 많은 존커 스트리트 야시장은 월요일이 되니 열리지 않았다. 믈라카에서의 마지막 식사가 될 예정이었기에 이곳의 맛집으로 알려진 팍 푸트라(Pak Putra)로 지도를 따라 꽤 먼 거리를 걸었다. 파키스탄인들이 운영하는 식당으로 탄두리 치킨과 난(naan) 등의 인도 음식을 주로 판매하는 곳이다. 네덜란드 광장에서 약 15분을 걸으니 공터에 테이블을 잔뜩 차려 놓은 현지 음식점들이 모여 있는 거리가 나왔는데, 막상 팍 푸트라는 월요일이 휴무라 문을 닫은 상태였다.

• 믈라카의 파키스탄 음식점 팍 푸트라

팍 푸트라(Pak Putra)

Add. Pak Putra, 56 & 58, Jalan 4, Taman Kota Laksamana, 75200 Melaka

Time. 화~일 17:30~01:00 / 월요일 휴무

어쩔 수 없이 그 주변의 다른 로컬 식당을 찾았다. 동남아에서는 요리를 하는 주방은 건물 내부에, 식사를 하는 테이블은 외부에 차려져 있는 음식점을 흔히 볼 수 있다. 선선한 밤, 아스팔트 공터 위의 빨간 의자에 앉아 식사를 하는 분위기가 제법 마음에 들었기에 거리에 펼쳐진 수많은 테이블 중 한 곳에 자리를 잡았다. 말레이시아 역시 물가가 꽤 저렴한 편이라 15링깃(한화 약 4,000원)가량의 지출로 치킨커틀릿에 음료까지 마시며 무난한 식사를 할 수 있었다. 옆자리에서는 중국인 여행객 남녀가 단둘이서 이곳에 존재하는 모든 메뉴를 먹어볼 작정이었는지 테이블이 꽉 차도록 다양한 음식을 주문하고 있기도 했다.

• 믈라카 현지 식당과 치킨커틀릿

꽤 먼 거리에서 식사를 하고 돌아온 탓에 다시 네덜란드 광장에 도착했을 땐 완전히 깜깜해져 있었다. 내일 싱가포르로 이동하려면 짐을 좀 싸야 했기에 곧장 숙소로 돌아갈 생각이었지만 네덜란드 광장의 밤은 여행자의 발걸음을 붙잡았다. 아름다운 불빛들 사이로 잔잔한 음악이 울려 퍼지는 광장 한가운데에 마침 비어 있는 자리가 보였다. 의자가 아니라 화단이었지만 잠시 앉았다 가야 할 마음이었다.

오늘은 말레이시아에서의 마지막 밤이다. 일주일가량의 시간 동안 쿠알라룸푸르와 믈라카 두 개 도시만을 여행하기에는 참 아쉬운 나라라는 생각이 들었지만, 그래도 한정된 시간에 참 좋은 기억을 많이 만들어 준 두 도시였다. 내일이면 믈라카를 떠나 마지막 여행지로 가야 한다는 생각에 네덜란드 광장의 밤이 전하는 아련함이 더해지니 괜스레 센티한 감정이 일었다. 여운을 느끼기에는 이르다는 생각으로 음악에 집중하며 주변을 둘러본다. 조금씩 잡념을 밀어내고 오롯이 지금에 집중할수록 여행이 주는 행복감은 크게 와 닿았다.

네덜란드 광장의 밤은 낮과는 또 다른 매력이 있었다. 뜨거운 태양과 더위는 자취를 감추고 시원한 바람이 부는 이곳의 밤은 낭만적인 분위기로 가득했다. 분수 옆의 'I LOVE MELAKA' 조형물에는 환하게 불이 들어왔다. 별다른 의미가 없는데도 너나 할 것 없이 줄을 서서 사진을 찍는 '인증샷 간판'이라며 다소 냉소적으로 바라봤던 게 첫날이었는데, 이제는 그 짧고 단순한 문장이 다른 감정으로 읽혔다. 나도 믈라카를 정말 좋아하게 되었다는 마음을 담아 간판 옆에서 사진을 찍어 남길까 하다가 관둔다. 바람결에 흘려보낸 시간에 비해 짧게 느껴진 밤의 네덜란드 광장을 지나 몇 번이고 오갔던 강가를 따라 숙소로 돌아왔다.

믈라카는 역사 유적지로 유명한 여행지다. 이곳에서 수백 년에 걸친 역사의 흔적을 보는 것은 분명 새롭고 즐거운 경험이지만 그것만이 믈라카의 전부는 아니다. 이 조용하고 오래된 항구 마을의 낭만적인 분위기는 역사를 탐구하지 않더라도 빠져들 수밖에 없다. 과연 사랑하지 않을 수 없는 해안 도시 믈라카다. 여행이 끝날 시점이 다가올수록 한 국가, 한 도시를 떠나는 아쉬움이 커지는 듯했지만 유독 말레이시아는 아련한 추억으로 남았다. 아마 방비엥에서부터 육로로 이동하기 시작하면서 많이 지쳐 가던 타이밍에, 이전의 동남아 국가들과는 다른 편안함으로 다가와 마음의 안식처가 되어 주었기 때문일 것이다. 믈라카에서의 진한 여운을 마음에 품고 싱가포르로 떠날 준비를 했다.

• 화려한 조명이 빛나던 네덜란드 광장의 밤

여행이 흘러가는 데로 나를 맡긴 채 실려 온 건지,

아니면 제멋대로 흘러가는 여행을 억지로 붙들고

가야 할 방향으로 끌고 온 건지 잘 모르겠다.

다만 그 모든 날이 특별했고,

이제는 종착지에 도착했다.

싱가포르

Singapore

Story 1. 싱가포르

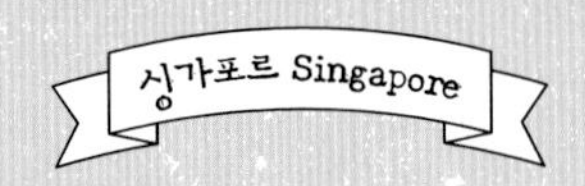

말레이시아

싱가포르

앙 모 키오

겔랑

이스트 코스트

부기스 스트리트

클락 키, 포트캐닝 공원

차이나타운

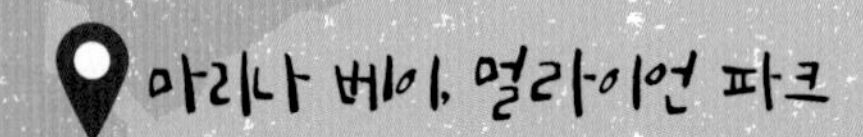

유니버설 스튜디오

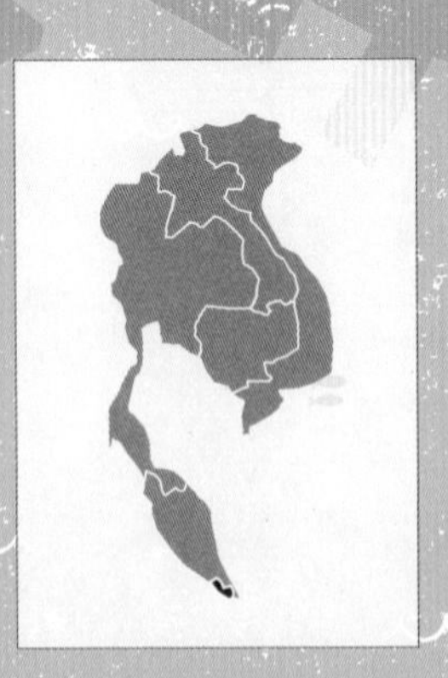

센토사섬

• Basic Information •

❶ **국가명** : 싱가포르 공화국

❷ **수도** : 싱가포르

❸ **인구** : 약 570만 명

❹ **언어** : 영어, 중국어, 말레이어, 타밀어

❺ **면적** : 약 719㎢ (서울보다 조금 큼)

❻ **시차** : 1시간 느림(한국 시간 －1)

❼ **비자** : 무비자 90일

❽ **기후** : 1년 내내 최저 기온이 23~24℃, 최고 기온이 30~32℃ 정도로 덥고 습도도 높은 편이다. 11~1월에 특히 강수량이 많다.

두말할 것 없이 동남아에서 가장 쾌적한 나라다. 가 볼 곳도 많고
놀기에도 좋을 뿐 아니라 자연 친화적인 명소들도 많아 다채로운 매력을 뽐낸다.
여행하는 데 문제가 될 수 있는 요소를 굳이 고르자면
동남아치고는 높은 물가 수준 정도.
싱가포르는 번잡한 시간이 되면 택시 요금이 상당히 비싸지므로
MRT(싱가포르 지하철)를 애용하자.
교통비를 절약할 수 있는 동시에 굉장히 편리하기도 하다.
숙박비도 전체적으로 비싼 편인데 만약 예산이 제한적이라면
반드시 다운타운 코어(마리나 베이 부근)에 숙소를 잡을 필요는 없다.
나라 자체가 면적이 넓지 않고 대중교통이 잘 되어 있으므로 어디든 하루 만에 다녀올
수 있을 것이다. 자신의 상황에 알맞은 가격 & 위치의 조합으로 알아보자.
놀이공원을 좋아한다면 유니버설 스튜디오 싱가포르를,
공원이나 바다를 좋아한다면 이스트 코스트 파크를 꼭 가 보기를 권한다.

· Story ·

01

싱가포르

Singapore

1. 말레이시아에서 싱가포르까지, 그리고 겔랑

2. 부기스 스트리트에서 포트캐닝 공원까지

3. 클락 키와 차이나타운, 그리고 싱가포르 거리 위의 밤

4. 이스트 코스트의 오후

5. 유니버설 스튜디오 싱가포르

6. 마리나 베이와 멀라이언 파크

말레이시아에서 싱가포르까지, 그리고 겔랑

마지막 여행지

동남아 여행 25일 차, 믈라카를 떠나 싱가포르로 왔다. 싱가포르는 말레이반도 최남단에 위치한, 여러 개의 섬으로 이루어진 작은 국가다. 영토가 작아 '도시 국가'라 하는 경우도 있지만 1인당 GDP가 세계 10위권에 속하는 경제 강국, 작은 거인이란 말이 딱 어울리는 나라다. 하지만 싱가포르가 산업화만 보고 달려온 삭막한 현대 도시 같은 곳이라고 생각할 필요는 없다. 어쩌면 그것은 내 편견이었을지도 모르는데 싱가포르를 여행하면서 생각했던 것보다 훨씬 자연 친화적이고 조화로운 나라라는 느낌을 많이 받았다. 흔한 기대만큼 깔끔하게 잘 정리된 현대 도시인 동시에 "여긴 그냥 잘 사는 나라네."라는 심심한 감상을 내놓기에는 마주쳤던 특별함이 많았던 싱가포르다.

믈라카 센트럴 터미널(믈라카-싱가포르)

Add. Terminal Melaka Sentral, No. 73B, Jalan Tun Abdul Razak, Melaka, Plaza Melaka Sentral, 75300 Peringgit, Melaka **Fee(믈라카-싱가포르).** 25~27링깃(한화 약 7,200원, 약 5~6시간 소요, 출입국 통관에 추가적으로 시간이 소요된다.)

말레이시아-싱가포르 구간 버스 이용 Tip

말레이시아의 시외버스는 같은 구간이라도 회사에 따라 요금에 약간 차이가 있으며, 특히 싱가포르로 가는 경우 하차 장소 및 소요 시간까지도 차량에 따라 달라진다. 따라서 미리 운행 정보를 알아보고 최대한 하차 지점이 숙소와 가까운 버스에 탑승하는 것이 유리하다.

[운행 정보 검색 방법]

❶ 'busonlineticket.com'에 접속한다.
❷ 'DEPART FROM'난에 Melaka(믈라카가 아닌 경우 자신의 출발지)를 입력한다.
❸ 'ARRIVE TO'난에 Singapore(목적지)를 입력한다.
❹ 'DEPARTURE DATE'난에 출발 날짜를 입력한다.
❺ Search Buses 버튼을 누른다.
❻ 출발 시간(Departure time), 탑승 지점(Pickup), 하차 지점(Dropoff) 및 요금(S$-싱가포르 달러, RM-말레이시아 링깃)을 확인할 수 있다.

믈라카에서 버스를 통해 싱가포르로 가는 경우 대표적인 하차 지점은 Woodlands(조호르바루 아래 국경 부근), Golden Mile Tower(Kallang, 칼랑 지역), Queen Street, Ban San Street(부기스 스트리트 부근), City Plaza(Geylang, 겔랑 지역), Tampines(창이 국제공항 방면), Kovan Hub(Hougang, 호우강 지역) 등으로 나뉜다. 여행자들은 번화가인 부기스 스트리트가 가까운 퀸(Queen) 스트리트로 가는 버스를 많이 이용하는 편이다.

믈라카에서 싱가포르로 가는 하루, 그리고 겔랑

믈라카에서 싱가포르로 이동하는 동안은 별일이 일어나질 않았다. 아마 이번 여행 중 가장 고요했던 하루가 아닐까 싶다. 라오스에서 태국으로, 태국에서 다시 말레이시아로 육로로 국경을 넘을 때는 짧은 글로는 다 표현하지 못할 만큼 많은 일이 있었는데 말레이시아 중남부에서 싱가포르로 넘어가는 여정은 마치 서울과 부산을 오가는 것 같은 느낌이었다. 분명 해와 달이 번갈아 뜨는 동안 이동하며 만났던 힘들었던 순간들도 좋은 추억이자 경험이 되었지만 이제는 이렇게 편안한 이동도 솔직히 반가웠다. 이번 동남아 여행의 마지막인 싱가포르에서의 5박 6일에 모든 힘을 쏟아붓고 싶은데 미리 힘을 뺄 필요도 없었고, 여유롭게 도착해서 첫날부터 짧은 시간이라도 구경을 하러 나올 수 있으면 더욱 좋았을 것이다. 그런데 어쩐지 도착 시간이 점점 늦어지는 것 같았다.

이번 여행에서 육로로 국경을 넘는 마지막 과정인 말레이시아의 조호르바루(Johor Baharu) 부근에서 출입국 절차를 거치는 시간이 많이 지체됐다. 말레이시아에서 버스를 타고 온 승객들은 짐을 모두 들고 내려 걸어서 검문소를 지나야 했고 버스는 따로 입국 과정을 거쳤다. 때문에 입국 수속을 마친 많은 버스 승객들이 검문소 끝의 주차장에서 하염없이 자신이 탔던 차를 기다리고 있었다. 가끔 버스가 먼저 가 버리는 경우도 있다고 해서 혹시나 했지만 다행히 내가 탔던 버스는 사람을 팽개치고 가 버릴 만큼 무정하지는 않았다. 그렇지만 나보다 버스가 먼저 도착했었다면 일이 어떻게 되었을지는 모르겠다. 내가 버스를 타고 떠날 때에도 남겨진 몇 사람은 불안한 표정으로 버스가 들어오는 쪽을 바라보고 있었다.

믈라카에서 오후 2시에 출발했는데 싱가포르 입국 수속을 마치고 나니 이미 하늘은 깜깜했다. 늦어진 시간은 결국 조금 피곤한 상황을 만들었다. 버스가 마지막이라고 나를 내려 준 곳이 어느 터미널이 아니라 대로변이어서 주변에 환전소나 심 카드를 구매할 수 있을 것 같은 장소가 보이지 않았다. 심 카드를 교체할 때까지 휴대폰은 먹통일 것이고 은행이나 환전소는 대부분 문을 닫을 시간이라 현지 화폐를 구할 수도 없었다. 택시를 탈 수도, 검색을 할 수도 없다는 뜻이다. 다행히 숙소의 주소를 알고 있었는데 표지판을 살펴보니 숙소가 위치한 겔랑(Geylang)에서 그리 멀지 않은 곳에 와 있는 듯했다. 그리고는 느낌대로 걷기 시작했는데, 곧 찾고 있던 지명과 숫자만 약간 다른 표지판을 발견했다.

"싱가포르 시작부터 감이 좋네!"

어두운 밤, 낯선 여행지에서 숙소로 길 찾기가 바쁜데 감을 따라 걷다니 지금 생각해 보면 그냥 운이 좋은 일이었다. 나중에 알게 된 사실이지만 말레이시아에서 출발하는 버스 중 겔랑의 시티 플라자(City Plaza)를 하차 지점으로 하는 차량은 하루에 3~4대뿐이었으며, 내가 오후 2시라는 적당한 시간만 보고 탑승한 버스가 그중 하나였다. 겔랑 로드에 위치한 정류장에 내렸으니 당연히 'Gelyang'이라는 글씨가 적힌 표지판을 발견할 수밖에 없었던 것이다. 싱가포르에서 다섯 밤을 지낼 숙소는 겔랑 18가(Lorong 18 Geylang)에 위치하고 있는데 처음 발견한 표지판에는 40이라는 숫자가 써져 있었다. 시티 플라자에서 겔랑 18가까지는 2km가 채 안 되는 거리인데도 여행짐을 들고 걷기에는 슬슬 체력이 한계였는지, 숙소까지 걷는 데 40분이 넘게 걸렸다.

겔랑은 싱가포르의 깔끔하고 현대적인 이미지와는 거리가 조금 있는 동네다. 내가 굳이 이곳에 숙소를 잡은 이유는 단 하나, 방값이 굉장히 저렴했기 때문이다. 싱가포르에서의 5박 6일을 그 유명한 마리나 베이 샌즈 호텔 같은 숙소로 예약했다면 아마 이전의 여행지 중 두 국가는 일정에서 사라졌을 터, 예산이 제한적이었기에 숙박비가 비싼 유명 관광지나 번화가 내에서는 방을 구할 수 없었다. 내가 묵는 호텔의 숙박비는 싱가포르치고는 상당히 저렴한 편이고 시설도 깔끔했다. 가격 대비 품질이 좋은 이유는 겔랑 자체가 조금 덜 발달된 곳이기 때문이기도 했고, 결정적으로는 숙소가 홍등가 부근에 위치하고 있는 이유에서였다.

첫날부터 밤이 다 되어 숙소에 도착하니 홍등가의 가게들은 이미 영업을 시작한 상태였다. 숙소의 맞은편 거리가 전부 성매매 업소들이었는데, 딱히 호객 행위가 심하진 않아서 머무는 데 큰 불편은 없을 듯했다. 홍등가라고는 해도 거리 자체의 음란함은 파타야와 비교하자면 오히려 얌전한 편이었다. 이 정도 불편을 감수함으로써 여행 경비를 줄이고 일정에 싱가포르를 채워 넣을 수 있다면 충분히 그럴 만했다. 처음에는 괜한 걱정이 들어 한밤중에 편의점을 다녀오는 일에도 조심스러웠지만 싱가포르의 치안은 걱정할 수준은 아니었다.

호텔 81 프리미어 스타(Hotel 81 Premier Star)

Add. 31 Lorong 18 Geylang, Hotel 81 Premier Star 398828 **Fee.** 60,000~

싱가포르의 호텔치고는 저렴한 편에 속한다. 본문에서 말했듯 맞은편에 홍등가가 있지만 지내 본 바로는 불편할 정도는 아니었다. 걸어서 15분 거리에 MRT가 있다.

하루가 거의 끝나가는 시간, 마지막 여행지의 마지막 숙소에 짐을 풀었다. 한국으로 돌아갈 때는 비행기를 타므로 장기간의 육로 이동은 이걸로 끝이었다. 베트남, 라오스, 태국, 그리고 말레이시아를 거쳐 결국 싱가포르까지 내려온 그 과정의 기억들은 생생하면서도 한편으론 꿈에서나 일어났던 일처럼 느껴졌다. 여행이 흘러가는 데로 나를 맡긴 채 실려 온 건지, 아니면 제멋대로 흘러가는 여행을 억지로 붙들고 가야 할 방향으로 끌고 온 건지 잘 모르겠다. 다만 그 모든 날이 특별했고, 이제는 종착지에 도착했다.

나는 여행을 준비할 때 일정을 세세하게 짜는 편은 아니다. 싱가포르에서도 5박 6일을 머물기로 했지만 확정된 계획은 유니버설 스튜디오가 있는 센토사(Sentosa)섬에서 하루를 보내겠다는 것뿐이었다. 하지만 여태 그래 왔듯 즉흥적이고 자유로이 여행하는 방식은 충분히 멋진 경험을 만들어 줄 것이다. 정해진 시간에 맞춰 이동하도록 완벽하게 일정이 짜인 여행은 안정감이 있지만, 나는 오래 머무르고 싶은 곳에서는 하루를 다 보내도 되는 보다 자유로운 여행이 좋다. 그리고 그 과정에서 만나는 예상치 못한 일들과 풍경이 즐겁다. 동남아에도 수많은 패키지여행 상품이 쏟아지지만 굳이 이용하지 않은 것도 그런 이유에서였다. 그래도 가끔 박물관 같은 곳에서 가이드의 친절한 설명을 듣고 있는 사람들을 보면 부럽기도 했다. 나는 그때 옆에서 끙끙거리며 안내문을 해석하고 있었다. 정말 궁금한 곳인데 마침 그곳에 한국인 단체 관광객들이 있을 때는 가끔 슬쩍 끼어서 같이 설명을 듣기도 했다. 어떤 방법을 이용한 여행이든 각기 다른 장단점이 있을 뿐, 정해진 답은 없을 것이다.

싱가포르는 그 면적이 큰 도시만 한 나라이고 여행지의 밀도도 높으며, 여타 동남아 국가에 비해 교통이 굉장히 편리하기에 세밀한 계획이 없어도 큰 문제가 없었다. 동남아 자유 여행의 마지막으로 더없이 좋은 곳이다. 이곳에서 왠지 여행의 행복한 마침표를 찍을 수 있을 것 같다는 생각이 든다. 이제 지칠 때도 됐지 않은가 싶기도 하고 실제로 체력이 많이 떨어진 느낌을 받지만 나의 여행은 여전히 즐겁다. 깜깜한 밤이 되어 오늘은 숙소에서 창밖을 바라보고 있지만 내일이면 창밖을 자유로이 걸을 수 있다. 나는 또 새로운 곳으로 왔다는, 내일부터 마음껏 싱가포르를 걸을 수 있다는 설렘으로 기분 좋게 마지막 여행지에서의 첫 잠을 청했다.

부기스 스트리트에서 포트캐닝 공원까지

쟀빛 구름이 선물한 시간

싱가포르에서의 첫 번째 아침, 기분 좋게 잠을 청한 것치고는 이상한 꿈을 꿨다. 난폭하고 괴짜인 중년의 남성에게 엄청나게 혼쭐이 나다가 거의 죽고 싶다는 생각이 들 때쯤 꿈에서 깼는데, 아마 나는 어린 학생이었고 그는 선생이었던 듯하다. 남자는 마치 J. K. 시몬스가 열정적으로 연기한 위플래쉬(Whiplash)의 악명 높은 교수 '플렛처'에 가까운 이미지였다. 어쩌다 그런 악몽을 꿨는지 모르겠지만 갑자기 잠이 확 깨서 꽤 오래 뒤척였고 결국 12시가 다 된 시간에 다시 눈을 떴다. 여행 중 쌓인 피로도 만만치 않아서 뭔가 몸이 찌뿌둥하고 개운하지 않은 아침이었다. 창밖을 보니 하늘도 곧 울 것 같은 색을 하고 있었다.

부기스 스트리트에서, 싱가포르 여행 시작

붉은 조명이 사라진 겔랑 18가의 낮 풍경은 한산해서 평화로운 느낌마저 들었다. 겔랑 거리 곳곳에는 동남아 분위기가 물씬 풍기는, 플라스틱 식탁이 손님 자리인 낡고 허름한 식당들이 있는데 머무르는 동안 한 번은 가 봐야 할 곳들이었다. 마침 적당히 배도 고팠으나 일단은 부기스 스트리트(Bugis Street)로 가야 했다. 한밤중에 숙소에 도착해서 환전을 아직 못했는데, 인근의 식당들은 대부분 카드 결제기가 없어 보였다. 관광업이 발달한 지역의 'OOO 스트리트'라는 명소들은 열이면 아홉은 여행자를 위한 편의 시설과 다양한 먹거리가 갖춰진 곳이므로 이번에도 부기스 스트리트에서 싱가포르 여행을 시작하는 것이 무난한 선택이 될 것이다.

예상대로 부기스 스트리트에서 순탄하게 환전과 식사를 마치고, 후식으로 싱가포르의 명물이라는 카야 토스트까지 해치울 수 있었다. 부기스 스트리트는 부기스 정션(Bugis Junction) 쇼핑몰과 재래시장 등을 중심으로 각종 먹거리와 볼거리를 즐길 수 있는 전형적인 동남아 번화가다. 대형 쇼핑몰을 중심으로 생과일주스와 길거리 음식들, 다양한 잡화점이 늘어서 있어서 방콕의 시암 스퀘어와 카오산 로드를 작은 규모로 반씩 섞어 놓은 것 같은 느낌도 들었다. 그런 만큼 이곳은 여행지로서의 매력이 충분했지만, 그 시점의 나에게 부기스 스트리트는 긴 시간을 보낼 만한 곳은 아니었다. 동남아에 온 뒤로 몇 번이나 비슷한 경험을 했던 환경이라 굳이 오래 머무를 까닭이 없었던 탓이었다. 이러한 느낌은 한 대륙에서 여러 나라를 여행하다 보면 한 번쯤 마주하게 된다.

부기스 정션 지하 1층에 위치한 야쿤 카야 토스트(Ya Kun Kaya Toast) 카페에 앉아 몇 가지 후보들 중에서 갈 곳을 정해야 했다. 그런데 늦잠을 잔 아침부터 알 수 없는 피로가 온몸에 퍼지다가 식사를 마친 후로 갑자기 두통과 비염까지 심해져 컨디션이 극도로 나빠졌다. 마침 또 하늘은 금방 비라도 올 듯 잿빛 구름까지 가득해서 돌아다니는 일에 대한 급작스러운 권태가 밀려 왔다. 여행 중에 이렇게 몸 상태가 나빠질 때, 마침 날씨까지 따라 주지 않을 때는 어쩔 수 없는 휴식과 강행 사이에서 선택을 해야만 하곤 했다.

시간은 아직 오후 2시밖에 되지 않았지만 누적된 피로에 딱히 가고 싶은 곳이 없어진 나는 대충 지도를 보며 큰길을 따라 걷기 시작했다. 부기스 스트리트에서 가까운 모스크인 마스지드 술탄(Masjid Sultan) 쪽으로 걸을까 고민하다가 그 반대 방향을 선택했다. 가는 방향에 싱가포르 국립 박물관(National Museum of Singapore)과 규모가 꽤 커 보이는 공원도 하나 있으니 걷다 보면 최소한 하나라도 볼 게 있겠다 싶기도 했고, 별게 없더라도 싱가포르 일정은 여유가 조금 있으니 여차하면 저녁 시간 정도에 일찍 숙소로 돌아갈 생각도 있었다. '이제는 여행이 주는 설렘도 소용없이 금세 피곤해지는구나.'라는 생각을 할 때는 내가 그 길로 자정이 되도록 걷게 될 줄은 상상도 못 했던 것이다.

• 부기스 정션과 독특한 조형물

부기스 정션(Bugis Junction)

Add. Bugis Junction, 200 Victoria St, Singapore 188021 **Tel.** +65 6557 6557

Web. bugisjunction-mall.com.sg **Time.** 매일 10:00~22:00

포트캐닝 공원에서의 충전

싱가포르는 천천히 걸으며 다양성을 띠는 도시를 구경하는 재미가 있는 나라다. 부기스 스트리트를 벗어나 남서쪽으로 큰길을 따라 걸으니 호화로운 호텔과 빌딩, 다양한 종교 건축물과 박물관 등이 여럿 보였다. 중국계와 말레이계, 인도계 등 여러 민족의 혼합 문화를 근간으로 하는 이 작은 섬나라에는 다양한 인종과 종교, 언어가 공존하고 있다. 그러한 개방성과 다양성 때문인지 싱가포르는 앞서 여행한 여타 동남아 국가들보다 현지인과 여행자의 차이가 덜 부각되는 듯 느껴졌다. 이전의 동남아 국가들, 특히 방비엥 같은 도시에서는 현지인과 여행자의 모습은 대개는 단번에 차이를 느낄 수 있을 만큼 달랐다. 반면 싱가포르는 관광지나 식당에서 마주치는 다른 한국인 중에서도 여행자인지 싱가포르에서 생활하는 거주자인지 짐작하기 어려운 사람이 종종 있었다. 여행자는 어느 여행지인가에 따라서 도드라지게 보이기도, 큰 위화감 없이 섞여 들기도 한다. 싱가포르는 어렵지 않게 섞여 드는 편이었다.

1 포트캐닝 공원 2 싱가포르 경영 대학

그렇게 주변을 둘러보며 아주 천천히 걷기를 1시간여, 도중에 우연히 싱가포르 경영 대학을 발견했다. 두통을 가라앉힐 요량으로 교내 카페에서 아메리카노를 한 잔 마시며 주변을 둘러봤다. 이곳 대학생들의 모습은 얼핏 보기에 한국 학생들과 큰 차이는 없었는데 다들 실외의 나무 의자에서 노트북을 두들기고 있었다. 야외에서 과제를 하는 모습들 때문이었을까? 우리와 닮아 있는 자유분방한 캠퍼스의 한 장면이지만 여행지에서 마주하니 새롭게 느껴지기도 해서, 화장실을 핑계 삼아 슬쩍 대학의 건물 내부까지 둘러보고 나왔다. 관광 명소는 아니지만 대학 캠퍼스처럼 우연히 마주치는 장소들 은 언제나 여행에 즐거움을 더했다.

과제를 하는 대학생들 사이에서 잠시 쉬다가 건너편의 국립 박물관으로 향했는데 백색을 띠는 아름다운 외관에 감탄사가 터져 나왔다. 그 자태에 이끌려 가까이 가서 살펴보니 박물관 치고는 입장료가 꽤 비싼 편이었다. 빼어난 건축이야 항상 안쪽으로 들어가 보고 싶은 마음을 자극하는 법이지만, 두통이 심한 상태였기에 유료 박물관이 좋은 선택으로 느껴지진 않았다. 컨디션이 좋아지면 다시 돌아올 수도 있는 위치라 일단 그 옆의 기다란 계단으로 눈길을 돌렸다.

• 백색 외관이 인상적인 싱가포르 국립 박물관

싱가포르 국립 박물관(National Museum of Singapore)

Add. National Museum of Singapore, 93 Stamford Road, Singapore 178897

Tel. +65 6332 3659 **Web.** nationalmuseum.sg

Fee. 15 SGD(싱가포르 달러, 한화 약 12,000원) **Time.** 매일 10:00~19:00

싱가포르의 역사를 살펴볼 수 있는 박물관이다. 각종 전시회도 진행하므로 홈페이지에서 방문 예정일에 진행하는 프로그램을 미리 알아보는 것도 좋은 방법이다.

말레이시아가 식민 지배를 받던 시절, 산이 없는 싱가포르에서 영국군의 요새 역할을 했다는 언덕에 조성된 포트캐닝 공원(Fort Canning Park)은 들어가는 입구부터 기분 좋은 분위기를 풍겼다. 거리를 가득 메웠던 차량과 인파 대신 장대한 나무들이 가득한, 공원이라지만 숲이나 정글이라는 단어도 부족하지 않을 것같이 푸른빛이 쏟아지는 장소로 들어오자 몸이 가벼워졌다. 길은 여러 갈래로 펼쳐져 있고 큰 면적에 비해 사람은 많지 않아서 왠지 신비스러운 느낌을 풍기기도 하는 공원이었다. 숲속으로 들어가면서도 잘 정비된 산책로가 어디로든 통할 것처럼 보여서 길을 잃을 걱정은 들지 않았다. 나는 아무렇게나 걷다가 새하얗고 높은 문을 하나 발견했는데 그 뒤로는 비스듬하지만 잘 다듬어진 드넓은 잔디 광장과 백색 외관이 인상적인 포트캐닝 아트 센터(Fort Canning Arts Centre)가 있었다.

경사진 언덕을 올라 센터 건물 앞쪽에 자리를 잡고 그대로 드러누웠다. 짧은 옷을 입은 상태로 맨살을 풀밭에 맞대는 것이 다소 위험할 수 있는 행동임을 알지만 여행에서 감성은 자주 이성에 승리를 거둔다. 누워서 멍하니 흐린 하늘을 보다 잠시 눈을 감으니 시원한 바람이 피로를 싣고 날아가는 듯 몸이 가벼워지는 것 같다. 아침부터 날씨가 흐리다고 꽤나 불평을 해 왔지만 이 순간 잿빛 구름은 햇빛을 가려 주는 고마운 존재로 변했다. 싱가포르의 뜨거운 태양 아래에서는 잔디를 침대로 쓰긴 힘들었을 텐데. 무엇이든 무조건 좋거나 그 반대인 것은 드물고, 가치를 실현할 수 있는 자리는 어디에라도 있는 법이다. 저 하늘의 잿빛 구름처럼 말이다.

'나도 돌아가서는 내가 빛날 수 있는 자리를 찾아야 할 텐데.'

그런 생각을 하며 눈을 감은 지 얼마나 지났을까? 온몸에 넘치던 피로감이 귀신같이 사라졌음을 느끼며 자리에서 일어났다. 공원 중심부로 진입하니 어디로 걸어도 사진 한 장 찍고 싶은 풍경들이 나와 발걸음에 더욱 힘이 실렸다. 이제 익숙해질 때도 되었건만 이곳의 열대 수목들은 정말로 끝내주게 멋지다. 그들이 뿜어내는 피톤치드(Phytoncide) 덕분에 컨디션이 좋아지고 체력까지 회복되었을 수도 있겠다. 아니, 사실 여행 중 만나는 풍경들은 그 자체로 이미 피톤치드를 끝도 없이 발산하지만 단지 내가 잠시 그 여행의 에너지가 닿지 않는 곳으로 벗어났었는지도 모르겠다. 다행히 싱가포르 중심부에 위치한 이 언덕과 포근한 구름 덕분에 내 여행은 반나절 정도 동안 잃어버렸던 활력을 되찾았다.

기운을 얻고 다시 여러 갈래로 펼쳐진 길들을 천천히 걸었다. 평화롭고 고요한 분위기, 언덕 꼭대기 부근에서 내려다보는 경치, 흐린 날씨와도 어울리는 정취 같은 것들이 하나의 사진처럼 선명히 마음에 남았다.

• 포트캐닝 공원 안쪽의 넓은 잔디밭

• 포트캐닝 공원에서 내려다보는 경치

싱가포르 경영 대학과 국립 박물관, 포트캐닝 공원은 모두 인접해 있으며 앞서 말한 싱가포르의 혼합 문화에 대해 알 수 있는 페라나칸(Peranakan) 박물관도 가까이에 위치하고 있다. 이 지역은 손에 꼽힐 정도의 유명 관광지는 아니지만 이곳 사람들의 생활을 들여다보고, 자신만의 여행 경험을 쌓기에 좋은 곳이다. 아무리 시간을 흘려보내도 아깝지 않을 순간은 예상치 못한 곳에서 찾아오곤 했다. 포트캐닝 공원 역시 싱가포르 여행에서 흔히 필수 코스로 통하는 장소는 아니지만, 별다른 목적지도 없이 걷다가 만난 곳이라고 하기에는 너무나 매력적인 곳이었다. 이런 순간들이 바로 자유 여행의 묘미가 아닐까?

포트캐닝 공원(Fort Canning Park)

Add. Fort Canning Park River Valley Rd, Singapore 179037

클락 키와 차이나타운, 그리고 싱가포르 거리 위의 밤

싱가포르를 하염없이 걷다

포트캐닝에서의 산림욕으로 힘을 얻은 나는 이번엔 꽤 의욕 있게 어디로 가 볼까 하며 다시 지도를 살폈다. 공원 바로 옆에는 싱가포르의 유명 관광지인 클락 키(Clarke Quay, 클라크 퀘이라고 부르기도 한다.)가 있었다. 곳곳에 위치한 표지판을 보고 걸으며 포트캐닝 공원이 가진 여러 개의 출구 중 클락 키 방면으로 나가는 길을 찾았다. 여행의 배경은 숲 같았던 자연에서 다시 이곳이 도심 한복판임을 실감할 수 있는 빌딩 숲으로 점점 바뀌어 갔고, 마침내 완전히 공원을 벗어났다는 생각이 들었을 땐 발아래 싱가포르강이 유유히 흐르고 있었다.

걸으며 만나는 싱가포르 명소들

강가에 서서 주변을 살펴보니 건너편이 클락 키였다. 잠시 강을 건너는 다리 위에서서 페리 하나가 사라질 때까지 눈으로 배웅했다. 싱가포르 관광의 인기 아이템 클락 키 리버 크루즈(River Cruise)다. 페리는 싱가포르강을 따라 마리나 베이까지 갔다가 돌아올 것이다. 클락 키도 싱가포르에 머무는 동안 한 번은 와 봐야겠다고 생각하고 있던 곳이지만 원래 오늘은 아니었다. 이곳은 밤의 운치를 즐겨야 하는 곳이기에 시간도 아직은 조금 일렀다. 나는 어둠이 깔리기 전에 싱가포르 국립 대학까지 다녀온 다음 클락 키에서 시간을 보내기로 결심하고 다시 걷기 시작했다. SMU 캠퍼스를 우연히 만난 뒤로 왠지 싱가포르의 대학생들은 어떤 생활을 하는지 궁금해졌기 때문이었다.

싱가포르는 교통도 편리하지만 도보 여행을 다니기에도 복잡하지 않다. 부기스 스트리트가 있는 빅토리아 스트리트(Victoria Street)에서 포트캐닝 공원 부근의 힐 스트리트(Hill Street)를 지나 다음의 유통센 스트리트(Eu Tong Sen Street)까지 모두 한 길로 이어져 있다. 이름만 달라지는 이 큰길을 따라 걷기만 해도 부기스, 클락 키, 차이나타운(Chinatown)이라는 세 곳의 싱가포르 유명 관광지가 모두 나타난다. 클락 키 부근에서는 작게나마 마리나 베이 샌즈까지 보였으므로, 나는 그 길을 따라 걸은(중간에 몇 차례 새긴 했으나) 하루 동안 싱가포르 여행에서 손에 꼽히는 명소들을 적지 않게 만날 수 있었다.

그런데 차이나타운이 있는 유통센 스트리트까지 걷고도 정작 목적지였던 싱가포르 국립 대학교 캠퍼스로 들어갈 수가 없었다. 분명히 지도상에 표시되어 있는 곳에 와 있음에도 입구가 전혀 보이질 않았다. 나는 몇 번이나 캠퍼스 울타리로 예상되는 곳을 빙빙 돌면서 애썼지만 헛수고였다. 결국 이상한 언덕을 캠퍼스로 착각해서 헉헉거리며 한참을 올라간 뒤에야 그곳에서 캠퍼스에 대한 미련을 꼬깃꼬깃 접어서 버리고 내려왔다. 아쉽지만 때로는 포기하는 것도 중요한 선택이다.

나중에 알게 된 사실에 따르면 당시의 지도에 오류가 있었다. 싱가포르 국립 대학교는 클락 키에서 도보로 이동하려면 2시간이 넘게 걸리는 위치에 있다. 애초에 싱가포르 국립 대학교는 그 근처에 존재하지도 않았던 것이다. 내가 오른 곳은 펄스 힐 시립 공원(Pearl's Hill City Park)이라는 도심에 있는 언덕의 공원이었다. 나는 무얼 찾아 그렇게 헤맸단 말인가! 즉흥적으로 목적지를 설정하는 것은 예상치 못한 즐거움도 선물하지만 때로는 어이없는 일을 안겨 주기도 했다.

저녁 시간이 되었지만 그대로 돌아가기도 아쉬워 가까운 곳에 위치한 차이나타운으로 향했다. 싱가포르의 차이나타운은 기념품과 먹거리가 많기로 유명한 지역이다. 차이나타운 내에도 몇 개의 거리들이 있는데, 싱가포르 화교들의 역사를 살펴볼 수 있는 차이나타운 헤리티지 센터(Chinatown Heritage Centre)와 여러 기념품 가게가 입점해 있는 파고다 스트리트(Pagoda Street)가 가장 대표적이다. 파고다에서 이어지는 트렝가누 스트리트(Trengganu Street)까지 돌아다니는 동안 사자 모양의 멀라이언 쿠키, 각양각색의 초콜릿, 각종 명소를 본떠 만든 오르골, 드림캐처, 마그네틱, 중국풍의 각종 의류나 파우치, 그리고 찻잔 같은 식기류들까지, 여행지에서 흔히 볼 수 있는 기념품 종류는 웬만해선 다 만나 볼 수 있었다.

• 싱가포르 차이나타운

파고다 스트리트가 기념품 쇼핑으로 유명한 곳이라면 스미스 스트리트(Smith Street)는 차이나타운의 먹거리를 책임지고 있다. 먹자골목(Chinatown Food Street)으로 불리기도 하는 곳인 만큼, 중국 음식점은 기본이며 일식이나 해산물을 전문으로 하는 식당들도 거리 양쪽으로 들어서 있다. 이외에도 싱가포르의 도시 계획에 대해 축소 모형과 함께 알아볼 수 있는 싱가포르 시티 갤러리(Singapore City Gallery)나 불교 사찰 불아사(Buddha Tooth Relic Temple), 힌두교 사원인 스리 마리암만 사원(Sri Mariamman Temple) 등 싱가포르 차이나타운과 그 인근에는 취향에 따라 방문해 볼 만한 곳이 많다.

차이나타운에는 저녁 시간을 기점으로 폭발적으로 인파가 불어나고 있었다. 구경거리가 많은 곳이었지만 나는 파고다 스트리트와 스미스 스트리트 부근을 1시간 넘게 구경하다가 발 디딜 틈도 없어진 거리에 지쳐서 밖으로 나왔다. 싱가포르가 화교의 비중이 높은 나라여서 그런지는 몰라도 퇴근 시간 이후의 차이나타운은 정말 심하다 싶을 정도로 복잡했다. 조금 더 느긋하게 이곳을 여행하고 싶다면 낮 시간에 방문하는 것도 좋은 방법이 될 것이다.

차이나타운 싱가포르(Chinatown Singapore)

Add. Chinatown Singapore, Pagoda Street, Singapore

클락 키 센트럴을 나와 집으로 돌아가기 위해 택시 앱을 켜 보니, 요금이 말도 안 되는 수준으로 비쌌다. 원래 싱가포르는 택시비가 비싼 편이지만 아침에 겔랑에서 부기스 스트리트로 올 때의 네 배가 넘는 금액이었다. 이곳에서는 바쁜 시간, 혹은 밤 시간일수록 택시 요금이 급격하게 오른다는 말이 사실이었다. MRT(싱가포르 도시 철도)를 이용하는 방법이 있었지만 아직 한 번도 이용해 보지 않은 데다가 한 번에 가는 경로가 없었기에 망설여졌다. 외국에서 표를 끊고 중간에 환승까지 해야 하는 대중교통을 이용한다는 게 쉽게 끌리는 일은 아니었다.(후에 이용해 보니 MRT는 굉장히 편리했다.) 나는 어떻게 할까 고민하다가 일단 걷기 시작했다. 밤 9시가 넘은 시간이었지만 싱가포르의 거리는 한밤중이라도 크게 위험할 것 같은 기분이 들지는 않았다.

오늘 하루 동안 길 위에서 보낸 시간만 이미 5~6시간은 넘긴 것 같은데 이상하리만큼 시간이 흐를수록 힘이 났다. 질릴 틈도 없이 새로운 장소들이 속속 나타나 준 덕분이었고, 그 와중에 포트캐닝 공원이나 클락 키처럼 마음 깊이 다가오는 장소들도 있었기 때문일 것이다. 또 부기스 스트리트와 클락 키 사이의 거리들은 인도가 넓고 차도와는 커다란 나무들을 사이에 두고 구분이 돼 있어서 날씨가 선선한 밤에는 더없이 걷기 좋았다. 낮과 마찬가지로 밤에도 거리를 걷다 보면 개성 있는 건축물이나 재밌는 장면을 만날 수 있었다. 동화 속에서 튀어나온 궁전 같은 성당이나 한국에선 쉽게 볼 수 없는 2층 버스, 그리고 왠지 으스스한 분위기를 풍기는 불 꺼진 대저택 주변을 돌아보는 그런 것들 말이다.

아무리 걸어도 지치지 않는 여행은 밤 11시가 되어서야 끝났다. 그렇게 걷다 보니 낮에 길게 머물지 않았던 부기스 스트리트가 다시 나와서 나는 또 그 밤거리를 둘러보다 나왔다. 다시 큰길을 따라 몇 분을 걷자 숙소가 있는 겔랑에서 그리 멀지 않은

MRT 역에 도착했다. 내일을 생각하면 이제는 숙소로 돌아가야 했지만 지하철을 타기가 아쉬울 만큼 싱가포르에서의 도보 여행은 즐거웠다.

• 싱가포르의 밤거리

오래 걸을수록 당연히 많은 것들을 마주칠 수밖에 없기에 여행지를 충분히 느끼고 싶다면 그냥 한없이 걸어 보는 것도 좋은 방법이다. 물론 그런 점을 의식하지 않더라도 자연스레 다리가 붓도록 걷게 만들 만한 곳이면 더욱 좋다. 싱가포르가 나에게는 그런 곳으로 남을 것 같다. 온종일 하염없이 걸었고 걷다가 마주치는 순간들을 그저 즐기면서 하루를 다 보냈다. 여행을 마치고 나서 돌이켜 볼 때면, 특정 명소가 아니더라도 단지 하염없이 걷던 여행길 위에서의 감정들은 생각보다 진하게 남곤 했다.

거의 한 달이 다 된 시점에 이런 여행 방식이 힘들지 않을 수는 없다. 그러나 아무리 지쳐도 계속 걸을 수 있게 만드는 힘이 여행에는 있다. 여행 또한 삶이기에, 꾸준히 걸을 수 있도록 해 줄 무언가가 여행이 끝난 뒤의 삶 어느 곳에도 숨겨져 있을지 모른다. 사람마다 다른 그 무언가가.

이날 겔랑의 숙소에 도착한 나는 글을 쓰다 잠이 들었고 아침이 오기까지 아주 깊은 잠을 잤다. 단 한 번도 깨지 않고.

이스트 코스트의 오후

싱가포르의 남동쪽으로 해협을 따라 길게 뻗은 연안 지역을 이스트 코스트(East Coast)라 한다. 이스트 코스트 파크(East Coast Park)는 그 해변을 따라 조성된 해양 공원으로 무려 10km나 뻗어 있다. 바다를 따라 걸을 수도, 자전거를 탈 수도 있으며 호커 센터인 라군 푸드 빌리지(Lagoon Food Village)와 시푸드 센터(East Cost Seafood Centre)가 있어서 다양한 음식을 즐길 수도 있는 곳이다.

푸른빛에 반하다

여행을 위해 지도를 살펴보던 중 바다를 따라 길게 뻗어 있는 공원이라는 이유만으로 반나절이라도 보내야겠다는 판단이 섰다. 이스트 코스트는 여행자들에게 마리나 베이나 클락 키 수준으로 유명한 장소는 아니다. 나에게도 '싱가포르 가 볼 만한 곳' 최상위에 랭크된 명소들이 꽤 남아 있었다. 그러나 화려한 건물과 쇼핑몰보다는 바다가 보고 싶었기에, 싱가포르에 온 셋째 날 바로 이스트 코스트로 향했다.

이스트 코스트는 싱가포르 MRT가 닿지 않는 곳이라 택시를 타야 했고, 나는 드넓은 공원의 중심부보다 조금 왼쪽인 C2 구역의 주차장에서 하차했다. 이곳은 싱가포르의 유명 관광지와는 조금 떨어진 곳이라 다시 이동하려면 또 택시를 타야 했다. 생각보다 시간을 보내기 적절치 않은 곳이라면 교통비와 시간을 날리게 될 터였다. 그럼에도 이 드넓은 공원에서 하루 종일 무얼 할지 계획조차 없었던 것은 단순히 지도에 나타나 있는 이스트 코스트의 모습, 바다를 따라 광활하게 이어진 장소라는 사실만으로도 이곳이 멋진 여행지가 될 것이라는 나름의 확신이 있었기 때문이었다.

바다가 기대를 배신하는 경우는 흔치 않다. 그리고 이곳에 발을 딛는 순간 내 선택이 틀리지 않았음을 알 수 있었다. 동남아시아답게 하늘 높은 줄 모르고 솟아 있는 나무들과 저 멀리 보이는 푸른빛 바다를 마주하니, 이스트 코스트에서 하루를 보내기로 한 탁월한 선택을 했다는 점에 새삼 뿌듯하기까지 했다.

이스트 코스트 공원은 끝도 보이지 않을 만큼 넓은 데 비해 사람이 없어 한적했다. 주말엔 현지인들의 나들이 장소로도 사랑받는 곳이라고 들었는데, 아마 평일이라 더 조용한 듯했다. 나는 시원한 바람을 맞으며 바다 가까이로 걸었다. 이곳에서 처음 본 타인은 벤치에 앉아 바다를 바라보고 있는 무슬림 여성이었다. 더운 날씨에 천으로 온몸을 가리고 있는 모습을 보고 안타깝다는 생각이 잠시 들기도 했다. 히잡을 벗을 수 있다면 이곳의 기분 좋은 바람을 조금 더 느낄 수 있지 않을까. 하지만 피상적인 관찰만으로 동정하는 마음을 품는 것은 나의 기준으로 그들을 판단하는 것이므로 좋은 사고방식이 아니다. 이내 마음을 고쳐 먹는다.

발에 모래가 닿을 만큼 해안에 가까워지니 멀리서는 보이지 않았던 커다란 선박들이 바다 저편에 떠다니고 있는 것이 보였다. 선명하게 보이진 않았지만 저 멀리에 꽤 많은 수의 대형 선박들이 떠 있는 듯했다.

• 이스트 코스트 파크와 바다

동남아시아 최대의 무역 허브인 싱가포르이니 딱히 놀라운 장면은 아니었다.

그보다 놀라운 것은 싱가포르 해협의 경관이었다. 이스트 코스트 파크의 바다에는 초록빛과 파란빛이 하나로 섞여 있었다. 백사장이 가까운 바다에는 에메랄드가, 닿을 수 없는 먼 바다에는 사파이어가 반짝이는 듯했다. 그 색의 변화가 조화롭다. 발 아래의 한 점을 보든, 지평선을 보며 한눈에 전체를 보든 참으로 아름다운 광경이다. 마치 어딘가의 심연에 진짜 보석을 한 움큼 숨기고 있는 것 같은 모습에 쉽게 눈을 뗄 수가 없었다. 이스트 코스트 파크의 치명적인 매력은 그렇게 드넓은 바다를 열대 지방의 장대한 수목으로 둘러싸인 공원에서 감상할 수 있다는 점이다. 싱가포르가 흔치 않은 자연 경관을 가진 섬나라라는 것을 여실히 느낄 수 있는 곳, 푸른빛이 쏟아지는 이스트 코스트 파크다.

해안 근처의 벤치에 앉아 있는데 나무 아래 놓여 있는 자전거들이 전부 비슷하게 생긴 게 눈에 들어왔다. 이는 근처의 어딘가에 자전거 대여소가 있음을 의미했다. 드넓은 이스트 코스트 파크에 부는 시원한 바람과 함께 이 커다란 나무들 사이로, 또 푸른 바다 곁으로 자전거를 탈 수 있다니 상상만 해도 완벽한 라이딩이었다. 나는 자전거가 여러 대 놓여 있는 벤치 앞의 카페에 들어가 점원에게 어디서 자전거를 빌릴 수 있냐고 물었고, 그녀는 밖으로 나가서 동쪽으로 1km 정도를 걸으면 된다고 설명했다.

그 말마따나 걷기 시작하는데 갑자기 구름 사이로 강하게 태양이 내렸다. 햇빛이 쏟아지니 한층 밝아진 풍경에 이곳이 얼마나 근사한 곳인지 다시 느낄 수 있었지만, 동시에 또 무척 더워서 걷기에 힘들어지는 것은 동남아 여행에서는 어쩔 수 없는 일이었다. 카페 종업원의 말만 듣고 길을 찾자니 확신이 없었고, 이 넓은 곳에서 자전거 대여소를 찾지 못할 수도 있다는 사실이 발걸음을 조금 더 무겁게 만들었다. 다행이었던 점은 구름이 많이 낀 날씨라 빛이 강하게 내리쬐는 때는 태양이 잠깐씩 구름 사이로 고개를 내밀 때뿐이라는 것이었고, 그마저도 높다란 나무들이 대부분 막아주었다. 멀리서 아주 작게 보였던 공중화장실을 자전거 대여소로 착각해서 잠깐 동안 열심히 걸음을 옮긴 덕분에 그보다 조금 뒤에 있었던 자전거 대여소를 금방 발견할 수 있었다. 확실히 사람은 목적지가 닿을 수 있는 것으로 보여야 동기부여가 된다.

이스트 코스트 파크는 자전거 도로가 굉장히 잘 만들어져 있고 해안가의 경치도 끝내주어서 천천히 라이딩을 즐기기에는 최적의 장소다. 그래서인지 대여소의 규모가 굉장히 컸고 자전거도 대여품치고는 꽤 고급스러워 보였다. 나는 8SGD(한화 약 6,600원)에 2시간을 대여했다. 아무리 큰 공원이라 해도 이 날씨에 2시간이면 자전거 놀이는 충분할 것 같았다. 대여소에는 '1+1'이라는 표시가 크게 적혀 있었는데 주말이나 인파가 많은 공휴일에는 기본적으로 1시간당 요금이 8SGD라는 의미였다.

이스트 코스트 자전거 대여점(C4 구역)

Add. GoCycling @ ECP C4 PCN PitStop, 1030 East Coast Parkway, East Coast Park Carpark C4, Singapore 449893 **Time.** 매일 08:00~22:00

이스트 코스트 파크는 알파벳명으로 몇 개의 구역을 나누고 있다. 자전거 대여소는 이곳이 대표적이지만 다른 구역에도 일부 위치하고 있다.

C4 구역에서 빌린 자전거를 타고 동쪽으로 달리기 시작했다. 어딘지도 모르는 이스트 코스트 파크의 끝까지 가 볼 생각은 당연히 없었고, 적당히 타다가 돌아와 해변과 커피를 즐길 계획이었다. 그런데 자전거를 타고 시원한 바람을 맞으니 한없이 상쾌해지고 마음이 들떠서 자꾸만 대여소에서 멀어지며 동쪽으로 달리게 되었다. 자전거의 속도에 따라 눈에 담기는 자연의 풍경이 변하는 속도가 함께 달라지는 것이 좋아서 몇 번이나 자전거의 기어를 바꿨다. 그러다 처음 멈춘 곳은 길가의 평범한 나무 아래였다.

• 이스트 코스트 파크에서 빌린 자전거

나무 위로 다람쥐 비슷한 귀여운 설치류들이 정신없이 움직이고 있었다. 그 사이로는 도마뱀도 보였다. 다람쥐도 가끔 육식을 한다고는 하는데 과연 도마뱀을 잡아먹으려는 건지, 뭔가 살벌한 술래잡기를 하고 있는 것처럼 보였다. 사진을 찍으려고 다가가자 다람쥐들이 나무 위로 숨어 버렸다. 작은 열매 같은 것이 내 앞으로 톡 떨어졌다. 괴롭히지 말라는 시위였을까? 다람쥐의 편안한 오후를 그만 방해해야겠다는 생각이 들어 다시 자전거에 올랐다.

또다시 동쪽으로 10분 정도 부지런히 페달을 밟자 'Bedok Jetty'라는 표지판이 나타났다. 제티란 제방(堤防)을 의미하는데, 이스트 코스트의 버독 제티 또한 바다의 범람을 막기 위해 공원에서 바다 방향으로 돌출해 일자로 길게 뻗어 있다. 잠시 가던 길에서 벗어나 자전거로 그 방파제 위로 올랐다. 커다란 방파제 위의 길로 들어서자 양쪽으로 에메랄드빛 바다가 가까워지다가 한순간 '좌아' 하고 펼쳐졌다. 마치 그 보석 같은 물 위를 달리는 기분이 들었다. 그와 함께 파도가 역동적으로 철썩이는 소리가 귓속으로 날아들면서 시각과 청각의 동시 만족이 극에 달했다. 황홀한 순간이었다.

방파제의 끝에 도달해서 잠시 자전거를 세웠다. 바다 바로 위에서 내려다본 싱가포르 해협의 경치는 역시나 감탄스러웠다. 곁에는 낚시를 하는 사람들도 조금 있었다. 나는 이곳 제방으로 들어올 때 눈에 담기는 풍경과 느낌이 너무 좋아서, 돌아오는 길에 다시 이곳을 한 바퀴 돌고 나갔다. 이스트 코스트에서 자전거를 탈 때의 핵심 포인트는 다름 아닌 이 '버독 제티'임이 확실했다.

잠시 놀아 볼까 하며 빌렸던 자전거는 점점 이스트 코스트 종주가 되어 가고 있었다. 쉬지 않고 페달을 밟으니 조금 힘들긴 했지만, 버독 제티를 지나니 멀지 않은 거리에 위치한 워터 벤처(Water Venture)까지 다녀오고 싶어졌고, 나는 결국 2시간 내내 쉴 새 없이 페달을 밟으며 갈 수 있는 한계까지 달린 다음 대여소로 돌아왔다. 자전거를 자주 타지는 않지만 지금껏 가장 즐겁게 라이딩을 즐겼던 순간이었음이 분명했다.

자전거를 반납하고 이스트 코스트에 위치한 프랜차이즈 카페 커피 빈(The Coffee Bean & Tea Leaf)에 앉아 있는데 창밖으로 히잡을 쓴 무슬림 여성 넷이 자전거를 타다가 잠시 세워 두고 가까운 벤치에 도란도란 앉는 모습이 보였다. 말레이시아의 끝자락에 위치한 싱가포르지만 이슬람도 다양한 종교 중 하나일 뿐인 이곳에선 무슬림 전통복을 입은 여성들이 그리 많이 보이지는 않는다. 느낌으로는 말레이시아나 인도네시아의 어딘가에서 여행을 온 사람들 같기도 했는데, 친구들끼리 웃고 떠드는 모습이 눈에 띄게 행복해 보여서 기억에 남는다.

역시나 안타까워하는 마음도 함부로 품어선 안 되는 것이다. 나에게는 그녀들을 불쌍한 시선으로 바라볼 자격도, 이유도 없음을 그 행복한 모습을 통해 다시 깨달았다. 단지 다른 옷을 입었을 뿐, 그들도 내가 방금 이스트 코스트를 달리며 느꼈던 감정을 똑같이 느끼고 있었다. 직접 겪어 보지 못한 삶에 대해서 함부로 판단해서는 안 된다. 나는 이번 여행을 통해 이슬람에 대한 섣부른 편견을 상당히 벗겨 냈다고 생각하지만, 그들이 별반 다르지 않은 인간임을 느꼈기에 여전히 니캅, 부르카, 차도르 그리고 히잡과 같은 무슬림 여성복에 대해서는 선택의 자유가 있어야 한다고 믿는다. 그러나 그것이 곧 그런 옷을 입은 사람들이 무조건적으로 불쌍하거나 동정의 대상이 되어야 함을 의미하지는 않는다.

또 하나 이스트 코스트에서 기억에 남은 기분 좋은 장면이 있다. 허리가 꽤 굽은 듯이 보이는 백발의 노인과 아직 그보다는 훨씬 정정해 보이는 검은 머리칼의 아내가 사이좋게 바지를 걷어 올리고 푸른 물결에 발을 담그고 있었던 뒷모습을 보았다. 한적한 바다에 발을 담근 노인, 그 풍경의 노곤함과 함께 광활한 자연 앞에서 느껴지는 두 사람의 애틋함이 잠시 걸음을 멈추고 가만히 그들을 바라보게 만들었다. 그 모습을 보니, 보석 같은 빛을 발하는 바다에는 세대를 불문하고 사람을 감동시키는 능력이 있는 듯했다.

그렇게 푸른빛이 가득했던 이스트 코스트의 오후는 거의 모든 순간들이 잊히지 않을 이미지로 각인됐다. 히잡을 쓴 채로 자전거에 올라 시원하게 해변을 달리던 여성과 바다에 발을 담근 노부부의 나른한 뒷모습처럼, 각자의 방식으로 이곳에서의 시간을 보내고 있었던 사람들과 해가 질 때까지 공원을 오가면서 눈에 담았던 많은 풍경들이 진하게 가슴에 스며들었다. 이스트 코스트를 따라 걷거나 자전거를 타며 느꼈던 다양한 감정들, 바쁘게 나무를 오르던 다람쥐와 땅으로 내려와 총총걸음을 내딛던 작은 새들, 끝이 보이지 않는 에메랄드빛 바다와 해 질 녘의 고요함, 그리고 그곳에 머무르고 있었던 '나'는, 모두 하나의 오랜 여운으로 여전히 마음에 남아 있다.

유니버설 스튜디오 싱가포르

누군가의 꿈이 이루어지는 곳

'나도 호그와트에 다니고 싶다.'

초등학생 때 조앤 K. 롤링의 해리 포터(Harry Potter) 시리즈를 읽으면서 그런 생각을 얼마나 많이 했었는지, 어느 날은 호그와트와 비교하면 지독히도 평범한 학교가 따분하게 느껴지기도 했었다. 나처럼 누구나 하나쯤은 탐험해 보고 싶은 소설이나 영화 속의 판타지 세계를 가지고 있지 않을까? 꼭 마법이 아니더라도 가령 거대한 공룡들이 재현된 밀림이나 자동차가 멋진 로봇으로 변신하는 세상 말이다. 엘프나 오크 같은 다양한 종족이 공존하는 세계를 모험한다거나, 디스토피아적이긴 하지만 헝거게임(The Hunger Games) 같은 세계관마저도 인기가 있을 것이다.

영화 속으로 들어가 보고 싶은 그런 꿈들을 조금이나마 이뤄 볼 수 있는 곳이 있다. 여러 인기 영화와 과학 기술의 조화로 꾸며진 유니버설 스튜디오(Universal Studios) 테마파크는 전 세계에서도 몇몇 도시에만 위치하고 있는데 싱가포르도 그 중 하나다. 그럼에도 나는 이곳을 일정에 추가하는 것에 대해 회의적이었다. 일단 싱가포르의 유니버설 스튜디오를 꾸미고 있는 테마들은 그다지 내가 열광하는 영화들이 아니었고, 결정적으로는 배낭여행 중에 놀이공원을 가는 게 조금 이상하지 않은가 하는 생각이 컸다.

잘못 생각했다. 단순히 '좀 이상하지 않은가.' 하는 이유가 전부인 생각은 그 자체로 편견일 가능성이 큼을 깨달았다. 특히나 이상하다고 여기는 장소가 한국엔 없어서 여행을 떠나지 않고는 경험할 수 없는 유니버설 스튜디오 같은 장소라면 편견을 과감히 깨 보는 것이 중요하다는 사실을 여실히 느낄 수 있었다. 나는 별다른 근거도 없이 배낭여행과 놀이공원은 어울리지 않는다는 생각을 품고 있었지만, 일행의 강력한 요구로 싱가포르의 유니버설 스튜디오에 가기로 결정이 된 상태로 여행길에 올랐다. 만약 싱가포르에 오기 전의 '나'와 이 테마파크를 굳이 막바지 일정에 포함시켜야 하는가에 대해 토론할 기회가 있다면 나는 필사적으로 그때의 나를 설득할 것이다.

유니버설 스튜디오에서의 하루

싱가포르의 남쪽, 아름다운 자연 경관을 가진 센토사(Sentosa)섬은 그 자체로 유명한 관광지였지만 센토사 내에서도 단연 최고의 인기 장소는 유니버설 스튜디오 싱가포르(Universal Studios Singapore)다. 사실 이곳에 오기 전에 너무 시시하지 않을까 하는 의구심이 있었다. 놀이공원이야 한국에서도 충분히 가 봤고, 유니버설 스튜디오라 해 봐야 단지 좀 더 잘 꾸며진 테마파크가 아닌가. 표 값이 저렴하진 않았지만 그다지 재미도 없고 복잡하기만 하다면 과감히 매몰 비용은 버리고 이른 퇴장을 해서 섬의 어딘가로 옮겨가는 것도 괜찮을 성싶었다. 어차피 싱가포르 여행 중 하루는 센토사섬에서 보내기로 결심했으니.

센토사섬으로 가기 위해서는 MRT로 하버프런트(Harbourfront) 지하철역까지 이동한 다음, 역과 연결된 쇼핑몰 비보 시티(Vivo City)에서 센토사섬으로 가는 경전철 센토사 익스프레스(Sentosa Express)를 이용하는 방법이 제일 무난하다. 경전철을 타면 순식간에 유니버설 스튜디오가 있는 워터프런트(Waterfront)역에 도착한다. 겔랑에서 출발한 나는 MRT를 한 번 환승하고 다시 경전철로 갈아타야 했다. 1시간가량이 소요됐지만 워낙 교통이 편리한 싱가포르라 이동에 큰 어려움은 없었다.

• 유니버설 스튜디오 싱가포르

싱가포르에서의 넷째 날 아침, 그렇게 의심과 기대가 섞인 채로 부지런히 일어나 유니버설 스튜디오에 왔다. 센토사섬에 도착한 열차에서 내린 지 1시간은 되었을까? '시시하지 않을까.' 하는 염려는 집어던지고 아이처럼 신나서 영화 속을 쏘다니는 나를 보며, 내가 이 대단한 테마파크에 대해 아는 바도 없이 얕잡아 보고 있었음을 인정할 수밖에 없었다.

유니버설 스튜디오 싱가포르는 규모 자체는 그리 크지 않지만 구성이 알차기로 유명한데, 그 사실을 증명하듯 발걸음이 닿는 모든 곳이 새로웠다. 공원은 트랜스포머, 미이라, 쥬라기 공원, 슈렉 등의 영화를 바탕으로 할리우드(Hollywood), 뉴욕(New york), 사이 파이 시티(Sci-Fi City), 고대 이집트(Acient Egypt), 잃어버린 세계(The Lost World), 머나먼 왕국(Far Far Away), 마다가스카르(Madagascar)라는 테마관들로 구성되어 있는데, 그 7개 구역의 크고 작은 프로그램들 중 어설프게 자리만 차지하고 있는 것은 단 하나도 없었다. 개인적으로는 그중에서도 고대 이집트의 리벤지 오브 더 머미(Revenge of the Mummy)와 사이 파이 시티의 트랜스포머 더 라이드(Transformers the ride) 롤러코스터가 최고였다. 두 어트랙션은 정말로 영화의 한가운데 들어가 있는 기분과 짜릿한 긴장감을 느끼게 해 줬다. 심지어 한 번은 롤러코스터에서 내린 탑승객들이 퇴장을 도와주는 안내원을 향해 환호하며 기립박수를 치기도 했다. 정신을 차려 보니 나 또한 두 손을 열렬히 마주치고 있었다. 만약 영화 트랜스포머나 미이라 속에 들어가 보고 싶은 꿈을 가진 사람이 있다면 싱가포르에는 그 꿈을 이룰 기회가 있다.

롤러코스터만 대단한 것도 아니다. 나는 인기 장소에 사람이 몰리는 시간에 비교적 한적한 뉴욕 구역의 라이트! 카메라! 액션!(Light!, Camera!, Action!) 프로그램에 입장했다. 지나가는 길에 마침 대기하는 줄이 거의 없는 장소가 있어서 들어간 곳이었다. 자유 이용권을 끊었을 땐 뭐든 하나라도 더 타야 이득이라는 마음은 누구나 있지 않은가.(유니버설 스튜디오는 입장권이 자유 이용권이다.) 그 안에서 폐쇄된 공간의 느낌을 물씬 풍기는 철문 앞에 줄을 섰다. 잠시 시끄러운 소리가 지나간 뒤에 그 커다란 문을 열고

1 유니버설 스튜디오-고대 이집트 **2** 유니버설 스튜디오-쥬라기 공원
3 유니버설 스튜디오-트랜스포머 **4** 유니버설 스튜디오-슈렉

들어가자 대형 스크린에 스티븐 스필버그의 인터뷰가 재생되었다. 그리고 그가 사라진 다음 방에서는 갑자기 폭풍우가 치면서 영화 특수 효과 체험이 시작됐다. 스크린으로 재생된 영상이 아니라 관객이 입장한 바로 그 공간 안에 실감 나게 거센 파도가 치고 폭우가 내리더니, 다시 불이 나면서 건물과 커다란 배가 부서지기도 해서 사람들이 시도 때도 없이 소리를 지를 정도였다.

이처럼 단지 기다리는 줄이 짧아 들어가 본 장소들, 그러니까 '자유 이용권이니까.'라는 생각을 가지고 이용했던 프로그램들도 그렇게 감탄을 금치 못할 경우가 많을 만큼, 유니버설 스튜디오 싱가포르의 구성은 하나하나가 '제대로'였다.

앞서 말했듯 싱가포르의 유니버설 스튜디오에 내가 손에 꼽을 만큼 좋아하는 영화가 테마인 구역은 없었지만, 그 점은 생각보다 중요치 않았다. 그저 영화를 좋아하는 한 사람으로서 이곳에서의 한순간 한순간이 꿈을 꾸고 있는 것만 같았다. 화려한 놀이 기구를 탈 때뿐만이 아니라 감탄스러운 이집트 조각상과 어린 시절 눈을 휘둥그레지게 만들던 영화 쥬라기 공원의 공룡들, 그리고 트랜스포머의 마스코트 범블비와 귀여운 마다가스카르의 펭귄 같은 것들이 걷다 보면 끊임없이 등장하는 테마파크에서의 하루는 무척 즐거웠다. 여차하면 일찍 유니버설 밖의 센토사섬을 구경하러 나오려 했지만 나는 결국 해가 질 때까지 이곳을 떠나지 않았다.

For All Your Happily Ever Afters
FAIRY
Godmother
famous potions
GODMOTHER'S POTION SHOP
POTION SHOP
PUSS BOOTS GIANT

DREAMWORKS
SHREK
4
ADVE

해가 저물어 가는 저녁, 유니버설 스튜디오를 떠나기 전에 마지막으로 워터 월드 쇼(Water World Show)를 관람했다. 하루 종일 실컷 테마파크를 구경하고 온갖 기구를 타며 놀다가, 많이 한적해진 마지막 공연 시간에 맞춰 객석의 가장 좋은 자리에 앉았다. 관객들에게 물을 뿌려 대도 기분이 상하지 않는 익살스러운 배우들의 연기로 다소 가볍게 시작한 공연은 그들이 '워터 월드'를 맨몸으로 휘저으며 선보이는 짜릿한 액션으로 점점 고조되며 진지해졌다. 열정적으로 소리치고 몸을 던지며 연기를 선보이는 배우들 덕분에 하루 종일 뱉어 냈던 감탄을 객석에서 반복하게 되었는데, 롤러코스터나 4D가 자아내는 감탄과는 결이 달라서 유니버설에서의 마지막 15분을 채워 줬던 워터 쇼가 나에게는 가장 기억에 남는 순간이 되었다. 그 이유는 아무리 기술의 발달이 손쉽게 우리의 오감을 만족시켜 주게 될지라도, 결국엔 사람이 사람을 통하지 않고는 도달할 수 없는 감정의 영역이 존재하기 때문이 아닐까.

이곳에서 접한 스필버그의 인터뷰 중에는 "기술의 발달로 오늘날 한때 상상이었던 많은 부분이 실현되었다."라는 내용이 있었다. 과연 유니버설 스튜디오는 그의 말처럼 우리가 상상하고 꿈꾸던 것을 직접 느끼고 체험할 수 있는 곳이다. 어릴 적 영화 트랜스포머를 보며 그 세계에 들어가 보기를 상상하고 꿈꿨다면 이곳에서 그 꿈을 어느 정도 이룰 수 있다. 이처럼 시간이 흐를수록 우리의 상상에 머물렀던 것들을 하나씩 보고 만지고 느끼는 일이 가능해지고 있다. 그러면 언젠가는 인류가 광범위한 영역에 대한 현실화를 성공해서 상상과 현실의 경계가 모호해지는 날도 올까? 나는 과학에 대해서는 잘 모르지만, 우리는 언제나 현실 너머의 것을 상상하기에 그 간극은 좁혀질지언정 사라지지는 않을 것 같다. 그리고 상상으로 남길 모든 것이 사라진 미래도 우리에게 축복은 아니겠다. 이러나저러나 유니버설 스튜디오는 나같이 영화를 좋아하는 이에게는 너무나 행복한 공간이었다.

유니버설 스튜디오 싱가포르(Universal Studios Singapore)

Add. Universal Studios Singapore, 8 Sentosa Gateway, Singapore 098269

Tel. +65 6577 8888 **Web.** rwsentosa.com/en/attractions/universal-studios-singapore

Time. 매일 10:00~(폐장 시간은 다소 유동적으로 시기마다 변동이 있다.)

Fee. 유니버설 스튜디오는 입장권이 자유 이용권을 겸한다.

- 어린이(만 4~12세) : 56SGD(한화 약 45,000원)
- 성인(만 13~59세) : 76SGD(한화 약 61,000원)
- 노인(만 60세 이상) : 38SGD(한화 약 31,000원)

(이는 홈페이지 정가이며 대기 시간을 줄일 수 있는 '익스프레스'는 추가 구매해야 한다.)

유니버설 스튜디오 싱가포르 이용 Tips

❶ 유니버설 스튜디오 싱가포르 티켓은 쿠폰 사이트에서 조금 더 저렴하게 구매가 가능하다. 저자는 '아시아엔조이'를 이용했다.(asiaenjoy.com)

❷ 유니버설 스튜디오 일정은 미리 고정시키기보다는 유효 기간 내 언제든 사용 가능한 표를 구매해 뒀다가, 날씨가 좋은 날에 방문하는 유동적인 방법을 추천한다. 혹시라도 가려는 날에 비가 오면 낭패다.

❸ 워터 월드 쇼 공연 시간은 수시로 변경되므로 입구에서 당일 안내표를 받도록 하자.

❹ 일반적으로 개장 후에 <배틀스타 갤럭티카>, <미이라>, <트랜스포머> 등 인기 롤러코스터에는 매우 많은 사람이 몰린다. 보통 저녁이 가까워질수록 인기 프로그램은 대기 시간이 눈에 띄게 짧아지므로 일정이 여유롭다면 굳이 몇 시간씩 기다리며 이용할 필요가 없다. 저자는 오후 5시경에 <미이라>와 <트랜스포머> 롤러코스터를 대기 없이 몇 차례 연속으로 탑승했는데, <트랜스포머 더 라이드>의 경우 오전 시간에는 예상 대기 시간이 무려 2시간이었다.

마리나 베이와 멀라이언 파크

마지막 외출

싱가포르 해협의 바다가 육지로 파고들어 만들어진 마리나만(Marina Bay)에는 싱가포르의 상징과 같은, 머리는 사자이고 몸은 물고기인 멀라이언상(Merlion statue)과 이곳에서 가장 유명한 빌딩인 마리나 베이 샌즈(Marina Bay Sands)가 있다. 이들을 중심으로 여러 쇼핑몰이나 고층 빌딩들이 늘어서 있는 마리나 베이 안쪽 지역을 다운타운 코어(Downtown Core)라 칭한다. 160m가 넘는 규모의 대관람차인 싱가포르 플라이어(Singapore Flyer)와 식물 테마파크 가든스 바이 더 베이(Gardens by the Bay) 또한 마리나 베이 인근의 인기 있는 관광지다.

오늘은 싱가포르에 머무는 5박 6일 중 다섯 번째 날이자 한국을 떠나온 지 29일이 되는 날이다. 한국으로 돌아가려면 이틀이 남았지만 창이 공항에서 출발해서 쿠알라룸푸르를 경유, 한국에 도착하기까지 내일 아침부터 꼬박 하루가 걸리니 오늘이 여행지에서의 마지막 외출인 셈이다.

마지막 날이라는 생각이 드니 왠지 새로운 곳을 찾아 바쁘게 움직이기보단 여유 있는 하루를 보내고 싶었다. 그래서 이스트 코스트에 다녀왔던 날 저녁에 잠깐 구경했던 마리나 베이 부근에서 싱가포르 여행을 마무리하기로 결심했다. 싱가포르의 코어를 천천히 걸어 보며 사자상이 유명한 멀라이언 파크(Merlion Park)도 다녀온 뒤, 근처의 조용한 카페에 앉아 시간을 보낼 것이다. 그래도 시간이 남으면 발이 가는 대로 싱가포르를 조금만 더 느껴 보고 돌아오면 된다. 설레고 들떴던 지난 한 달의 여느 날들보다 훨씬 차분한 마음으로 숙소를 나섰다. 싱가포르치고 후미진 곳이라는 겔랑은 이제 그 한적한 아침을 걸으면 마음이 편안해질 만큼 친근한 곳이 되었다.

압도적인 화려함, 마리나 베이

겔랑 18가 주변에는 두 개의 MRT 역이 있는데 둘 다 숙소에서 그리 가깝지 않아서 위, 혹은 아래로 15분 정도는 걸어야 했다. 싱가포르에서 지낸 날들의 시작과 끝이 대부분 역과 숙소를 오가는 겔랑 산책이었을 만큼, 이곳에서는 택시보다 지하철을 애용했고 그 덕분에 밤이면 긴장을 자아내던 겔랑의 거리들과도 자연스레 친근해졌다. 마지막 외출의 아침도 MRT를 찾아가느라 겔랑을 걸으며 시작했고, MRT로 마리나 베이에 위치한 베이프런트(Bayfront)역에 내림으로써 아무런 어려움 없이 목적지에 도착했다.

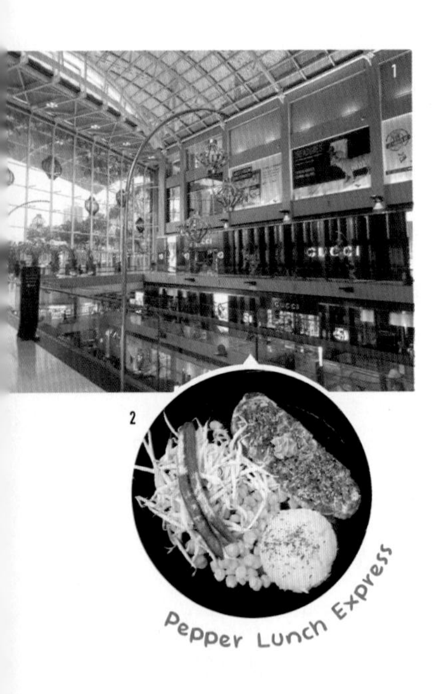

1 마리나 베이 샌즈 쇼핑몰
2 샌즈몰 페퍼 런치 익스프레스의 스테이크

식사를 위해 속칭 '샌즈몰'이라 불리는 쇼핑몰 더 숍스 앳 마리나 베이 샌즈(The Shoppes at Marina Bay Sands)를 방문하는 것으로 일정을 시작했다. 샌즈몰 지하의 푸드코트에는 화려한 쇼핑몰의 분위기에 비해 무난한 가격에 맛있는 음식들이 많다. 그중에서도 대만 음식점인 딘 타이 펑(Din Tai Fung)은 딤섬과 샤오롱 바오 등의 만두 요리가 맛있기로 유명하다. 나는 페퍼 런치 익스프레스(Pepper Lunch Express)의 스테이크와 딘 타이 펑의 샤오롱 바오로 점심 식사를 했다. 글로벌 프랜차이즈인 페퍼 런치(부기스 정션 및 선텍 시티 등에도 위치하고 있다.)는 싱가포르에 머무는 동안 두 차례나 방문한 곳으로, 이곳에서는 보통 10~14 싱가포르 달러(한화 약 8,200~11,500원)의 가격으로 돌판 스테이크를 즐길 수 있다. 스테이크뿐만 아니라 달궈진 돌판에 나오는 메뉴들은 대체적으로 맛이 훌륭했다. 마지막 날이 되자 더 이상 싱가포르 달러를 아낄 필요가 없었기에 오늘은 먹고 싶은 음식을 망설이지 않을 생각이었다. 여행지에서 마주하는 음식이란 딱 그 맛만큼 여행에 풍미를 더하는 법이라, 맛있는 음식으로 시작하는 여행은 더할 나위가 없이 좋다.

'나 고급 쇼핑몰이야.' 하는 분위기를 물씬 풍기는 샌즈몰에서 나와 만을 따라 건너편의 멀라이언 파크 쪽으로 걸어 본다. 싱가포르를 비추는 푸른 창으로 뒤덮인 세 개의 고층 빌딩 위에 올려져 있는 거대한 한 척의 배, 마리나 베이 샌즈의 외관은 어딘가 신비로운 구석이 있다. 싱가포르 다운타운 코어에는 높다란 빌딩이 얼마든지 있지만 하늘에 떠 있는 위엄 가득한 배는 그중에서도 압도적이다. 그 웅장한 배를 중심으로 한 마리나 베이 샌즈의 장관은 바로 아래서 올려다보는 것보다 거리를 조금 두고 한눈에 담을 때의 장면이 더욱 훌륭하다. 마리나 베이 샌즈는 건너편의 멀라이언 파크에서, 멀라이언 파크 뒤편의 다운타운 코어는 반대편 마리나 베이 샌즈에서 담는 모습이 멋지다. 그래서 내가 처음 스펙트라 쇼를 보러 이곳에 왔을 때는 파란 하늘에 떠 있는 배보다 다운타운 코어 금융 지구의 전경이 더 기억에 많이 남았었다.

• 마리나 베이 샌즈, 분수 쇼가 열리는 강가

'싱가포르 분수 쇼', 혹은 '마리나 베이 샌즈 레이저 쇼'로 유명한 스펙트라 쇼(Spectra-A Light & Water Show)를 보러 처음 마리나 베이에 왔을 때, 싱가포르강을 앞에 두고 다운타운 코어의 금빛 전경과 함께 밤을 맞이했던 그날의 저녁은 한마디로 환상적이었다. 이스트 코스트에서 시작된 노을에 대한 감상은 마리나 베이의 눈부신 풍경 앞에서 더욱더 깊어졌다. 마음이 뻥 뚫릴 듯 탁 트인 마리나 베이 샌즈의 강변에서 싱가포르가 붉게 물들어 가는 것을 지켜보는 순간이 얼마나 아름답던지, 스펙트라 쇼가 시작되기도 전에 이곳에 반하고 말았다. 이후 노을이 자취를 감추고 어둠이 깔리자 시작된 레이저와 분수의 향연은 싱가포르의 밤에 정점을 찍었다. 잘 만들어진 도시가 강과 노을 같은 자연의 힘을 빌리면 얼마나 아름다울 수 있는지를 보여 주는 마리나 베이다.

그날의 기억이 좋아서 싱가포르의 끝자락에 다시 이곳을 찾은 건지도 모른다. 노을 한 번, 달 한 번으로 끝내기에는 아쉬운 풍경을 벗 삼아, 싱가포르를 둥글게 돌아나가는 물길을 따라 하루를 더 여유로이 걸어 본 후에는 이 작은 나라를 떠나고 싶은 마음이 조금 생길까? 마음이 없어도 때가 되면 떠나야 할 길이기에 미련이 없도록 두 눈에 이곳을 가득히, 그리고 천천히 담아 둔다.

OUE

마리나 베이에서 멀라이언 파크로 가는 길에, 그 사이를 이어 주는 헬릭스 브릿지(Helix Bridge)에 올랐다. 내려다보는 풍경이 아름답고 밤이면 조명이 영롱하게 빛나서 꽤 인기가 있는 장소다. 그 나선(helix)의 다리 한가운데에서 잠시 멈춰 섰다. 싱가포르강을 발아래 두고 시원하게 불어오는 바람에 머리칼이 떨리는 감촉이 좋다. 여행을 떠나온 뒤로 머리카락이 많이 길었구나 하는 생각과 온갖 잡념들이 스쳐가는 바람에 실려 순식간에 날아가 버린다. 나는 잠시 생각을 비운 채 싱가포르를 휘감은 깊은 정서에 하염없이 빠져들었다.

마리나 베이 샌즈(Marina Bay Sands)

Add. Marina Bay Sands 10 Bayfront Ave Singapore 018956

Web. ko.marinabaysands.com **Time(샌즈몰).** 일~목 10:30~23:00, 금~토 10:30~22:30)

스펙트라 쇼(Spectra–A Light & Water Show)

Add. 2 Bayfront Avenue, Event Plaza, Singapore 018972

Time. 일~목 20:00 & 21:00, 금~ 토 20:00 & 21:00 & 22:00(정각부터 15분간 진행)

• 헬릭스 브릿지에서 보는 마리나 베이 샌즈

싱가포르를 떠날 준비

헬릭스 브릿지를 지나 도착한 멀라이언 파크의 귀여운 사자상 아래에는 사람들이 곧 강물로 밀려나가지는 않을까 하는 걱정이 들 만큼 빽빽이 서 있었다. 마리나 베이에서 건너오는 길과는 대조적이었는데, 수많은 사람들을 이곳에 결집시키는 역할을 하고 있는 멀라이언상의 힘은 대단히 강해 보였다. 3등신 물고기 사자는 온 세계 사람들이 자신을 지켜보고 있는 걸 아는지 모르는지 연신 강을 향해 물줄기를 뿜어내고 있었다. 물론 조각상이 전부는 아니다. 멀라이언 파크는 마리나 베이 샌즈의 전경을 감상하기에 좋은 장소이기도 하고, 강변을 따라 커피나 맥주 등을 마실 수 있는 카페와 레스토랑이 들어서 있기도 하다. 단순히 상징적인 조각상과 인증 사진을 남기는 것 이외에도 경치 좋은 카페에서 시간을 보낼 수 있는 곳이다.

멀라이언 파크를 한 바퀴 둘러봤다. 현지인이나 여행자나 구분할 것 없이 먹고 마시며 강가에 자리를 잡고 싱가포르의 오후를 마음껏 즐기고 있었다. 슬슬 더위가 극심해질 시간이라 나는 곧 근처의 스타벅스로 들어갔다. 싱가포르강과 마리나 베이 샌즈가 한눈에 보이는 창가 자리가 마침 비어 있었다. 짧게나마 감상을 써 두기 위해 노트를 꺼내 놓고 커피를 마시고 있자니 새삼 지금 이 순간이 얼마나 특별한지, 왠지 집으로 돌아간 뒤에 이곳을 떠올렸을 때의 내 감정이 느껴지는 것만 같았다. 언제 다시 이 배경을 두고 커피를 마시며 글을 쓸 수 있을까.

‘멀라이언 파크의 스타벅스 창가에 앉아
싱가포르강과 마리나 베이를 바라보던 순간.’

• 멀라이언상과 마리나 베이 샌즈

그 순간을 마음에 새기고 카페를 나와 싱가포르 금융 지구가 있는 도심 쪽으로 다시 걸었다. 아직 해가 지지 않았는데도 날씨가 제법 선선했다. '싱가포르는 참 좋은 곳이야.'라는 일차원적인 감상을 되뇌며 잘 만들어진 빌딩 숲으로 들어갔다. 한 달간 동남아를 여행하면서 울림이 있었던 장면들은 대부분 자연과 관련이 있었는데, 싱가포르 도시의 인공미는 또 다른 감명으로 다가왔다. 라오스 방비엥과 싱가포르는 상반되는 매력을 가지고 있지만 둘 모두 공통적으로 나에게는 아름다운 장소로 기억될 것이다. 이곳만큼은 삭막한 현대 도시가 아니라 아름답고 여유로운 걷기 좋은 도시라고 느낀 것도 여행자의 시각일까? 그럼에도, 나는 여전히 싱가포르를 걷는 일이 참 좋다. 그렇기에 충분히 걸으며 음미하는 것이 나에게는 싱가포르를 떠날 준비를 하는 것이었다.

멀라이언 파크(Merlion Park)
Add. Merlion Park 1 Fullerton Rd, Singapore 049213

그 길로 또다시 차이나타운이 나올 때까지 천천히 움직이면서 도시 곳곳을 눈에 담았다. 아우트램(Outram)에 위치한 차이나타운은 다운타운 코어에서 곧바로 이어지는 지역이므로 멀라이언 파크에서 도보로 넉넉히 30분이면 닿는 위치다. 고층 빌딩이 숲을 이루는 싱가포르 금융 지구를 지나니 금세 잡화점과 식당이 가득한 차이나타운의 스트리트 마켓(Chinatown Street Markets)이 나왔다. 오늘은 여행의 마지막 외출인만큼 이곳에 즐비한 기념품 가게 몇 곳에 다시 들렀다. 여행에서 기념품을 사본 기억이 거의 없었지만 이번엔 남은 현지 화폐로 가족들에게 선물할 잡화들을 조금 골라 봤다. 멀라이언상과 마리나 베이 샌즈같이 싱가포르의 상징들로 장식된 쿠키와 파우치, 오르골 따위들이다. '나 여기 다녀왔다.'라는 식의 기념품을 소장하는 것에는 여전히 큰 흥미가 없지만, 누군가에게 내가 조금 먼 곳에서도 한 번쯤 당신을 떠올렸다는 마음을 담은 선물을 하는 일은 충분히 좋다. 한 달 동안 동남아시아 각지에서 거의 구경만 해야 했던 기념품들을 손에 쥐니 집으로 돌아가야 할 시간이 머지않았음이 실감 났다.

싱가포르에 있는 동안은 다른 나라들보다 귀가 시간이 평균적으로 1~2시간씩 늦어졌다. 교통이 편리하고 치안이 우수한데 볼거리도 많으니 일찍 집에 들어갈 이유가 없었다. 하지만 오늘은 평소보다 이른 시간에 숙소로 돌아가는 MRT에 올랐다. 필요 없는 짐은 버리고 새로 생긴 짐으로 가방을 채워 한국으로 돌아갈 준비를 해야 했으며, 내일은 비행기 시간에 맞추기 위해 새벽같이 숙소에서 나와야 했기 때문이다.

MRT에서 내려 너무나 고요한 겔랑의 밤거리를 지나는데 수줍음을 가득 머금은 고등학생 남녀가 보였다. 주변엔 아무 소리도 없이 조용해서 그 둘의 미묘한 기류가 대기에 퍼져 나갔다. 아마 '썸을 타는 중'인 듯 뚜렷하게 정의되지 않은 사이로 보였다. 남자는 집 앞에서 무슨 말을 더 할 듯 말 듯 머뭇거렸고 여자는 그 사이 인사를 하고 집으로 들어가 버렸다. 조용한 밤거리에 혼자 남은 아이는 무언가에 홀린 듯 천천히 아쉬운 발걸음을 돌렸다. 그 발걸음은 오늘이 싱가포르에서의 마지막 날인 나의 발걸음보다 아쉬워 보였는데, 그 풋풋한 모습에 괜스레 기분이 좋아져서 기억에 남은 겔랑 밤거리에서의 한 장면이었다.

홍등가마저 침묵에 잠긴 거리를 지나 숙소로 돌아왔다. 평화로웠던 마지막 외출을 마치고 실로 오랜만에 '내일은 또 어딜 가 볼까.' 하는 생각 없이 침대에 누웠다. 쉽게 잠이 들지 않을 것 같지만 눈을 감아 본다. 그렇게 가만히 힘을 빼고 있으면 새벽은 나도 모르는 사이 다가올 테니.

싱가포르는 화교의 비중이 큰 나라라 곳곳에서 중국풍을 발견할 수 있지만 그와 동시에 선진국의 세련됨과 동남아의 문화, 때로는 이슬람까지도 느낄 수 있는 나라다. 또한 현대 도시와 자연이 조화로우며 더없이 쾌적한 여행지이기도 하다. 이곳에서 지내는 동안 불편했던 점이 한 가지도 쉽게 떠오르지 않을 만큼 여행자에게 편리한 곳이다. 가끔 열악한 환경을 마주할 수밖에 없는 동남아에서 한 달을 지내면서, 체력이 많이 떨어졌을 때쯤에 편안한 싱가포르가 기다리고 있는 여행 일정의 짜임새는 더없이 좋았다. 이스트 코스트에서 자전거를 타며 바다를 달리던 오후, 클락 키의 야경이 반짝이던 밤, 유니버설 스튜디오에서 아이처럼 신났던 하루, 포트캐닝 공원에서 가만히 누워 구름을 바라봤던 순간, 마리나 베이에 지는 노을과 스펙트라 쇼 등, 나에게는 좋은 기억들만을 남긴 싱가포르였다.

Epilogue

EPILOGUE

여행의 끝

집으로 가는 길

싱가포르에서의 마지막 아침, 창이 공항으로 가기 위해 일찍 숙소를 나섰다. 새벽에 일어나는 게 무척이나 힘들었다. 휴대폰 알람 소리가 이제는 집으로 돌아갈 시간이라고 몇 번이나 재촉을 한 뒤에야 이불 밖으로 나올 수 있었다. 따듯한 물에 샤워를 하자 조금 정신이 들었다. 또다시 한가득 짐을 지고 방을 나서는 기분은 지나온 여행 중의 이사들과 별반 다르지 않다. 한 달 동안 아홉 차례나 숙소를 옮겨서 그런지 열 번째에도 마치 새로운 여행지로 향한다는 착각이 들었다. 하지만 다음 목적지는 한국, 나의 집이다.

여행의 종착역

'그래, 이제 돌아갈 시간이야.'

그 말을 되뇌며 귀로에 올랐다. 공항으로 가는 택시를 타고 창밖을 보고 있으니 몇몇 장면들이 주마등처럼 지나갔다. 그중에서도 믈라카와 다낭의 밤거리가 한순간 선명하게 떠오른 이유는 모르겠다. 아니, 특별한 이유가 없을 것이다. 앞으로도 오랫동안 이번 여행의 여러 순간들이 문득문득 나를 찾아오겠지. 아무런 이유가 없어도 그렇게 계속해서 나를 찾아올 기억들을 잔뜩 가지게 됐다.

집으로 돌아간다는 실감을 하기에는 조금 이르기도 했다. 싱가포르 창이 공항에서 말레이시아 쿠알라룸푸르 공항을 경유해서 부산으로 돌아가는데, 하늘에 떠 있는 시간이 총 8시간이고 쿠알라룸푸르에서 기다리는 시간만 15시간이다. 한국에 도착하려면 꼬박 24시간이 남았으니 마지막 여정은 하루가 더 남은 셈이다. 하지만 마음의 준비라도 하듯 머릿속으로 이제는 여행이 끝났음을 되새기고 있었다. 경유를 기다리는 공항에서 생기는 공백의 시간은 마음이 여행을 끝내도록 도와줄 것이다.

몸과 마음은 여행의 시작과 끝을 함께 하지 않는다. 마음이라는 놈은 비행기를 예약하는 순간부터 즐거운 상상을 펼치며 홀로 여행을 시작한다. 그리고 멋대로 먼저 시작해 버린 여행에서 종종 뒤에 남겨진다. 돌아가기 싫다고 떼를 쓰기도 한다. 여행자는 정해진 시간이 되면 비행기를 타든 기차를 타든 일상으로 돌아오기 마련이지만, 마음이 일상으로 완전히 돌아오기까지는 정해진 기한이 없다. 여행지와 삶터의 물리적 거리만큼이나 아득한 여행과 일상 사이의 간극을 건너오는 일은 때로는 무척 괴로울지도 모른다.

그러나, 삶이 없다면 여행도 없다. 마지막 여행지는 싱가포르였지만 여행이 향하는 종착역은 언제나 삶이다. 여행의 여운을 간직하되 그 힘을 원동력으로 일상에서도 여행만큼이나 가슴 뛰는 일을 찾아야 한다. 언젠가 또다시 멋진 여행을 떠나게 되기를 간절히 바라지만 이제 다시 삶을 똑바로 마주 보고 살 차례가 왔다. 여행만큼이나 가슴 뛰는 삶을 위해서.

'돌아간 뒤의 삶.'

내가 떠나온 상황과 돌아가면 마주해야 할 일들에 대한 고민은 여행하는 내내 무의식과 의식을 넘나들면서 내 주변을 맴돌았다. 여행이 끝나는 지금, 나는 조금 알 것 같다. 가슴 뛰는 삶을 위해 돌아가면 당장 해야 할 일이 무엇인지를.

화려한 피날레는 없지만

창이 공항을 떠나 다시 쿠알라룸푸르에 도착한 시간은 오전 11시 30분이었다. 다시 이륙하는 시간은 새벽 2시. 싱가포르에서 한국으로 돌아가는 비행기 표를 예매할 당시에 31일간의 여행 계획에 말레이시아는 없었다. 원래 캄보디아를 갈 계획이었기에 돌아오면서 말레이시아를 경유하는 김에 조금이라도 구경해 보자는 생각으로 쿠알라룸푸르 경유 대기 시간이 15시간인 표를 구매했다. 그 결과로 일주일 전에 방문했던 쿠알라룸푸르에서 다시 하루 종일 기다리게 될 것이라고는 상상도 못 했지만, 그런 점을 고려하더라도 말레이시아의 쿠알라룸푸르와 믈라카를 여행 일정에 넣은 것은 최고의 선택이었음에 틀림없다.

시원하고 크게 부족한 것도 없는 쿠알라룸푸르 공항에서 15시간을 기다리는 일은 이번 여행에서 전혀 고된 편이 아니었다. 우선 끼니를 해결하기 위해 프랜차이즈 햄버거 집을 찾았다. 지겹도록 먹었지만 메뉴에 대한 선택권이 딱히 없었다. 이제는 익숙해진, 새가 날아드는 환경에서 식사를 하고 바로 옆에 있는 카페에서 여행기와 일기 등을 쓰며 시간을 보냈다. 쿠알라룸푸르 공항에는 나 같은 사람이 많았다. 기다림 끝에 누군가는 새로운 여행지로 향하고 다른 누군가는 집으로 돌아간다. 아마 바로 앞자리에 상당히 지친 듯 소파에 누워 잠들어 있는 사람은 돌아갈 사람이고, 연신 들뜬 표정으로 검색을 하며 친구와 이야기를 나누고 있는 내 또래의 여자 둘은 새로운 여행지로 향하는 쪽일 것이다.

한 달간의 동남아 여행을 마치고 집으로 돌아가는 마지막 비행기를 기다릴 때의 심정은, 생각했던 것보다는 '시원섭섭'했다. 아쉬움이야 없을 수가 없다. 계속 여행하고 싶다는 마음도 물론 있었지만 한편으로는 한국이 그립기도 했다. 3일마다 한가득 짐을 싸고 몇 시간씩, 혹은 하루를 넘게 이동하는 과정이 반복된 한 달은 즐겁기도 했지만 고되기도 했다. 달러를 잃어버렸다는 사실을 알았을 때의 정신적 스트레스는 어마어마했고, 몇 시간씩 구역질을 하며 속을 게워 냈던 날도 있었다. 먹고 싶은 한식은 너무 많이 쌓여서 돌아가면 무엇부터 먹을지 순위를 매길 지경이었다.

동남아시아에서의 마지막 시간은 빠르게 흘렀다. 공항에서 두 번의 식사를 하고 커피도 두 잔 마셨다. 어느덧 새벽 2시가 되어 이번 여행의 마지막 비행기에 오를 시간이 왔다. 화려한 피날레는 없다. 여행은 조용히 종착역을 향해 흘러가고 나는 그렇게 다시 일상으로 돌아갈 것이다. 그 사이에 극적이거나 화려한 무언가는 없고, 필요하지도 않다.

쿠알라룸푸르의 밤하늘로 이륙한 비행기에서 눈을 감았다. 한 달 동안 어떤 힘든 일이 있었든, 그 모두를 포함한 여행의 모든 순간들이 몹시도 좋았다. 첫 여행지인 하노이에서 호기심을 가득 품고 호안끼엠 호수를 빙빙 돌고 그 거리들을 방랑했던 날들, 다낭의 풍경을 안주 삼아 맥주를 마시던 밤과 미케 비치의 일출을 기다렸던 새벽, 호이안 올드타운의 눈부시게 아름다운 야경과 투본강에 떠다니는 소원등을 가만히 바라보던 순간, 라오스의 따듯한 햇살 아래 누워 책을 읽다가 강물에 뛰어든 오후, 블루라군과 버기카의 추억, 방콕의 열정적인 카오산 로드와 파타야에서 맞이한 노을, 오토바이로 기차를 쫓을 때의 긴장감과 말레이시아행 슬리핑 기차의 고요함, 그 열차 안에서 작은 창으로 달을 보던 밤, 쿠알라룸푸르의 동화 같은 건축들과 오래된 역사 도시 믈라카의 고즈넉함에 빠져들었던 날들, 그리고 싱가포르의 이스트 코스트에서 푸른빛 바다를 곁에 두고 자전거를 탔던 오후와 마리나 베이에서 싱가포르가 붉게 물드는 것을 지켜봤던 모든 순간들이, 또 수많은 설렘과 때로는 울고 싶기도 했던 여로 위의 무수한 감정들까지, 그 전부가 내 안에 하나의 소설책처럼 남았다. 한 장 한 장 넘길 때마다 마음이 따듯해지는 소중한 나만의 책. 삶이 지치고 힘들 때마다 언제든 꺼내어 볼 수 있도록 바로 내 안에 그렇게 남았다.

어쩌면 그것으로 이번 여행은 충분한 게 아닐까. 아니, 이미 지나간 한 달간의 시간 속에서 그 하루하루를 충만히 채운 순간 여행은 역할을 다했다. 오늘 이후로 적어도 내가 살아온 날들 중 이번 여행에서의 한 달이라는 시간은 눈부시게 빛났다고 말할 수 있다. 그 뒤의 모든 것들은 그저 여행의 덤이다.

행복했던 장면들을 떠올려 보다 나도 모르는 사이 잠이 들었다. 그렇게 새까만 밤하늘을 얼마나 오래 날았을까. 잠결에 어렴풋이 기장의 안내 방송이 들린다.

"지금부터는 대한민국 영공입니다."

"음, 그러면 카페 일은 경력이 없는 거네요?"

"네…. 그래도 이런저런 일을 많이 해 봐서 금방 배울 수 있습니다."

"사실 여기 일도 별거 없어요. 그럼 재희 씨 보건증도 있으니, 내일부터 바로 교육 겸 출근 가능하세요? 아, 화요일은 과외 간다고 하셨나?"

"과외는 저녁 시간이라 지장 없습니다. 내일 오전부터 바로 나올게요."

다시, 시작

극적인 변화는 없다. 여전히 한국은 온통 추위에 떨고 있던 겨울의 끝자락, 나는 한 달 간의 동남아 여행을 마치고 집으로 돌아왔다. 여행은 낭만적이지만 일상은 여전히 만만치 않은 현실이었다.

태국으로 넘어갈 때쯤 현금을 일부 잃어버린 후 카드를 애용하는 사이, 계좌의 잔고는 0에 가까워지고 있었다. 한국으로 돌아와서 잔액을 확인한 나는 일단 일부터 구해야 했다. 다행히 금방 과외를 하나 구할 수 있었고 며칠 뒤에 카페 아르바이트도 시작했다. 과외를 하나 더 구하는 게 시간 대비 급여는 훨씬 낫지만, 카페 일을 배워 보고 싶은 마음이 컸다.

멋지게 여행을 다녀왔다고 그 이후의 삶이 달라지진 않는다. 나는 여전히 아르바이트로 생활비를 벌어야 하는 평범한 학생이었다. 아니, 어쩌면 이제는 학생이 아니라 백수라고 해야 할지도 모르겠다. 4학년 2학기를 마쳤으니 학교로 돌아갈 일은 없을 것이다. 백수라는 단어가 마음에 안 들면 취업 준비생이라고 해도 되겠지만 내가 어떤 그룹에 속해 있는가는 별반 중요하지 않다. 다만, 이제 모든 것을 새로이 시작해야 한다.

꿈에 그리던 한 달을 보내 놓고, 그 배경으로 여행기를 써 놓고 끝에 와서 하는 말이 "극적인 변화는 없다."라니, 끝까지 이 글을 읽어온 독자라면 조금 실망감이 들지도 모르겠다. 물론 나는 여행을 통해 더 성장했다고 말할 수도 있다. 그러나, 떠나기 전과 비교해서 내가 처한 현실은 아무것도 변하지 않았다. 돌아온 나에게는 여전히 진로에 대한 문제가 남아 있고, 또 여전히 그것에만 집중해서 해결하면 될 상황도 아니었다. 굳이 과외와 아르바이트를 병행하는 이유는 최소한 생활비를 스스로 버는 수준은 되어야 내가 하고 싶은 일을 눈치 덜 보며 최대한 할 수 있기 때문이며, 아직은 여행처럼 나에게 투자할 자금이 필요하기도 했기 때문이다. 고작 스물여섯 아닌가.

여행을 통한 변화는 오로지 내 안에만 있다. 한 달간 동남아시아를 여행하며 보고 느끼고 경험한 것들은 실체가 있는 '스펙'이 될 수 없고, 될 필요도 없다. 여행에서 가지고 돌아온 것은 그저 눈에 보이지 않는 기억이 전부다. 하지만 내가 가진 어떤 스펙보다 큰 힘이다. 앞으로 어떤 식으로든 도움이 될 자산을 내 안에 쌓았다고 하면 적절한 설명이 될지 모르겠다. 다만, 앞서 한 번 말했듯 그 '내 안에 남은 것'마저도 덤일 뿐, 여행은 한 달의 시간을 빛낸 것으로 이미 역할을 다했다.

여행을 마치고 돌아온 날 한국은 짧은 옷을 입고 다니던 동남아시아와는 비교도 안 되게 추웠지만, 얼마 지나지 않아 금세 벚꽃이 피고 봄은 절정을 맞았다. 여행기 초고의 마침표를 찍는 이 늦봄이 되어서야 진정으로 지난 한 달간의 여행을 마치고 일상으로 돌아올 순간이 온 것 같다. 글을 쓰는 내내 여전히 그 여행지의 거리와 순간순간의 장면들이 두 눈에 선명했고 마음에 그대로 남아서 그곳에 머물러 있었다. 나는 이제야 온전히 일상으로 돌아올 준비가 됐다. 몸소 경험한 첫 번째 여행과 글로 쓰는 두 번째 여행을 마치고 난 지금에야.

두 눈에 담기는 여행지의 풍경을 묘사하는 일, 그리고 순간의 감정을 포착해서 글로 살려 내는 일이 생각보다 만만치 않음을 많이 느꼈다. 이렇게 하나의 큰 틀 안에서 긴 호흡으로 쓴다는 것은 무척이나 지구력을 필요로 하는 일임을 여실히 깨달았다. 나는 자주 부족함을 느껴야 했고 총 38편의 초고를 써 내려가는 동안 적어도 세 번 정도는 '아, 때려치울까. 포기하면 편할 텐데.'라는 생각을 했다. 그중 확실히 기억나는 한 번은 하노이에서 완성된 글을 실수로 삭제했던 날 밤이다. 하지만 여행기를 완성하고 말겠다는 생각을 품고 살았던 지난 수개월 동안의 대부분은 정말로 행복했다. 내가 눈에 담았던 순간과 느꼈던 감정이 글로써 완성되어 한 편씩 마침표를 찍을 때의 기분은 살면서 자주 느껴 보지 못한 기쁨이었다.

이번 여행을 떠나기 전에는 가끔 여유로운 시기라 무엇이든 글을 좀 쓰고 싶은데도 도무지 글감이 떠오르지 않는 그런 날도 있었다. 글쓰기에 관한 일종의 슬럼프기도 했다. 그런데 여행기를 쓰는 동안은 단 한순간도 그런 고민을 할 필요가 없었다. 또한 매일매일의 삶에서 글감을 찾았던 여행기이기에, 앞으로도 '시간은 있는데 소재가 없어서 못 쓰는' 일은 많지 않을 듯하다. 의도하지 않았지만 지난 세 달 동안 '글감'을 찾는 연습을 참 많이도 했다. 여러모로 남은 것이 많은 여행이며, 꾸준함은 어떤 식으로든 보상받는 법임을 몸소 느낄 수 있었다.

그때의 감정을 실어 실제로 여행을 떠나오기 전에 썼던 프롤로그부터, 소중한 순간을 내가 사랑하는 글로써 박제하고 싶다는 욕심으로 하노이에서의 첫날 밤부터 틈틈이 쓰기 시작했다. 여행기는 처음 계획한 분량보다 조금 길어졌다. 쓰다 보니 점점 서사적 완결성을 높이고 싶다는 욕심이 커졌다. 독자들이 나의 흐름과 발걸음을 따라 함께 여행하며 상상할 수 있도록 쓰고 싶었다. 탈고라 생각했던 과정이 끝난 후에도 몇 차례나 고쳐 썼다. 아마 시간이 지나면 또 왜 이렇게밖에 못 썼나 하는 생각이

들 때도 있겠지만, 그래도 후회나 부끄럼은 없을 것이다. 어찌 됐든 내가 스물여섯에 가능했던 최대의 정성을 들여 쓴 글들이다.

벌써 여행이 무척이나 그립다. 그렇지만 이제는 일상을 마주할 시간이다. 당분간은 그렇게 살아야겠다. 과외를 하고, 커피를 내리고, 글을 쓰면서. 현재의 삶에 집중해 살아가다 보면 언젠가는 다시 여행을 떠날 날이 올 것이고, 다시 꿈같은 순간들을 맞이하는 때가 오리라 믿는다. 여행을 품고 사는 이에게는 언젠가는 떠날 때가 찾아오기 마련이기에. 그땐 좋은 순간은 그저 그대로 흘려보내면서 조금 더 편안하게 여행하는 방법을 선택할지도 모르겠다. 아니, 사실은 이미 그렇지 않다는 것을 안다. 언젠가 새로운 여행을 마주한 나는 분명 또 설레는 마음으로 여행을 글로 남기려 들 것이다. 그것이 고된 일이라는 걸 시간이 흘러서 잊어버리거나, 반대로 여전히 알고 있다면 그만큼 큰 기쁨으로 남는 일이라는 것도 기억하고 있을 테니까.

이제 여행을 보내고 마음에 품고 있는 일들, 그리고 해야만 하는 일들을 하나씩 시작해야겠다. 여행은 그리움만큼이나 다시 삶에 전력을 다할 힘도 남겨 줬다. 대학교 4학년을 마치고 스물여섯이 되자마자 떠났던 나의 여행은 이 글로 끝나지만, 그 여행이 내게 남긴 모든 것은 분명 아주 오랫동안 나와 함께 하리라.

인덱스

• 싱가포르의 어느 거리에서

ลีโอ
Chang
NEW
BOS
LADIES
CUSTOM
Jewellery
LAND
NINETY NINE
JC
TAXI-METER

DEWAN BANDARAYA KUALA LUMPUR
KWSP
LUMPUR